LEHRBUCH

DER

MECHANIK.

VON

D^R. J. P. BROCH.

ERSTE ABTHEILUNG.

MECHANIK DER FESTEN KÖRPER

BERLIN.
VEIT & COMP.

1849.

CHRISTIANIA.
FEILBERG & LANDMARK.

MECHANIK

DER

FESTEN KÖRPER.

Erster Abschnitt.

Gesetze des Gleichgewichts und der Bewegung.

Cap. I.

Wirkungsweise und Maass der Kräfte.

§. 1.

Die Ursache, welche einen Punkt in Bewegung setzt, nennt man Kraft. Beispiele verschiedener Kräfte sind: die Muskelkraft, die Anziehungskraft der Erde oder die Gravitationskraft, die Adhäsionskraft, die Wärme als Ursache der Ausdehnung und Verdampfung der Körper betrachtet, der Magnetismus u. s. w.

Die Richtung einer Kraft wird die gerade Linie genannt, welche sie den von ihr angegriffenen Punkt beschreiben zu lassen strebt; dieser Punkt wird der Angriffspunkt genannt.

Zwei Kräfte heben einander auf, wenn sie keine Wirkung hervorzubringen oder auch nicht die, welche vorhanden ist, zu verändern streben.

Eine Kraft wird die Resultante mehrerer anderen Kräfte genannt, wenn sie allein wirkend dieselbe Wirkung wie jene anderen Kräfte hervorbringen würde.

Eine Kraft wird graphisch durch eine gerade Linie dargestellt, welche die Richtung der Kraft angiebt und ihrer Grösse proportional ist.

§. 2.

Wenn eine Kraft auf einen Punkt der Oberfläche eines festen Körpers wirkt, so übt sie auf dieselbe einen Druck aus, welcher die am nächsten liegenden Molekülen gegen die denselben am nächsten befindlichen zu treiben strebt und diese wieder gegen diejenigen, welche ihnen am nächsten liegen, und so weiter fort bis zum andern Ende des Körpers. Ist dies Ende fest, so wird die Kraft eine Zusammendrückung oder Veränderung der Form des Körpers hervorbringen. Ist das Ende hingegen frei, so wird dies sich vorwärts bewegen, so dass die Bewegung folglich successive dem ganzen Körper mitgetheilt worden ist. Diese innere Mittheilung bedarf einer gewissen Zeit um ausgeführt zu werden, und es ist deswegen unmöglich, dass eine Geschwindigkeit momentan irgend einem Körper mitgetheilt werden könnte.

Dasselbe würde der Fall sein, wenn eine Kraft dazu angewandt wird, die Bewegung aufzuheben, welche ein Körper schon hat; sie würde erst die Bewegung der dem Wirkungspunkte nächsten Molekülen aufheben und dann successive diejenige der entfernteren.

Wir haben vorausgesetzt, dass die Kraft auswendig auf den Körper wirke, das heisst von aussen nach innen auf ihn drücke; wirkte sie aber von innen nach aussen, wenn sie folglich den Körper zöge oder streckte, so würden die Molekülen von einander entfernt statt einander genähert werden, und die folgenden Molekülen würden dann in Folge der Anziehungskraft, welche zwischen ihnen stattfindet, denselben Abstand von den ersten wie vorher einzunehmen streben, und folglich das andere Ende des Körpers, wenn es frei ist, nach sich ziehen. Zur Fortpflanzung dieser Kraft wird dann auch eine gewisse Zeit nöthig sein.

Die Körper werden hiernach aus Molekülen zusammengesetzt gedacht, welche in einer bestimmten Entfernung von einander durch Molekülarkräfte gehalten werden, und welche sich als anziehend zeigen, wenn der Abstand der Molekülen vergrössert, und als abstossend, wenn der Abstand der Molekülen vermindert wird.

Eine Kraft kann also nicht auf einen Körper wirken, ohne dass die Molekülarkräfte dieses Körpers reagiren, und diese Reaction ist immer im Zustande der Ruhe der Action gleich, aber entgegengesetzt. Wirkt eine Kraft nicht unmittelbar, sondern durch ein Seil, eine Stange oder dergleichen, so wird die Kraft durch eine Reihe von Actionen und Reactionen von dem einen Ende des Seils oder der Stange zum anderen Ende und zum Körper fortgepflanzt. Zu dieser Fortpflanzung der Kraft ist aber eine gewisse Zeit nöthig.

§. 3.

Die Bewegung eines Punktes wird gleichförmig genannt, wenn der Punkt in gleichen Zeiträumen gleiche Räume durchläuft. Sind dagegen die Räume ungleich, so wird die Bewegung veränderlich genannt, und zwar accelerirend, wenn die durchgelaufenen Räume immer grösser, retardirend, wenn sie immer kleiner werden.

§. 4.

Was die Verbindung betrifft, welche zwischen einer Kraft und der durch dieselbe hervorgebrachten Bewegung stattfindet, so hat die Erfahrung uns folgende Gesetze gelehrt.

I. Ein Körper kann nicht in Bewegung kommen, auch nicht die schon vorhandene Bewegung ändern weder in Richtung noch in Grösse, wenn nicht eine oder mehrere Kräfte auf ihn wirken.

Dies wird das Gesetz der Trägheit genannt.

Der Widerstand, welchen die Trägheit eines Körpers jeder Veränderung des Zustandes, in welchem sich der Körper befindet, entgegensetzt, muss der Bewegung des Körpers entgegengesetzt sein, wenn diese accelerirend ist, dagegen dieselbe begünstigen, wenn sie retardirend ist.

II. Die Geschwindigkeiten, welche verschiedene unveränderliche Kräfte in gleichen Zeiträumen demselben Körper mittheilen können, stehen in demselben Verhältniss zu einander wie die Kräfte selbst; ebenso verhält sich auch zu einander diejenige Vermehrung oder Verminderung der Geschwindigkeit eines bewegten Körpers, welche verschiedene in der Richtung der Bewegung wirkende Kräfte diesem Körper mittheilen.

Wenn also in einer gewissen Zeit die Kraft K einem Körper die Geschwindigkeitszunahme ΔV, und die Kraft k, während einer ebenso langen Zeit wirkend, demselben Körper die Geschwindigkeitszunahme Δv mittheilen kann, so ist:

$$K : k = \Delta V : \Delta v.$$

Dies wird das Gesetz der Proportionalität der Kräfte und der Variationen der Geschwindigkeiten genannt.

III. Um auf derselben Stelle der Erde bei verschiedenen Körpern dieselbe Veränderung der Geschwindigkeiten hervorzubringen, müssen die Kräfte der Schwere der Körper proportional sein.

Wenn also in einer gewissen Zeit die Kraft K einem Körper, dessen Schwere P ist, eine gewisse Vermehrung oder Verminderung der in der Richtung der Kraft stattfindenden Geschwindigkeit mittheilt, und in einer ebenso grossen Zeit die Kraft k einem anderen Körper, dessen Schwere p ist, dieselbe Vermehrung oder Verminderung der Geschwindigkeit mittheilt, so ist

$$K : k = P : p.$$

Ist die Vermehrung der Geschwindigkeit eine Längeneinheit in einer Zeiteinheit, so wird die dazu nöthige Kraft, in der Richtung der Bewegung als wirkend angenommen, die **Masse** des Körpers genannt. Bezeichnen wir die Massen der beiden Körper durch M und m, und die Geschwindigkeitszunahme, welche jede der Kräfte K und k den Körpern P und p in einer Zeiteinheit mittheilen würde, ΔV, so ist nach dem zweiten Gesetze:

$$K : M = \Delta V : 1,$$
$$k : m = \Delta V : 1,$$

folglich:

$$K : k = M : m.$$

Weil jetzt

$$K : k = P : p,$$

wird auch

$$M : m = P : p.$$

Das dritte Gesetz wird deswegen das Gesetz der Proportionalität der Massen und der Schweren der Körper genannt.

IV. Wenn eine Kraft auf einen Körper wirkt, welcher schon eine gewisse Bewegung hat, so wird die neue hierdurch hervorgebrachte Bewegung relativ zur ursprünglichen dieselbe sein, als wenn der Körper ursprünglich in Ruhe gewesen wäre.

Bewegt sich folglich ein Punkt so, dass er in jeder Zeiteinheit ein Stück Weges durchläuft, dessen Richtung und Grösse durch die Linie AB (Fig. 1) dargestellt werden mag, und in dem Augenblick, wo der Körper in A war, eine Kraft auf denselben wirkt, welche in einer Zeiteinheit den Körper nach C gebracht haben würde, wenn er ursprünglich in Ruhe gewesen wäre, so wird diese Kraft jetzt den Punkt nach D bringen, wo BD gleich und parallel mit AC ist. Der Punkt wird sich folglich in der Richtung der Diagonale AD bewegen, als wäre er von einer Kraft bewegt, welche in dieser Richtung wirkte und sich zu den Kräften, welche längs AB und AC wirken, verhält, wie die Linie AD zu den Linien AB und AC.

Dies wird das Gesetz der Unabhängigkeit der ursprünglichen Bewegung und der Richtung der Kraft genannt, oder auch das Gesetz des Parallelogramms der Kräfte.

Auf diesen vier Gesetzen ist die ganze Mechanik gegründet.

§. 5.

Wegen des zweiten Gesetzes der Proportionalität der Kräfte und der Variationen der Geschwindigkeiten können Kräfte mit einander verglichen werden, wenn man die Geschwindigkeiten, welche sie in einem gewissen Zeitraume einem Körper mittheilen können, mit derjenigen vergleicht, welche die Schwere demselben Körper in demselben Zeitraume mitzutheilen fähig ist. Die Kräfte werden deswegen durch die Angabe des Gewichts desjenigen Körpers bezeichnet, welchem sie dieselbe Geschwindigkeit wie die Schwere mittheilen können.

Die preussische Einheit des Gewichts ist das Pfund, welches gleich $\frac{1}{66}$ des Gewichts eines Kubikfusses destillirten Wassers ist, im luftleeren Raume und bei 15° Reaumur gewogen.

Die preussische Längeneinheit ist der 0,3156769 oder nahe $\frac{149}{472}$ Theil der Länge des einfachen Secundpendels in Berlin.

Zur Vergleichung mit den wichtigsten fremden Längen- und Gewichtseinheiten sind die beiden folgenden Tafeln hier hinzugesetzt:

Vergleichung von Fussmaassen.

Französischer Metre	Pariser Fuss	Preuss., Dänischer Fuss	Norwegischer Fuss	Schwedischer Fuss	Wiener Fuss	Englisch., Russisch. Fuss
1	3,078444	3,186199	3,187354	3,368125	3,163446	3,280899
0,324839	1	1,035003	1,055206	1,094100	1,027612	1,065765
0,313853	0,966181	1	1,019520	1,057098	0,992859	1,029722
0,313740	0,965831	0,999640	1	1,036859	0,973849	1,010007
0,296901	0,913993	0,945986	0,964452	1	0,939234	0,974102
0,316111	0,973130	1,007193	1,026853	1,064701	1	1,037128
0,304794	0,938293	0,971136	0,990092	1,028953	0,964201	1

Vergleichung von Gewichten.

Französisches Kilogramm	Preussisches Pfund	Dänisches Pfund	Norwegisches Pfund	Schwedisches Pfund	Oesterreich. Pfund	Engl. Adp. Pfund	Russisches Pfund
1	2,138072	2,002768	2,007572	2,351063	1,785675	2,204597	2,441883
0,467711	1	0,936712	0,938964	1,099618	0,835180	1,031114	1,142096
0,499309	1,067559	1	1,002399	1,173907	0,891604	1,100775	1,219254
0,498114	1,065004	0,997607	1	1,171099	0,889470	1,098141	1,216336
0,425339	0,909407	0,851856	0,853900	1	0,759518	0,937702	1,038629
0,560012	1,197347	1,121574	1,124265	1,316624	1	1,234601	1,367484
0,453598	0,969824	0,908451	0,910630	1,066437	0,809978	1	1,107632
0,409520	0,875583	0,820173	0,822141	0,962807	0,731270	0,902827	1

§. 6.

Bezeichnet man durch P das Gewicht eines Körpers, durch g die Geschwindigkeit, welche die Schwere dem Körper in einer Sekunde mittheilt, durch M die Masse des Körpers, d. h. eine Kraft, welche in einer Sekunde dem Körper die Geschwindigkeit 1 mittheilen kann, so ist in Folge des zweiten Gesetzes:

$$P : M = g : 1,$$

folglich:

$$M = \frac{P}{g}, \quad g = \frac{P}{M}.$$

Dieses Verhältniss $\frac{P}{M}$ ist aber in Folge des dritten Gesetzes dasselbe für alle Körper auf derselben Stelle der Erde, folglich ist auch g oder die Geschwindigkeit, welche ein Körper im freien Falle und im luftleeren Raume nach einer Sekunde erlangt hat, dieselbe für alle Körper auf derselben Stelle der Erde. Ihr Werth auf den verschiedenen Stellen der Erde kann mit grosser Genauigkeit durch die Formel:

$$g = 31{,}24394\ (1 - 0{,}0025911 \cos 2\varphi) \text{ pr. Fuss},$$

ausgedrückt werden, wo φ die geographische Breite der Stelle bezeichnet. Diese Formel ist indessen nur eine Annäherungsformel, indem die Schwere in demselben Parallelkreise nicht überall genau dieselbe ist. In Berlin ist

$$g = 31{,}26491 \text{ pr. Fuss}.$$

Cap. II.

Zusammensetzung und Zerlegung der auf einen Punkt wirkenden Kräfte.

§. 7.

Aus dem vierten Hauptgesetze der Mechanik folgt, dass, wenn zwei Kräfte auf einen Punkt A wirken, und die eine in einem gewissen Zeitraume, wenn sie allein gewirkt hätte, den Punkt von A bis B (Fig. 1) bewegen würde, die zweite, wenn sie allein gewirkt hätte, den Punkt von A bis C bewegen würde, so wird dieser Punkt, wenn beide Kräfte zugleich wirken, von A bis D bewegt werden längs der Diagonale des Parallelogramms, welches von den Linien AB und AC gebildet wird.

Bezeichnet man die beiden gegebenen Kräfte durch X und Y, den von ihnen gebildeten Winkel BAC durch φ und eine Kraft, welche allein in der Richtung AD wirkend den Punkt in demselben Zeitraume von A bis D gebracht hätte, in welchem er von X allein nach B, von Y allein nach C gebracht wäre, durch R, so ist R die Resultante der Kräfte X und Y, und es ist wegen des zweiten Gesetzes der Mechanik:

$$X : AB = Y : AC = R : AD.$$

Es ist aber:

$$AD^2 = AB^2 + BD^2 + 2AB \,.\, BD \,.\, \cos \varphi,$$

folglich:

$$R^2 = X^2 + Y^2 + 2XY \cos \varphi.$$

Wenn der Winkel φ gleich Null ist, d. h. wenn die Kräfte in gleichem Sinne wirken, so wird $R = X + Y$. Wenn $\varphi = 180^\circ$, d. h. wenn die Kräfte im entgegengesetzten Sinne wirken, so wird $R = X - Y$. Wenn $\varphi = 90^\circ$ ist (Fig. 2), und folglich die beiden Kräfte X und Y rechtwinklig auf einander wirken, so wird:

$$R = \sqrt{X^2 + Y^2},$$

und, wenn man die Winkel BAD und CAD durch α und β bezeichnet:

$$X = R \,.\, \cos \alpha, \quad Y = R \,.\, \cos \beta.$$

Die Kräfte X und Y werden im Allgemeinen die Componenten der Kraft längs der Linien AB und AC genannt. Wenn X und Y rechtwinklig auf einander stehen, werden sie auch die Projectionen von R genannt.

§. 8.

Wenn mehrere Kräfte sollen zusammengesetzt werden, kann man erst zwei derselben mit einander zusammensetzen, sodann ihre Resultanten mit einer dritten u. s. w. Durch Construction kann dieses auf folgende Weise ausgeführt werden. Es bezeichnen die Linien (Fig. 3) AB, AC, AD, AE, AF die Richtung und Grösse mehrerer Kräfte. Aus dem Endpunkte B der einen ziehe man die Linie BG parallel und gleich AC, ferner von G die Linie GH parallel und gleich AD, HF parallel und gleich AE, IK parallel und gleich AF. Die Linie AK stellt dann die Resultante aller fünf Kräfte dar. Es ist nämlich ABGC ein Parallelogramm, folglich AG die Resultante von AB und AC, AGHD ein Parallelogramm, folglich AH die Resultante von AG und AD u. s. w.

Wenn drei Kräfte (Fig. 4), welche nicht in derselben Ebene liegen, auf einem Punkte A wirken, so wird dieser Construction zufolge die Resultante die Diagonale AE des Parallelepipedums, dessen Seiten die Kräfte darstellen. Stehen die drei Kräfte AB, AC, AD (Fig. 5) alle rechtwinklig auf einander und man bezeichnet die längs ihrer wirkenden Kräfte durch X, Y, Z und die Winkel, welche die Diagonale AE mit ihnen bildet, durch α, β, γ, so wird

$$R = \sqrt{X^2 + Y^2 + Z^2},$$

$$X = R \cos \alpha, \quad Y = R \cos \beta, \quad Z = R \cos \gamma.$$

Durch die drei letzten Gleichungen werden die Componenten einer Kraft R längs drei rechtwinkligen Axen bestimmt.

§. 9.

Soll die Richtung und Grösse der Resultante mehrerer Kräfte P, P′, P″ ..., welche auf einen Punkt A wirken, durch Rechnung gefunden werden, so zerlegt man am bequemsten erst auf die eben angegebene Weise jede Kraft längs drei rechtwinkliger Axen x, y, z. Es seien a, a′, a″ ..., b, b′, b″ ..., c, c′, c″ ... Winkel, welche die gegebenen Kräfte mit diesen drei Axen bilden, so sind die Componenten der gegebenen Kräfte längs der xAxe:

$$P \cos a, \quad P' \cos a', \quad P'' \cos a'' \ldots$$

Alle diese Kräfte werden eine besondere Resultante gleich ihrer Summe geben. Bezeichnet man diese durch X, so ist:

$$X = P \cos a + P' \cos a' + P'' \cos a'' + \ldots = \Sigma P \cos a.$$

Ebenso findet man die besondere Resultante der Componenten längs der yAxe:

$$Y = P \cos b + P' \cos b' + P'' \cos b'' + \ldots = \Sigma P \cos b,$$

und die besondere Resultante der Componenten nach der zAxe:

$$Z = P \cos c + P' \cos c' + P'' \cos c'' + \ldots = \Sigma P \cos c.$$

Statt der gegebenen Kräfte P, P′, P″ ... hat man folglich jetzt nur drei auf einander rechtwinklige Kräfte X, Y, Z, deren Resultante ist:

$$R^2 = X^2 + Y^2 + Z^2, \quad R = \sqrt{X^2 + Y^2 + Z^2}.$$

Bezeichnet man ferner durch α, β, γ die Winkel, welche diese Resultante mit den drei Axen bildet, so ist:

$$\cos\alpha = \frac{X}{R}, \quad \cos\beta = \frac{Y}{R}, \quad \cos\gamma = \frac{Z}{R}.$$

Substituirt man die Werthe von X, Y, Z, so erhält man:

$$\begin{aligned} R^2 &= [\Sigma P \cos a]^2 + [\Sigma P \cos b]^2 + [\Sigma P \cos c]^2 \\ &= P^2 \cos^2 a + P'^2 \cos^2 a' + P''^2 \cos^2 a'' + \ldots \\ &+ 2PP' \cos a \cos a' + 2PP'' \cos a \cos a'' + 2P'P'' \cos a' \cos a'' + \ldots \\ &+ P^2 \cos^2 b + P'^2 \cos^2 b' + P''^2 \cos^2 b'' + \ldots \\ &+ 2PP' \cos b \cos b' + 2PP'' \cos b \cos b'' + 2P'P'' \cos b' \cos b'' + \ldots \\ &+ P^2 \cos^2 c + P'^2 \cos^2 c' + P''^2 \cos^2 c'' + \ldots \\ &+ 2PP' \cos c \cos c' + 2PP'' \cos c \cos c'' + 2P'P'' \cos c' \cos c'' + \ldots \end{aligned}$$

Bezeichnet man jetzt durch POP', POP'', P'OP'' ... die Winkel, welche die Kräfte P und P', P und P'', P' und P'' ... mit einander bilden, so ist, wie aus der analytischen Geometrie bekannt ist:

$$\begin{aligned} \cos POP' &= \cos a \cos a' + \cos b \cos b' + \cos c \cos c', \\ \cos POP'' &= \cos a \cos a'' + \cos b \cos b'' + \cos c \cos c'', \\ \cos P'OP'' &= \cos a' \cos a'' + \cos b' \cos b'' + \cos c' \cos c'', \\ &\ldots\ldots\ldots\ldots\ldots\ldots \end{aligned}$$

Ferner ist auch:

$$\begin{aligned} \cos^2 a + \cos^2 b + \cos^2 c &= 1, \\ \cos^2 a' + \cos^2 b' + \cos^2 c' &= 1, \\ \cos^2 a'' + \cos^2 b'' + \cos^2 c'' &= 1, \\ \ldots\ldots\ldots\ldots\ldots\ldots \end{aligned}$$

Diese Werthe substituirt geben:

$$\begin{aligned} R^2 &= P^2 + P'^2 + P''^2 + \ldots \\ &+ 2PP' \cos POP' + 2PP'' \cos POP'' + 2P'P'' \cos P'OP'' + \ldots \end{aligned}$$

§. 10.

Wird eine Kraft R längs einer Linie AF zerlegt (Fig. 6), so ist diese Componente, wenn durch δ der Winkel, welche AE mit AF bildet, bezeichnet wird:

$$Q = R \cos\delta.$$

Bezeichnet man aber durch a, b, c die Winkel, welche die Linie AF mit drei auf einander senkrechten Axen AB, AC, AD, bildet, durch α, β, γ die Winkel, welche die Kraft R mit denselben Axen bildet, so ist:

$$\cos\delta = \cos a \cos\alpha + \cos b \cos\beta + \cos c \cos\gamma,$$

folglich:

$$Q = R(\cos a \cos\alpha + \cos b \cos\beta + \cos c \cos\gamma).$$

Bezeichnet man jetzt durch X, Y, Z die drei Componenten von R längs der drei Axen, so ist:

$$X = R\cos\alpha,\quad Y = R\cos\beta,\quad Z = R\cos\gamma.$$

Diese Werthe substituirt geben dann:

$$Q = X\cos a + Y\cos b + Z\cos c,$$

d. h., die Componente der Resultante R längs einer Linie AF ist der Summe der Componenten von X, Y, Z längs derselben Linie gleich.

Cap. III.

Statik. Bedingungen des Gleichgewichts eines Systems mit einander verbundener Punkte, deren Verbindung durch von der Zeit unabhängige Gleichungen zwischen ihren Coordinaten ausgedrückt werden können.

§. 11.

Bei Körpern unveränderlicher Form, oder deren Form sich nach gewissen Gesetzen verändert, finden Verbindungen zwischen den verschiedenen Theilen statt, welche als geometrische Relationen zwischen beweglichen Punkten zu betrachten sind, die ungeändert während der Bewegung verbleiben. Diese Verbindungen können folglich ausgedrückt werden durch Gleichungen zwischen den Coordinaten der gegebenen Punkte, welche unabhängig von der Zeit sind.

Wenn auf einen solchen Körper mehrere Kräfte wirken, die ihn im Gleichgewicht halten oder in irgend eine Bewegung setzen, so werden in den verschiedenen Theilen dieses Körpers, wegen der zwischen den Angriffspunkten der Kräfte stattfindenden Verbindungen, gewisse Spannungen oder Drucke stattfinden. Die Kräfte, welche an jedem Punkte angebracht, wo eine solche Spannung oder Druck stattfindet, dieselbe Spannung oder Druck hervorbringen würden, werden die Kräfte der Verbindung genannt. Denkt man sich dann die Verbindungen der verschiedenen Punkte ganz aufgehoben und statt deren die Kräfte der Verbindungen wirkend, so wird hierdurch die Bewegung oder das Gleichgewicht des Körpers in nichts geändert. Die Kräfte, welche die Bewegungen des oben beschriebenen Systems von Punkten bestimmen, werden gegebene Kräfte genannt. Weil man jetzt die Verbindungen der Punkte aufheben kann, und statt deren in jedem Punkte die Kräfte der Verbindungen anbringen, werden folglich im Zustande des Gleichgewichts die gegebenen Kräfte in jedem Punkte die Kräfte der Verbindungen aufheben müssen.

Die gegebenen Kräfte werden bewegende Kräfte genannt, wenn sie mit der Richtung der Bewegung einen spitzen Winkel bilden, widerstehende, wenn sie mit derselben einen stumpfen Winkel bilden.

§. 12.

Wir werden jetzt die Bedingungen des Gleichgewichts eines Systems von Punkten betrachten, deren Verbindung durch eine einzige Gleichung zwischen den Coordinaten dieser Punkte:

$$u = f(x_1, y_1, z_1, x_2, y_2, z_2, \ldots x_n, y_n, z_n) = 0,$$

ausgedrückt ist.

Wenn ein solches System im Gleichgewicht ist, so kann dieses nicht dadurch verändert werden, dass alle Punkte ausser einem, z. B. der Punkt (x_1, y_1, z_1), befestigt werden. Dieser kann dann, zufolge der gegebenen Verbindung, sich nur auf einer Fläche bewegen, deren Gleichung $u = 0$ ist, wenn in dieser Gleichung nur x_1, y_1, z_1 als Variabeln angesehen werden. Damit nun auch dieser Punkt in Ruhe verbleiben soll, ist es nöthig, dass die auf ihn wirkende Kraft in der Richtung der Normale dieser Fläche wirke; denn sonst könnte man sie in eine normale und eine der Berührungsebene parallele Seitenkraft zerlegen, und dieser letzteren würde die Fläche keinen Widerstand entgegensetzen. Bezeichnet man durch α, β, γ die Winkel, welche diese Normale mit den drei rechtwinkligen Coordinataxen bildet, so ist aus der analytischen Geometrie bekannt, dass:

$$\cos\alpha = \frac{d_{x_1} u}{\sqrt{(d_{x_1} u)^2 + (d_{y_1} u)^2 + (d_{z_1} u)^2}},$$

$$\cos\beta = \frac{d_{y_1} u}{\sqrt{(d_{x_1} u)^2 + (d_{y_1} u)^2 + (d_{z_1} u)^2}},$$

$$\cos\gamma = \frac{d_{z_1} u}{\sqrt{(d_{x_1} u)^2 + (d_{y_1} u)^2 + (d_{z_1} u)^2}}.$$

Bezeichnet man durch λ_1 die normale Kraft, deren Grösse auf das Gleichgewicht keinen Einfluss haben kann, und welcher die aus den Verbindungen hervorgerufene Spannung oder Zusammendrückung gleich ist, so werden die Componenten von λ_1 längs der drei Axen:

$$\lambda_1 \cos\alpha, \quad \lambda_1 \cos\beta, \quad \lambda_1 \cos\gamma,$$

oder, wenn man der Kürze wegen

$$\lambda_1 = a_1 \sqrt{(d_{x_1} u)^2 + (d_{y_1} u)^2 + (d_{z_1} u)^2}$$

setzt, wo a_1 ebenso wie λ_1 eine unbestimmte Grösse ist:

$$a_1 d_{x_1} u, \quad a_1 d_{y_1} u, \quad a_1 d_{z_1} u.$$

Ebenso findet man, dass die Kraft, welche auf den Punkt x_2, y_2, z_2 normal wirkt, gleich

$$\lambda_2 = a_2 \sqrt{(d_{x_2} u)^2 + (d_{y_2} u)^2 + (d_{z_2} u)^2}$$

ist, und seine Componenten:

$$a_2 d_{x_2} u, \quad a_2 d_{y_2} u, \quad a_2 d_{z_2} u;$$

dass die auf den Punkt (x_3, y_3, z_3) normal wirkende Kraft gleich

$$\lambda_3 = a_3 \sqrt{(d_{x_3} u)^2 + (d_{y_3} u)^2 + (d_{z_3} u)^2}$$

und seine Componenten:

$$a_3 d_{x_3} u, \quad a_3 d_{y_3} u, \quad a_3 d_{z_3} u$$

sind.

Denkt man sich jetzt alle Punkte, die beiden (x_1, y_1, z_1) und (x_2, y_2, z_2) ausgenommen, auf eine unveränderliche Weise befestigt, und dass diese zwei Punkte sich nur längs der xAxe bewegen können, so werden sie noch immer im Gleichgewicht sein müssen. Ihre mögliche Bewegung wird dann durch die Gleichung $u = o$ bestimmt, wo nur x_1 und x_2 als veränderliche Grössen anzusehen sind. Es ist alsdann nothwendig, dass die Componenten längs der xAxe die beiden Kräfte, welche auf diese beiden Punkte wirken, einander im Gleichgewicht halten, folglich dass sie gleich und entgegengesetzt sind. Man hat folglich die Bedingungsgleichung:

$$a_1 d_{x_1} u + a_2 d_{x_2} u = o.$$

Es ist aber wegen der Gleichung $u = o$, wo nur x_1 und x_2 als Variabeln anzusehen sind:

$$d_{x_1} u + d_{x_2} u = o.$$

Folglich wird:

$$a_1 = a_2.$$

Ebenso erhält man:

$$a_1 = a_2 = a_3 = \ldots\ldots = a_n.$$

Hierdurch sind nun die auf jeden Punkt wirkenden Kräfte so viel wie möglich bestimmt, weil der gemeinschaftliche Factor a_1 unbestimmt sein muss. Die Gleichung $u = o$, und folglich auch die Gleichgewichtsbedingungen werden nämlich nicht dadurch geändert, dass man u und folglich auch alle seine Differentialen, mit einer willkürlichen Constanten multiplicirt.

Wenn Gleichgewicht in einem System von Punkten, deren Verbindung durch die Gleichung $u = o$ ausgedrückt ist, stattfinden soll, ist es folglich nöthig, dass die Componenten der gegebenen Kräfte längs den drei Coordinataxen sind:

im Punkte (x_1, y_1, z_1): $a_1 d_{x_1} u, \quad a_1 d_{y_1} u, \quad a_1 d_{z_1} u,$

im Punkte (x_2, y_2, z_2): $a_1 d_{x_2} u, \quad a_1 d_{y_2} u, \quad a_1 d_{z_2} u,$

. . . .

im Punkte (x_n, y_n, z_n): $a_1 d_{x_n} u, \quad a_1 d_{y_n} u, \quad a_1 d_{z_n} u.$

Aus der im vorigen Paragraphen gegebenen Erklärung der gegebenen Kräfte und der Kräfte des Gleichgewichts ging hervor, dass diese in jedem Punkte einander aufheben müssen. Die Verbindungskräfte werden folglich, längs der drei Coordinataxen zerlegt, die obige Form der Componenten der gegebenen Kräfte mit entgegengesetzten Zeichen haben, und das Gleichgewicht wird folglich nicht aufgehoben werden, wenn man diese Verbindungskräfte auf den verschiedenen Punkten anbringt und dann die zwischen den Punkten stattfindende Verbindung, $u = o$, aufhebt.

§. 13.

Wird die Verbindung der Punkte durch zwei Gleichungen:

$$u_1 = o, \quad u_2 = o$$

ausgedrückt, so wird zufolge der im vorigen Paragraphen gegebenen Regel das Gleichgewicht nicht aufgehoben, wenn man die erste dieser Verbindungsgleichungen aufhebt und statt deren Kräfte anbringt, deren Componenten nach den drei Coordinataxen sind:

im Punkte (x_1, y_1, z_1): $-a_1 d_{x_1} u_1, \quad -a_1 d_{y_1} u_1, \quad -a_1 d_{z_1} u_1,$

im Punkte (x_2, y_2, z_2): $-a_1 d_{x_2} u_1, \quad -a_1 d_{y_2} u_1, \quad -a_1 d_{z_2} u_1,$

. . . .

im Punkte (x_n, y_n, z_n): $-a_1 d_{x_n} u_1, \quad -a_1 d_{y_n} u_1, \quad -a_1 d_{z_n} u_1.$

Diese Kräfte werden dann von den gegebenen Kräften einen gleichen, aber entgegengesetzten Theil aufheben. Man hat dann nur die Verbindungsgleichung $u_2 = o$ übrig, und der übrige Theil der gegebenen Kräfte muss dann wegen der durch diese Gleichung ausgedrückten Verbindung im Gleichgewichte sein. Die Componenten dieses Theils nach den drei Coordinataxen werden dann:

im Punkte (x_1, y_1, z_1): $a_2 d_{x_1} u_2, \quad a_2 d_{y_1} u_2, \quad a_2 d_{z_1} u_2,$

im Punkte (x_2, y_2, z_2): $a_2 d_{x_2} u_2, \quad a_2 d_{y_2} u_2, \quad a_2 d_{z_2} u_2,$

. . . .

im Punkte (x_n, y_n, z_n): $a_2 d_{x_n} u_2, \quad a_2 d_{y_n} u_2, \quad a_2 d_{z_n} u_2.$

Die Componenten der gegebenen Kräfte werden folglich:

im Punkte (x_1, y_1, z_1):

$$a_1 d_{x_1} u_1 + a_2 d_{x_1} u_2, \quad a_1 d_{y_1} u_1 + a_2 d_{y_1} u_2, \quad a_1 d_{z_1} u_1 + a_2 d_{z_1} u_2,$$

im Punkte (x_2, y_2, z_2):

$$a_1 d_{x_2} u_1 + a_2 d_{x_2} u_2, \quad a_1 d_{y_2} u_1 + a_2 d_{y_2} u_2, \quad a_1 d_{z_2} u_1 + a_2 d_{z_2} u_2.$$

. . . .

im Punkte (x_n, y_n, z_n):

$$a_1 d_{x_n} u_1 + a_2 d_{x_n} u_2, \quad a_1 d_{y_n} u_1 + a_2 d_{y_n} u_2, \quad a_1 d_{z_n} u_1 + a_2 d_{z_n} u_2.$$

Die normal auf die Flächen $u_1 = o$ und $u_2 = o$ wirkenden Kräfte, werden im Punkte (x_p, y_p, z_p) respective:

$$\lambda'_p = a_1 \sqrt{(d_{x_p} u_1)^2 + (d_{y_p} u_1)^2 + (d_{z_p} u_1)^2},$$

$$\lambda''_p = a_2 \sqrt{(d_{x_p} u_2)^2 + (d_{y_p} u_2)^2 + (d_{z_p} u_2)^2}.$$

§. 14.

Sind im Allgemeinen die Verbindungen zwischen n Punkten durch die p Gleichungen:

$$u_1 = o, \quad u_2 = o, \quad u_3 \ldots\ldots u_p = o,$$

zwischen ihren Coordinaten ausgedrückt, so werden die Componenten der gegebenen Kräfte, wenn Gleichgewicht stattfinden soll,

im Punkte (x_1, y_1, z_1):

$$X_1 = a_1 d_{x_1} u_1 + a_2 d_{x_1} u_2 + a_3 d_{x_1} u_3 + \ldots\ldots a_p d_{x_1} u_p,$$

$$Y_1 = a_1 d_{y_1} u_1 + a_2 d_{y_1} u_2 + a_3 d_{y_1} u_3 + \ldots\ldots a_p d_{y_1} u_p,$$

$$Z_1 = a_1 d_{z_1} u_1 + a_2 d_{z_1} u_2 + a_3 d_{z_1} u_3 + \ldots\ldots a_p d_{z_1} u_p,$$

im Punkte (x_2, y_2, z_2):

$$X_2 = a_1 d_{x_2} u_1 + a_2 d_{x_2} u_2 + a_3 d_{x_2} u_3 + \ldots\ldots a_p d_{x_2} u_p,$$

$$Y_2 = a_1 d_{y_2} u_1 + a_2 d_{y_2} u_2 + a_3 d_{y_2} u_3 + \ldots\ldots a_p d_{y_2} u_p,$$

$$Z_2 = a_1 d_{z_2} u_1 + a_2 d_{z_2} u_2 + a_3 d_{z_2} u_3 + \ldots\ldots a_p d_{z_2} u_p,$$

. . . .

und im Punkte (x_n, y_n, z_n):

$$X_n = a_1 d_{x_n} u_1 + a_2 d_{x_n} u_2 + a_3 d_{x_n} u_3 + \ldots\ldots a_p d_{x_n} u_p,$$

$$Y_n = a_1 d_{y_n} u_1 + a_2 d_{y_n} u_2 + a_3 d_{y_n} u_3 + \ldots\ldots a_p d_{y_n} u_p,$$

$$Z_n = a_1 d_{z_n} u_1 + a_2 d_{z_n} u_2 + a_3 d_{z_n} u_3 + \ldots\ldots a_p d_{z_n} u_p.$$

Eliminirt man zwischen diesen 3n Gleichungen die p willkürlichen Constanten $a_1, a_2, a_3, \ldots a_p$, so erhält man 3n — p Bedingungsgleichungen des Gleichgewichts zwischen den Componenten der Kräfte.

Die im Punkte (x_r, y_r, z_r) normal auf die Fläche $u_1 = o$ wirkende Kraft ist

$$\lambda'_r = a_1 \sqrt{(d_{x_r} u_1)^2 + (d_{y_r} u_1)^2 + (d_{z_r} u_1)^2},$$

die normal auf die Fläche $u_2 = o$ wirkende Kraft

$$\lambda''_r = a_2 \sqrt{(d_{x_r} u_2)^2 + (d_{y_r} u_2)^2 + (d_{z_r} u_2)^2},$$

. . . .

die normal auf die Fläche $u_p = o$ wirkende Kraft

$$\lambda^{(p)}_r = a_p \sqrt{(d_{x_r} u_p)^2 + (d_{y_r} u_p)^2 + (d_{z_r} u_p)^2},$$

und die Resultante dieser Kräfte, welcher die Resultante von X_r, Y_r, Z_r gleich ist, wird dann die auf den Punkt (x_r, y_r, z_r) wirkende gegebene Kraft sein.

§. 15.

Wird den mit einander durch die Gleichungen

$$u_1 = o, \quad u_2 = o, \quad u_3 = o, \ldots u_p = o$$

verbundenen n Punkten irgend eine mit dieser Verbindung übereinstimmende Bewegung gegeben, so müssen die längs der drei Coordinataxen zerlegten Geschwindigkeiten $d_t x_1$, $d_t y_1$, $d_t z_1$, $d_t x_2$, $d_t y_2$, $d_t z_2$, ... $d_t x_n$, $d_t y_n$, $d_t z_n$ nothwendig folgenden Gleichungen entsprechen:

$$d_{x_1} u_1 \,.\, d_t x_1 + d_{y_1} u_1 \,.\, d_t y_1 + d_{z_1} u_1 \,.\, d_t z_1 + d_{x_2} u_1 \,.\, d_t x_2 + \ldots + d_{z_n} u_1 \,.\, d_t z_n = o,$$

$$d_{x_1} u_2 \,.\, d_t x_1 + d_{y_1} u_2 \,.\, d_t y_1 + d_{z_1} u_2 \,.\, d_t z_1 + d_{x_2} u_2 \,.\, d_t x_2 + \ldots + d_{z_n} u_2 \,.\, d_t z_n = o,$$

. . . .

$$d_{x_1} u_p \,.\, d_t x_1 + d_{y_1} u_p \,.\, d_t y_1 + d_{z_1} u_p \,.\, d_t z_1 + d_{x_2} u_p \,.\, d_t x_2 + \ldots + d_{z_n} u_p \,.\, d_t z_n = o,$$

oder, was gleichbedeutend ist, so muss die Gleichung

$$
\begin{aligned}
&(a_1 d_{x_1} u_1 + a_2 d_{x_1} u_2 + \ldots + a_p d_{x_1} u_p) d_t x_1 \\
+ &(a_1 d_{y_1} u_1 + a_2 d_{y_1} u_2 + \ldots + a_p d_{y_1} u_p) d_t y_1 \\
+ &(a_1 d_{z_1} u_1 + a_2 d_{z_1} u_2 + \ldots + a_p d_{z_1} u_p) d_t z_1 \\
+ &(a_1 d_{x_2} u_1 + a_2 d_{x_2} u_2 + \ldots + a_p d_{x_2} u_p) d_t x_2 \\
+ &\ldots\ldots\ldots\ldots\ldots\ldots\ldots\ldots\ldots \\
+ &(a_1 d_{z_n} u_1 + a_2 d_{z_n} u_2 + \ldots + a_p d_{z_n} u_p) d_t z_n = o,
\end{aligned}
$$

für alle Werthe von a_1, a_2, ... a_n stattfinden.

Soll jetzt Gleichgewicht vorhanden sein, so müssen die Componenten der gegebenen Kräfte den im vorigen Paragraphen entwickelten Bedingungsgleichungen entsprechen. Diese Werthe hier substituirt geben dann die Gleichung

$$X_1 d_t x_1 + Y_1 d_t y_1 + Z_1 d_t z_1 + X_2 d_t x_2 + \ldots + Z_n d_t z_n = o.$$

welche für alle möglichen Bewegungen stattfinden muss.

§. 16.

Wenn die Grösse und Richtung jeder der auf die gegebenen Punkte wirkenden Kräfte nur eine Function der Coordinaten dieser Punkte und von der Lage der anderen Punkte unabhängig ist, d. h. wenn X_p, Y_p, Z_p nur Functionen von x_p, y_p, z_p sind, so kann der Ausdruck:

$$X_1 d_t x_1 + Y_1 d_t y_1 + Z_1 d_t z_1 + X_2 d_t x_2 + \ldots + Z_n d_t z_n$$

unter eine einfachere Form gebracht werden. Bezeichnen wir nämlich durch R_p die Resultante der Kräfte X_p, Y_p, Z_p, so ist R_p die auf den Punkt (x_p, y_p, z_p) wirkende gegebene Kraft, und die Grösse und Richtung von R_p ist nur von (x_p, y_p, z_p) abhängig. Ziehen wir jetzt zu jedem Punkte die diesem zugehörige Linie R_p, construiren eine auf allen diesen Linien orthogonale Fläche, und bezeichnen wir durch M einen Punkt (x, y, z), durch M' den Punkt $(x + \Delta x, y + \Delta y, z + \Delta z)$, durch m und m' die zugehörigen Punkte der orthogonalen Fläche, durch r die Linie Mm, durch $r + \Delta r$ die Linie M'm'; legen wir ferner durch M' eine Ebene parallel mit der Linie mm', und bezeichnen wir durch N den Durchschnitt dieser

Ebene mit der durch **M** gehenden Linie **R**, so wird der Winkel **M'NM** ein rechter Winkel sein, und folglich:

$$\cos M'MN = \frac{MN}{MM'} = \frac{\Delta r}{\Delta s}.$$

Es sind aber die Cosinus, welche die Linie MN mit den drei Coordinataxen bildet,

$$\frac{X}{R}, \frac{Y}{R}, \frac{Z}{R},$$

und die Cosinus der Winkel, welche MM' mit den drei Coordinataxen bildet,

$$\frac{\Delta x}{\Delta s}, \frac{\Delta y}{\Delta s}, \frac{\Delta z}{\Delta s},$$

also wird

$$\cos M'MN = \pm\left(\frac{X}{R}\cdot\frac{\Delta x}{\Delta s} + \frac{Y}{R}\cdot\frac{\Delta y}{\Delta s} + \frac{Z}{R}\cdot\frac{\Delta z}{\Delta s}\right),$$

und folglich

$$\frac{\Delta r}{\Delta s} = \pm\left(\frac{X}{R}\cdot\frac{\Delta x}{\Delta s} + \frac{Y}{R}\cdot\frac{\Delta y}{\Delta s} + \frac{Z}{R}\cdot\frac{\Delta z}{\Delta s}\right),$$

oder, wenn man zu den Grenzwerthen übergeht,

$$Xdx + Ydy + Zdz = \pm Rdr.$$

Construirt man auf diese Weise für jede Kraft R_p die zugehörige orthogonale Fläche, so wird

$$X_1 d_t x_1 + Y_1 d_t y_1 + Z_1 d_t z_1 + X_2 d_t x_2 + \ldots + Z_n d_t z_n$$
$$= \pm R_1 d_t r_1 \pm R_2 d_t r_2 \pm \ldots \pm R_n d_t r_n,$$

und die Bedingungsgleichung des Gleichgewichts wird demnach

$$\pm R_1 d_t r_1 \pm R_2 d_t r_2 \pm \ldots \pm R_n d_t r_n = 0.$$

Weil hier R_p und also auch r_p nur Function von x_p, y_p, z_p ist, so wird diese Differentialgleichung nur integrabel sein, wenn die einer jeden Kraft R_p zugehörige orthogonale Fläche so gewählt werden kann, dass R_p eine Function von r_p ist.

Dies ist z. B. der Fall, wenn auf das gegebene System Kräfte wirken, welche durch feste Punkte gehen und Functionen des Abstandes von diesen Punkten sind. Alsdann können nämlich diese festen Punkte selbst als jene orthogonalen Flächen gewählt werden. Es kann auch leicht besonders gezeigt werden, dass alsdann die Differentialgleichung $X_1 d_t x_1 + Y_1 d_t y_1 + Z_1 d_t z_1 + X_2 d_t x_2 + \ldots + Z_n d_t z_n$ integrabel ist. Es sei nämlich R eine solche Kraft, welche vom Punkte (a, b, c) ausgehend auf den Punkt (x, y, z) wirkt, r der Abstand der beiden Punkte und R eine Function von r, so ist

$$r^2 = (x-a)^2 + (y-b)^2 + (z-c)^2$$

daher

$$rdr = (x-a)dx + (y-b)dy + (z-c)dz.$$

Es ist aber

$$X = R \cdot \frac{x-a}{r}, \quad Y = R \cdot \frac{y-b}{r}, \quad Z = R \cdot \frac{z-c}{r},$$

daher

$$Xdx + Ydy + Zdz = \frac{R}{r}[(x-a)dx + (y-b)dy + (z-c)dz] = Rdr.$$

Folglich wird auch

$$X_1 d_t x_1 + Y_1 d_t y_1 + Z_1 d_t z_1 + X_2 d_t x_2 + \ldots + Z_n d_t z_n$$
$$= R_1 d_t r_1 + R_2 d_t r_2 + \ldots + R_n d_t r_n.$$

wie vorher, und dieser Ausdruck ist dann ein vollständiges Differential, weil R_p eine Function von r_p ist.

§. 17.

Der Ausdruck $X_1 d_t x_1 + Y_1 d_t y_1 + Z_1 d_t z_1 + X_2 d_t x_2 + \ldots + Z_n d_t z_n$ ist auch noch integrabel, wenn die Kräfte in gegenseitigen Anziehungen oder Abstossungen zwischen den beweglichen Punkten des Systems bestehen und ihre Intensitäten Functionen der Entfernungen sind. Es seien nämlich x, y, z die Coordinaten eines Punktes, x′, y′, z′ die Coordinaten eines anderen Punktes, r ihre Entfernung und $\varphi(r)$ die gegenseitige Wirkung zwischen ihnen, so sind die Componenten der Kraft $\varphi(r)$ im erstern Punkte

$$X = \varphi(r) \cdot \frac{x-x'}{r}, \quad Y = \varphi(r) \cdot \frac{y-y'}{r}, \quad Z = \varphi(r) \cdot \frac{z-z'}{r},$$

und die Componenten der im letztern Punkte wirkenden Kraft, welche der vorigen gleich und entgegengerichtet ist,

$$X' = \varphi(r) \cdot \frac{x'-x}{r}, \quad Y' = \varphi(r) \cdot \frac{y'-y}{r}, \quad Z' = \varphi(r) \cdot \frac{z'-z}{r}$$

Es wird also

$$Xdx + Ydy + Zdz + X'dx' + Y'dy' + Z'dz'$$
$$= \frac{\varphi(r)}{r} \cdot [(x-x')(dx-dx') + (y-y')(dy-dy') + (z-z')(dz-dz')]$$
$$= \frac{\varphi(r)}{r} \cdot rdr = \varphi(r)dr,$$

und daher

$$X_1 d_t x_1 + Y_1 d_t y_1 + Z_1 d_t z_1 + X_2 d_t x_2 + \ldots + Z_n d_t z_n = \Sigma \varphi(r)dr,$$

folglich integrabel.

§. 18.

Im Allgemeinen, wenn der Ausdruck $X_1 dx_1 + Y_1 dy_1 + Z_1 dz_1 + X_2 dx_2 + \ldots + Z_n dz_n$ ein vollständiges Differential ist, und man durch U dessen Integral bezeichnet, so wird U eine Function von x_1, y_1, z_1, x_2, ... z_n sein, deren partielle Differentiale sind:

$$d_{x_1} U = X_1, \quad d_{y_1} U = Y_1, \quad d_{z_1} U = Z_1,$$
$$d_{x_2} U = X_2, \quad d_{y_2} U = Y_2, \quad d_{z_2} U = Z_2,$$
$$\ldots\ldots\ldots\ldots\ldots\ldots$$
$$d_{x_n} U = X_n, \quad d_{y_n} U = Y_n, \quad d_{z_n} U = Z_n,$$

und die im §. 15 entwickelte Differentialgleichung des Gleichgewichts wird die Form annehmen:

$$d_t U = o.$$

Die Function U wird alsdann die **Kräftefunction** genannt, und muss demnach, wenn Gleichgewicht vorhanden sein soll, ein Maximum oder Minimum sein.

§. 19.

Wenn man durch P_1 die Resultante von X_1, Y_1, Z_1, durch P_2 die Resultante von X_2, Y_2, Z_2 u. s. w. bezeichnet, wo folglich P_1, P_2, ... die gegebenen Kräfte sind, durch s_1, s_2, ... die von den Punkten (x_1, y_1, z_1), (x_2, y_2, z_2) ... beschriebenen Bahnen, wenn das System auf irgend eine mit den Verbindungsgleichungen übereinstimmende Weise bewegt wird, und durch α_1, α_2, ... die Winkel, welche die Tangenten dieser Bahnen mit den entsprechenden Kräften P_1, P_2, ... bilden, so ist

$$\cos \alpha_1 = \frac{X_1}{P_1} d_{s_1} x_1 + \frac{Y_1}{P_1} \cdot d_{s_1} y_1 + \frac{Z_1}{P_1} \cdot d_{s_1} z_1,$$

folglich

$$X_1 d_t x_1 + Y_1 d_t y_1 + Z_1 d_t z_1$$
$$= P_1 d_t s_1 \left(\frac{X_1}{P_1} d_{s_1} x_1 + \frac{Y_1}{P_1} d_{s_1} y_1 + \frac{Z_1}{P_1} d_{s_1} z_1\right) = P_1 d_t s_1 . \cos \alpha_1 .$$

Die im §. 15 gegebene Bedingungsgleichung des Gleichgewichts wird sonach die Form

$$P_1 d_t s_1 . \cos \alpha_1 + P_2 d_t s_2 . \cos \alpha_2 + \ldots + P_n d_t s_n \cos \alpha_n = o,$$

annehmen, und diese Gleichung muss dann für jede Bewegung, welche die Punkte machen können, stattfinden.

Die Geschwindigkeiten $d_t s_1$, $d_t s_2$, ... $d_t s_n$, welche die durch die Verbindungsgleichungen

$$u_1 = o, \quad u_2 = o, \ldots u_p = o$$

mit einander verbundenen Punkte zugleich annehmen können, werden die virtuellen Geschwindigkeiten dieser Punkte genannt; die Componente $P \cos \alpha$ einer Kraft P nach der Tangente der vom Punkte beschriebenen Bahn wird die Tension der Kraft genannt, und das Produkt $P \cos \alpha . d_t s$ der Tension einer Kraft mit der virtuellen Geschwindigkeit seines Angriffspunktes wird die virtuelle Arbeit genannt. Der durch die Gleichung

$$P_1 \cos \alpha_1 d_t s_1 + P_2 \cos \alpha_2 d_t s_2 + \ldots + P_n \cos \alpha_n d_t s_n = o$$

ausgedrückte Satz kann hiernach folgendermaassen ausgesprochen werden: *Wenn Kräfte auf ein System mehrerer auf irgend eine Weise mit einander verbundener Punkte wirken und Gleichgewicht hervorbringen, so muss die Summe ihrer virtuellen Arbeiten für jede Bewegung, welche das System annehmen kann, gleich Null sein.*

Bezeichnet man durch T die Tension einer bewegenden, und durch T′ die Tension einer widerstehenden Kraft, durch s und s′ die von ihren Angriffspunkten beschriebenen Linien, wenn das System in eine von den Verbindungen erlaubte Bewegung gesetzt wird, so kann die obige Gleichung geschrieben werden

$$\Sigma T d_t s - \Sigma T' d_t s' = o,$$

oder:

$$\Sigma T d_t s = \Sigma T' d_t s',$$

d. h. *die virtuelle Arbeit der bewegenden Kräfte ist derjenigen der widerstehenden Kräfte gleich.*

Dieser Satz wird der **Satz der virtuellen Geschwindigkeiten** genannt.

§. 20.

Man kann aus der Gleichung

$$P_1 d_t s_1 \cos\alpha_1 + P_2 d_t s_2 \cos\alpha_2 + \dots + P_n d_t s_n \cos\alpha_n = o$$

oder, was dasselbe ist, aus der Gleichung

$$X_1 d_t x_1 + Y_1 d_t y_1 + Z_1 d_t z_1 + X_2 d_t x_2 + \dots + Z_n d_t z_n = o,$$

wieder die im §. 14 dargestellten Gleichungen, und daraus durch Elimination der willkürlichen Constanten die Bedingungsgleichungen des Gleichgewichts finden. Die Gleichung

(1) $$X_1 d_t x_1 + Y_1 d_t y_1 + Z_1 d_t z_1 + X_2 d_t x_2 + \dots + Z_n d_t z_n = o$$

soll nämlich für alle Werthe der virtuellen Geschwindigkeiten stattfinden, welche den Verbindungsgleichungen

$$u_1 = o, \quad u_2 = o, \quad u_3 = o, \dots u_n = o$$

und folglich deren Differentiale

(2) $$\begin{aligned} &d_{x_1} u_1 . d_t x_1 + d_{y_1} u_1 . d_t y_1 + d_{z_1} u_1 . d_t z_1 + d_{x_2} u_1 . d_t x_2 + \dots \\ &\qquad + d_{z_n} u_1 . d_t z_n = o, \\ &d_{x_1} u_2 . d_t x_1 + d_{y_1} u_2 . d_t y_2 + d_{z_1} u_2 . d_t z_1 + d_{x_2} u_2 . d_t x_2 + \dots \\ &\qquad + d_{z_n} u_2 . d_t z_n = o, \\ &\dots\dots\dots\dots \\ &d_{x_1} u_p . d_t x_1 + d_{y_1} u_p . d_t y_1 + d_{z_1} u_p . d_t z_1 + d_{x_2} u_p . d_t x_2 + \dots \\ &\qquad + d_{z_n} u_p . d_t z_n = o, \end{aligned}$$

entsprechen. Mittelst dieser letzten p Gleichungen können dann p der virtuellen Geschwindigkeiten aus der Gleichung (1) eliminirt werden, was dadurch geschehen kann, dass man die p Gleichungen (2) der Reihe nach mit den unbestimmten Coëfficienten: $-a_1$, $-a_2$, ... $-a_p$ multiplicirt, diese Gleichungen zur Gleichung (1) addirt und in der Summe die unbestimmten Grössen a_1, a_2, ... a_p so bestimmt, dass die Coëfficienten der p virtuellen Geschwindigkeiten, welche man eliminiren will, gleich Null werden. Die dann übrigbleibende Gleichung muss für alle beliebige Werthe der übrigen $3n - p$ virtuellen Geschwindigkeiten stattfinden, und die Coëfficienten dieser übrigen $3n - p$ virtuellen Geschwindigkeiten müssen dann ebenfalls gleich Null sein. Multiplicirt man die Gleichungen (2) der Reihe nach mit den Coëfficienten: $-a_1$, $-a_2$, $-a_3$, ... $-a_p$, und addirt dann diese Gleichungen zur Gleichung (1), so erhält man:

$$\begin{aligned}
&(X_1 - a_1 d_{x_1} u_1 - a_2 d_{x_1} u_2 - \ldots - a_p d_{x_1} u_p) d_t x_1 \\
+ &(Y_1 - a_1 d_{y_1} u_1 - a_2 d_{y_1} u_2 - \ldots - a_p d_{y_1} u_p) d_t y_1 \\
+ &(Z_1 - a_1 d_{z_1} u_1 - a_2 d_{z_1} u_2 - \ldots - a_p d_{z_1} u_p) d_t z_1 \\
+ &(X_2 - a_1 d_{x_2} u_1 - a_2 d_{x_2} u_2 - \ldots - a_p d_{x_2} u_p) d_t x_2 \\
&\ldots\ldots\ldots\ldots\ldots\ldots\ldots\ldots\ldots \\
+ &(Z_n - a_1 d_{z_n} u_1 - a_2 d_{z_n} u_2 - \ldots - a_p d_{z_n} u_p) d_t z_n = 0.
\end{aligned}$$

In dieser Gleichung sollen dann erst p Coëfficienten der virtuellen Geschwindigkeiten gleich Null gesetzt werden, wodurch a_1, a_2, ... a_p bestimmt werden, dann die übrigen Coëfficienten auch gleich Null sein, was die $3n - p$ Bedingungsgleichungen des Gleichgewichts geben würde. Man braucht folglich nur in jenen Gleichungen alle Coëfficienten der virtuellen Geschwindigkeiten gleich Null zu setzen, und unter diesen Gleichungen dann a_1, a_2, ... a_p zu eliminiren, wodurch man gerade die im §. 14 dargestellten Gleichungen erhält.

§. 21.

Wir haben bisher nur bewiesen, dass wenn Gleichgewicht stattfinden soll, die Gleichungen des §. 14 oder diejenigen der §. 15 oder §. 19 nothwendig sind; wir werden jetzt auch beweisen, dass sie hinlänglich sind das Gleichgewicht zu bestimmen. Nehmen wir also an, die Gleichung des §. 19:

$$\Sigma T d_t s - \Sigma T' d_t s' = 0$$

fände statt, das System wäre aber nicht im Gleichgewicht, sondern einige der gegebenen Punkte bewegten sich, so müsste diese Bewegung aufgehoben und Gleichgewicht hervorgebracht werden können, wenn in diesen Punkten, deren virtuelle Geschwindigkeiten wir durch

$d_t r_1$, $d_t r_2$ .... bezeichnen wollen, neue Kräfte R_1, R_2, ... angebracht werden, die von passender Grösse gerade in entgegengesetzter Richtung der Bewegung wirken. In Folge des im §. 19 bewiesenen Satzes der virtuellen Geschwindigkeiten wäre dann

$$\Sigma T d_t s - \Sigma T' d_t s' - R_1 d_t r_1 - R_2 d_t r_2 - \ldots = o,$$

und folglich auch

$$- R_1 d_t r_1 - R_2 d_t r_2 - \ldots = o,$$

oder, da jedes Glied in dieser Reihe nothwendig negativ sein muss, entweder

$$R_1 = o, \text{ oder } d_t r_1 = o,$$
$$R_2 = o, \text{ oder } d_t r_2 = o, \text{ u. s. w.}$$

und in beiden Fällen würde keine Bewegung vorhanden sein. Wenn die Gleichung

$$\Sigma T d_t s - \Sigma T' d_t s' = o$$

stattfindet, müssen folglich nothwendig die gegebenen Punkte im Gleichgewicht sein. Da man, wie im §. 15 und §. 19 erwiesen, aus den Gleichungen des §. 14 die Gleichung $\Sigma T d_t s - \Sigma T' d_t s' = o$ ableiten kann, so werden auch jene Gleichungen des §. 14 nothwendig das Gleichgewicht bedingen.

Die Gleichgewichtsbedingungen irgend eines Systems von Punkten, deren Verbindung durch von der Zeit unabhängige Gleichungen zwischen ihren Coordinaten ausgedrückt werden können, ist folglich vollkommen durch den Satz der virtuellen Geschwindigkeiten ausgedrückt.

Cap. IV.

Anwendungen.

a) Gleichgewicht eines Punktes.

§. 22.

Wir werden jetzt die eben entwickelten allgemeinen Formeln des Gleichgewichts eines Systems von Punkten auf mehrere besondere Fälle anwenden und zuerst die Gesetze des Gleichgewichts eines einzigen Punktes betrachten.

Ist der Punkt ganz frei, so finden keine Verbindungsgleichungen statt, und man hat folglich:

$$X = o, \quad Y = o, \quad Z = o.$$

Ist der Punkt genöthigt, sich auf einer Fläche, deren Gleichung $u = o$ ist, zu bewegen, so wird diese Gleichung die Verbindungsgleichung sein, und es wird alsdann:

$$X = a d_x u, \quad Y = a d_y u, \quad Z = a d_z u,$$

folglich:

$$\frac{X}{d_x u} = \frac{Y}{d_y u} = \frac{Z}{d_z u}$$

die Bedingungsgleichungen des Gleichgewichts. Weil jetzt die Normale mit den Coordinataxen Winkel bildet, deren Cosinus

$$\frac{d_x u}{\sqrt{(d_x u)^2 + (d_y u)^2 + (d_z u)^2}}, \quad \frac{d_y u}{\sqrt{(d_x u)^2 + (d_y u)^2 + (d_z u)^2}},$$

$$\frac{d_z u}{\sqrt{(d_x u)^2 + (d_y u)^2 + (d_z u)^2}}$$

sind, so besagen jene Gleichungen, dass die Richtung der Resultante der auf den Punkt wirkenden Kräfte normal auf der Oberfläche ist, was auch schon vorher (§. 12) bewiesen wurde.

Wenn der Punkt genöthigt ist, sich auf einer krummen Linie zu bewegen, welche durch die zwei Gleichungen $u_1 = o$, $u_2 = o$ bestimmt ist, so werden diese zwei Gleichungen die Verbindungsgleichung des Punktes sein. Es ist hier folglich $p = 3n - 1$, und die Bedingungsgleichung des Gleichgewichts wird nur die eine

$$X d_t x + Y d_t y + Z d_t z = o,$$

woraus wieder, wenn mit $d_s t$ multiplicirt wird,

$$X d_s x + Y d_s y + Z d_s z = o.$$

Diese Gleichung giebt zu erkennen, dass die Richtung der Kraft im Normalplan der krummen Linie fallen muss.

b) Gleichgewicht eines festen Körpers.

§. 23.

Wenn alle Punkte des gegebenen Systems auf eine unveränderliche Weise mit einander verbunden sind, d. h. wenn das System ein fester Körper ist, so werden die Verbindungsgleichungen diejenigen sein, welche ausdrücken, dass alle übrigen Punkte immer denselben Abstand von drei unter ihnen, und diese wieder denselben Abstand unter einander behalten. Es seien diese drei Punkte (x_1, y_1, z_1), (x_2, y_2, z_2), (x_3, y_3, z_3), so bestehen folgende $3n-6$ Verbindungsgleichungen:

$$u_1 = (x_1 - x_2)^2 + (y_1 - y_2)^2 + (z_1 - z_2)^2 - c_1^2 = 0,$$
$$u_2 = (x_1 - x_3)^2 + (y_1 - y_3)^2 + (z_1 - z_3)^2 - c_2^2 = 0,$$
$$u_3 = (x_2 - x_3)^2 + (y_2 - y_3)^2 + (z_2 - z_3)^2 - c_3^2 = 0,$$
$$u_4 = (x_1 - x_4)^2 + (y_1 - y_4)^2 + (z_1 - z_4)^2 - c_4^2 = 0,$$
$$u_5 = (x_2 - x_4)^2 + (y_2 - y_4)^2 + (z_2 - z_4)^2 - c_5^2 = 0,$$
$$\cdots\cdots\cdots\cdots\cdots\cdots\cdots\cdots$$
$$u_{3n-8} = (x_1 - x_n)^2 + (y_1 - y_n)^2 + (z_1 - z_n)^2 - c_{3n-8}^2 = 0,$$
$$u_{3n-7} = (x_2 - x_n)^2 + (y_2 - y_n)^2 + (z_2 - z_n)^2 - c_{3n-7}^2 = 0,$$
$$u_{3n-6} = (x_3 - x_n)^2 + (y_3 - y_n)^2 + (z_3 - z_n)^2 - c_{3n-6}^2 = 0.$$

Man hat alsdann

$$X_1 = 2a_1(x_1 - x_2) + 2a_2(x_1 - x_3) + 2a_4(x_1 - x_4) + 2a_7(x_1 - x_5) + \ldots + 2a_{3n-8}(x_1 - x_n),$$
$$Y_1 = 2a_1(y_1 - y_2) + 2a_2(y_1 - y_3) + 2a_4(y_1 - y_4) + 2a_7(y_1 - y_5) + \ldots + 2a_{3n-8}(y_1 - y_n),$$
$$Z_1 = 2a_1(z_1 - z_2) + 2a_2(z_1 - z_3) + 2a_4(z_1 - z_4) + 2a_7(z_1 - z_5) + \ldots + 2a_{3n-8}(z_1 - z_n),$$
$$X_2 = -2a_1(x_1 - x_2) + 2a_3(x_2 - x_3) + 2a_5(x_2 - x_4) + 2a_8(x_2 - x_5) + \ldots + 2a_{3n-7}(x_2 - x_n),$$
$$\cdots\cdots\cdots\cdots\cdots\cdots\cdots\cdots$$
$$X_3 = -2a_2(x_1 - x_3) - 2a_3(x_2 - x_3) + 2a_6(x_3 - x_4) + 2a_9(x_3 - x_5) + \ldots + 2a_{3n-6}(x_3 - x_n),$$
$$\cdots\cdots\cdots\cdots\cdots\cdots\cdots\cdots$$
$$X_4 = -2a_4(x_1 - x_4) - 2a_5(x_2 - x_4) - 2a_6(x_3 - x_4),$$
$$\cdots\cdots\cdots\cdots\cdots\cdots\cdots\cdots$$
$$X_n = -2a_{3n-8}(x_1 - x_n) - 2a_{3n-7}(x_2 - x_n) - 2a_{3n-6}(x_3 - x_n),$$
$$Y_n = -2a_{3n-8}(y_1 - y_n) - 2a_{3n-7}(y_2 - y_n) - 2a_{3n-6}(y_3 - y_n),$$
$$Z_n = -2a_{3n-8}(z_1 - z_n) - 2a_{3n-7}(z_2 - z_n) - 2a_{3n-6}(z_3 - z_n).$$

Eliminirt man zwischen diesen 3n Gleichungen die 3n — 6 willkürlichen constanten Coëfficienten $a_1, a_2, a_3, \ldots a_{3n-6}$, so erhält man die folgenden 6 Bedingungsgleichungen des Gleichgewichts eines freien festen Körpers:

$$X_1 + X_2 + X_3 + \ldots + X_n = o,$$
$$Y_1 + Y_2 + Y_3 + \ldots + Y_n = o,$$
$$Z_1 + Z_2 + Z_3 + \ldots + Z_n = o,$$
$$(Y_1 z_1 - Z_1 y_1) + (Y_2 z_2 - Z_2 y_2) + \ldots + (Y_n z_n - Z_n y_n) = o,$$
$$(Z_1 x_1 - X_1 z_1) + (Z_2 x_2 - X_2 z_2) + \ldots + (Z_n x_n - X_n z_n) = o,$$
$$(X_1 y_1 - Y_1 x_1) + (X_2 y_2 - Y_2 x_2) + \ldots + (X_n y_n - Y_n x_n) = o.$$

§. 24.

Hat das System einen festen Punkt, und wählt man diesen Punkt zum Anfangspunkt des Coordinatensystems, so hat man die 3n — 3 Verbindungsgleichungen:

$$u_1 = x_1 = o,$$
$$u_2 = y_1 = o,$$
$$u_3 = z_1 = o,$$
$$u_4 = x_2^2 + y_2^2 + z_2^2 - c_4^2 = o,$$
$$u_5 = x_3^2 + y_3^2 + z_3^2 - c_5^2 = o,$$
$$u_6 = (x_2 - x_3)^2 + (y_2 - y_3)^2 + (z_2 - z_3)^2 - c_6^2 = o,$$
$$u_7 = x_4^2 + y_4^2 + z_4^2 - c_7^2 = o,$$
$$u_8 = (x_2 - x_4)^2 + (y_2 - y_4)^2 + (z_2 - z_4)^2 - c_8^2 = o,$$
$$u_9 = (x_3 - x_4)^2 + (y_3 - y_4)^2 + (z_3 - z_4)^2 - c_9^2 = o,$$
$$\ldots\ldots\ldots\ldots\ldots\ldots\ldots\ldots$$
$$u_{3n-3} = (x_3 - x_n)^2 + (y_3 - y_n)^2 + (z_3 - z_n)^2 - c_{3n-3}^2 = o.$$

Man erhält nun

$$X_1 = a_1,$$
$$Y_1 = a_2,$$
$$Z_1 = a_3,$$
$$X_2 = 2a_4 x_2 + 2a_6(x_2 - x_3) + 2a_8(x_2 - x_4) + \ldots + 2a_{3n-4}(x_2 - x_n),$$
$$Y_2 = 2a_4 y_2 + 2a_6(y_2 - y_3) + 2a_8(y_2 - y_4) + \ldots + 2a_{3n-4}(y_2 - y_n),$$
$$Z_2 = 2a_4 z_2 + 2a_6(z_2 - z_3) + 2a_8(z_2 - z_4) + \ldots + 2a_{3n-4}(z_2 - z_n),$$
$$X_3 = 2a_5 x_3 - 2a_6(x_2 - x_3) + 2a_9(x_3 - x_4) + \ldots + 2a_{3n-3}(x_3 - x_n),$$
$$\ldots\ldots\ldots\ldots\ldots\ldots\ldots\ldots$$

$$X_4 = 2a_7 x_4 - 2a_8(x_2 - x_4) - 2a_9(x_3 - x_4),$$

. . . .

$$Z_n = 2a_{3n-5} z_n - 2a_{3n-4}(z_2 - z_n) - 2a_{3n-3}(z_3 - z_n).$$

Eliminirt man zwischen diesen 3n Gleichungen die 3n — 3 willkürlichen Coëfficienten $a_1, a_2, \ldots a_{3n-3}$, so erhält man die folgenden 3 Bedingungsgleichungen des Gleichgewichts:

$$(Y_1 z_1 - Z_1 y_1) + (Y_2 z_2 - Z_2 y_2) + \ldots + (Y_n z_n - Z_n y_n) = 0,$$

$$(Z_1 x_1 - X_1 z_1) + (Z_2 x_2 - X_2 z_2) + \ldots + (Z_n x_n - X_n z_n) = 0,$$

$$(X_1 y_1 - Y_1 x_1) + (X_2 y_2 - Y_2 x_2) + \ldots + (X_n y_n - Y_n x_n) = 0.$$

Der Druck auf den festen Punkt (x_1, y_1, z_1) ist nach §. 14 im Punkte (x_2, y_2, z_2) senkrecht auf die Fläche $u_4 = 0$, d. h. längs der Linie c_4, nach den drei Axen zerlegt

$$a_4 d_{x_2} u_4 = 2a_4 x_2, \quad a_4 d_{y_2} u_4 = 2a_4 y_2, \quad a_4 d_{z_2} u_4 = 2a_4 z_2,$$

ebenso im Punkte (x_3, y_3, z_3) längs der Linie c_5

$$a_5 d_{x_3} u_5 = 2a_5 x_3, \quad a_5 d_{y_3} u_5 = 2a_5 y_3, \quad a_5 d_{z_3} u_5 = 2a_5 z_3,$$

im Punkte (x_4, y_4, z_4) längs der Linie c_7

$$a_7 d_{x_4} u_7 = 2a_7 x_4, \quad a_7 d_{y_4} u_7 = 2a_7 y_4, \quad a_7 d_{z_4} u_7 = 2a_7 z_4,$$

. . . .

und im Punkte (x_n, y_n, z_n) längs der Linie c_{3n-5}

$$a_{3n-5} d_{x_n} u_{3n-5} = 2a_{3n-5} x_n, \quad a_{3n-5} d_{y_n} u_{3n-5} = 2a_{3n-5} y_n,$$

$$a_{3n-5} d_{z_n} u_{3n-5} = 2a_{3n-5} z_n.$$

Unmittelbar auf den festen Punkt wirken ferner die Componenten

$$a_1, \quad a_2, \quad a_3.$$

Der ganze Druck auf den festen Punkt ist nach den drei Coordinataxen zerlegt

$$a_1 + 2a_4 x_2 + 2a_5 x_3 + 2a_7 x_4 + 2a_{10} x_5 + \ldots + 2a_{3n-5} x_n$$
$$= X_1 + X_2 + X_3 + X_4 + X_5 + \ldots + X_n,$$

$$a_2 + 2a_4 y_2 + 2a_5 y_3 + 2a_7 y_4 + 2a_{10} y_5 + \ldots + 2a_{3n-5} y_n$$
$$= Y_1 + Y_2 + Y_3 + Y_4 + Y_5 + \ldots + Y_n,$$

$$a_3 + 2a_4 z_2 + 2a_5 z_3 + 2a_7 z_4 + 2a_{10} z_5 + \ldots + 2a_{3n-5} z_n$$
$$= Z_1 + Z_2 + Z_3 + Z_4 + Z_5 + \ldots + Z_n.$$

§. 25.

Hat das System zwei feste Punkte (x_1, y_1, z_1) und (x_2, y_2, z_2), und nehmen wir die durch diese beiden Punkte gehende Linie als z Axe an, so wird man die 3n — 1 Verbindungsgleichungen erhalten:

$$u_1 = x_1 = o, \quad u_2 = y_1 = o, \quad u_3 = z_1 - c_3 = o,$$

$$u_4 = x_2 = o, \quad u_5 = y_2 = o, \quad u_6 = z_2 - c_6 = o,$$

$$u_7 = x_3^2 + y_3^2 + (z_1 - z_3)^2 - c_7^2 = o,$$

$$u_8 = x_3^2 + y_3^2 + (z_2 - z_3)^2 - c_8^2 = o,$$

$$u_9 = x_4^2 + y_4^2 + (z_1 - z_4)^2 - c_9^2 = o,$$

$$u_{10} = x_4^2 + y_4^2 + (z_2 - z_4)^2 - c_{10}^2 = o.$$

$$u_{11} = (x_3 - x_4)^2 + (y_3 - y_4)^2 + (z_3 - z_4)^2 - c_{11}^2 = o,$$

. . . .

$$u_{3n-3} = x_n^2 + y_n^2 + (z_1 - z_n)^2 - c_{3n-3}^2 = o,$$

$$u_{3n-2} = x_n^2 + y_n^2 + (z_2 - z_n)^2 - c_{3n-2}^2 = o.$$

$$u_{3n-1} = (x_3 - x_n)^2 + (y_3 - y_n)^2 + (z_3 - z_n)^2 - c_{3n-1} = o.$$

Man hat alsdann

$$X_1 = a_1, \quad Y_1 = a_2, \quad X_2 = a_4, \quad Y_2 = a_5;$$

$$Z_1 = a_3 + 2a_7(z_1 - z_3) + 2a_9(z_1 - z_4) + \ldots + 2a_{3n-3}(z_1 - z_n),$$

$$Z_2 = a_6 + 2a_8(z_2 - z_3) + 2a_{10}(z_2 - z_4) + \ldots + 2a_{3n-2}(z_2 - z_n).$$

$$X_3 = 2a_7 x_3 + 2a_8 x_3 + 2a_{11}(x_3 - x_4) + \ldots + 2a_{3n-1}(x_3 - x_n),$$

$$Y_3 = 2a_7 y_3 + 2a_8 y_3 + 2a_{11}(y_3 - y_4) + \ldots + 2a_{3n-1}(y_3 - y_n).$$

$$Z_3 = -2a_7(z_1 - z_3) - 2a_8(z_2 - z_3) + 2a_{11}(z_3 - z_4) + \ldots$$
$$+ 2a_{3n-1}(z_3 - z_n),$$

$$X_4 = 2a_9 x_4 + 2a_{10} x_4 - 2a_{11}(x_3 - x_4);$$

. . . .

$$X_n = 2a_{3n-3} x_n + 2a_{3n-2} x_n - 2a_{3n-1}(x_3 - x_n),$$

$$Y_n = 2a_{3n-3} y_n + 2a_{3n-2} y_n - 2a_{3n-1}(y_3 - y_n),$$

$$Z_n = 2a_{3n-3}(z_1 - z_n) - 2a_{3n-2}(z_2 - z_n) - 2a_{3n-1}(z_3 - z_4).$$

Eliminirt man zwischen diesen 3n Gleichungen die 3n — 1 willkürlichen constanten Coëfficienten $a_1, a_2, a_3, \ldots a_{3n-1}$, so erhält man die folgende Bedingungsgleichung des Gleichgewichts:

$$(X_1 y_1 - Y_1 x_1) + (X_2 y_2 - Y_2 x_2) + \ldots + (X_n y_n - Y_n x_n) = o.$$

Der Druck auf den festen Punkt (x_1, y_1, z_1) ist, nach den x und y Axen zerlegt, unmittelbar im Punkte:

$$a_1 d_{x_1} u_1 = a_1, \quad a_2 d_{y_1} u_2 = a_2,$$

im Punkte (x_3, y_3, z_3) längs der Linie c_7:

$$a_7 d_{x_3} u_7 = 2a_7 x_3, \quad a_7 d_{y_3} u_7 = 2a_7 y_3,$$

im Punkte (x_4, y_4, z_4) längs der Linie c_9:

$$a_9 d_{x_4} u_9 = 2a_9 x_4, \quad a_9 d_{y_4} u_9 = 2a_9 y_4, \text{ u. s. w.}$$

Der ganze Druck auf den Punkt (x_1, y_1, z_1) wird nun, nach den x und y Axen zerlegt:

$$a_1 + 2a_7 x_3 + 2a_9 x_4 + \ldots + 2a_{3n-3} x_n = \mathfrak{X}_1,$$
$$a_2 + 2a_7 y_3 + 2a_9 y_4 + \ldots + 2a_{3n-3} y_n = \mathfrak{Y}_1,$$

Ebenso findet man den Druck auf den Punkt (x_2, y_2, z_2), nach den x und y Axen zerlegt:

$$a_4 + 2a_8 x_3 + 2a_{10} x_4 + \ldots + 2a_{3n-2} x_n = \mathfrak{X}_2,$$
$$a_5 + 2a_8 y_3 + 2a_{10} y_4 + \ldots + 2a_{3n-2} y_n = \mathfrak{Y}_2.$$

Hieraus findet man

$$X_1 + X_2 + X_3 + \ldots X_n = \Sigma X = \mathfrak{X}_1 + \mathfrak{X}_2,$$
$$Y_1 + Y_2 + Y_3 + \ldots Y_n = \Sigma Y = \mathfrak{Y}_1 + \mathfrak{Y}_2,$$
$$(Y_1 z_1 - Z_1 y_1) + (Y_2 z_2 - Z_2 y_2) + \ldots (Y_n z_n - Z_n y_n)$$
$$= \Sigma(Yz - Zy) = \mathfrak{Y}_1 z_1 + \mathfrak{Y}_2 z_2,$$
$$(Z_1 x_1 - X_1 z_1) + (Z_2 x_2 - X_2 z_2) + \ldots (Z_n x_n - X_n z_n)$$
$$= \Sigma(Zx - Xz) = -(\mathfrak{X}_1 z_1 + \mathfrak{X}_2 z_2),$$

wo der Symmetrie wegen x_1, y_1, x_2, y_2 mitgenommen, obgleich sie gleich Null sind. Aus diesen Gleichungen findet man

$$\mathfrak{X}_1 = \frac{\Sigma(Zx - Xz) + z_2 \Sigma X}{z_2 - z_1},$$

$$\mathfrak{X}_2 = \frac{\Sigma(Zx - Xz) + z_1 \Sigma X}{z_1 - z_2},$$

$$\mathfrak{Y}_1 = \frac{\Sigma(Yz - Zy) - z_2 \Sigma Y}{z_1 - z_2},$$

$$\mathfrak{Y}_2 = \frac{\Sigma(Yz - Zy) - z_1 \Sigma Y}{z_2 - z_1}.$$

Der für beide Punkte (x_1, y_1, z_1) und (x_2, y_2, z_2) gemeinschaftliche Druck längs ihrer Verbindungslinie, der z Axe, ist:

$$a_3 d_{z_1} u_3 + a_6 d_{z_1} u_6 + a_7 d_{z_1} u_7 + a_7 d_{z_2} u_7 + a_8 d_{z_2} u_8 + a_8 d_{z_3} u_8 + \ldots$$
$$+ a_{3n-1} d_{z_3} u_{3n-1} + a_{3n-1} d_{z_n} u_{3n-1} = a_3 + 6$$
$$= Z_1 + Z_2 + Z_3 + \ldots + Z_n.$$

§. 26.

Ist der feste Körper gegen mehrere Ebenen oder krumme Flächen gelehnt, so übt er in jedem Berührungspunkte einen auf der Ebene oder der krummen Fläche normalen Druck aus. Bezeichnet man durch α_0, β_0, γ_0 die Winkel, welche die Normale im Berührungspunkte (x_p, y_p, z_p) mit den drei Coordinataxen bildet, durch α_1, β_1, γ_1 die Winkel, welche die Normale im Berührungspunkte $(x_{p_1}, y_{p_1}, z_{p_1})$ mit den Axen bildet u. s. w., so werden die drei Componenten des Drucks im Punkte (x_p, y_p, z_p)

$$\lambda_p \cos \alpha_0, \quad \lambda_p \cos \beta_0, \quad \lambda_p \cos \gamma_0,$$

im Punkte $(x_{p_1}, y_{p_1}, z_{p_1})$

$$\lambda_{p_1} \cos \alpha_1, \quad \lambda_{p_1} \cos \beta_1, \quad \lambda_{p_1} \cos \gamma_1 \quad \text{u. s. w.},$$

wo λ, λ_{p_1} ... willkürliche Grössen sind, nur dass ihr Zeichen immer so angenommen wird, dass der von ihnen dargestellte Druck gegen die berührenden Flächen stattfindet. Statt der berührenden Flächen kann man nach §. 11 diese Kräfte mit entgegengesetzten Zeichen den gegebenen Kräften zufügen und dann das System als frei betrachten. Die Gleichungen des §. 23 werden dann:

$$\Sigma X - \Sigma \lambda_p \cos \alpha = 0,$$
$$\Sigma Y - \Sigma \lambda_p \cos \beta = 0,$$
$$\Sigma Z - \Sigma \lambda_p \cos \gamma = 0,$$
$$\Sigma (Yz - Zy) - \Sigma \lambda_p (z_p \cos \beta - y_p \cos \gamma) = 0,$$
$$\Sigma (Zx - Xz) - \Sigma \lambda_p (x_p \cos \gamma - z_p \cos \alpha) = 0,$$
$$\Sigma (Xy - Yx) - \Sigma \lambda_p (y_p \cos \alpha - x_p \cos \beta) = 0.$$

Wenn nur eine Ebene gegeben ist, welche wir als diejenige der xy Ebene annehmen können, so sind

$$\cos \gamma_0 = \cos \gamma_1 = \ldots = 1,$$
$$\cos \alpha_0 = \cos \alpha_1 = \ldots = \cos \beta_0 = \cos \beta_1 = \ldots = 0,$$

und die vorstehenden Gleichungen des Gleichgewichts werden nun:

$$\Sigma X = o, \quad \Sigma Y = o, \quad \Sigma Z = \Sigma \lambda_p,$$
$$\Sigma(Yz - Zy) = -\Sigma \lambda_p y_p, \quad \Sigma(Zx - Xz) = \Sigma \lambda_p x_p,$$
$$\Sigma(Xy - Yx) = o,$$

wo alle die Grössen λ_p, welche den Druck in jedem Berührungspunkte darstellen, dasselbe Zeichen haben müssen, nämlich das positive, wenn der Körper auf der negativen Seite der xy Ebene liegt, das negative, wenn er auf der positiven Seite dieser Ebene liegt. Wir werden hier den erstern Fall annehmen.

Die Bedingungsgleichungen des Gleichgewichts sind erstens

$$\Sigma X = o, \quad \Sigma Y = o, \quad \Sigma(Xy - Yx) = o,$$

und zweitens, dass die durch die Gleichungen

$$\Sigma Z = \Sigma \lambda_p, \quad \Sigma(Yz - Zy) = -\Sigma \lambda_p y_p, \quad \Sigma(Zx - Xz) = \Sigma \lambda_p x_p$$

bestimmten Werthe von λ_p, $\lambda_{p_{,}}$, $\lambda_{p_{,,}}$, ... alle positiv seien.

Sind mehr als drei Berührungspunkte oder drei in einer geraden Linie liegende Berührungspunkte gegeben, so werden im erstern Falle nur drei, im letztern nur zwei der Grössen λ_p, $\lambda_{p_{,}}$, $\lambda_{p_{,,}}$, ... bestimmt werden können, wenn die übrigen willkürlich gewählt sind.

c) Gleichgewicht biegsamer Systeme.

§. 27.

Es seien (Fig. 7) $M_1 M_2$, $M_2 M_3$, $M_3 M_4$, ... gerade Linien von unveränderlicher Länge, welche sich um ihre Endpunkte ohne Hindernisse drehen können, so dass sie ein biegsames Stück eines Vielecks bilden. An den Punkten M_1, M_2, M_3, ... seien die Kräfte P_1, P_2, P_3, ... angebracht, und halten einander gegenseitig im Gleichgewicht. Man hat alsdann die folgenden n — 1 Verbindungsgleichungen

$$u_1 = (x_1 - x_2)^2 + (y_1 - y_2)^2 + (z_1 - z_2)^2 - r_1^2 = o,$$
$$u_2 = (x_2 - x_3)^2 + (y_2 - y_3)^2 + (z_2 - z_3)^2 - r_2^2 = o,$$
$$\cdots\cdots\cdots\cdots\cdots\cdots\cdots\cdots$$
$$u_{n-1} = (x_{n-1} - x_n)^2 + (y_{n-1} - y_n)^2 + (z_{n-1} - z_n)^2 - r_{n-1}^2 = o.$$

Die Componenten der Kräfte P_1, P_2, ... nach den drei Coordinataxen werden alsdann

$$
\begin{aligned}
X_1 &= 2a_1(x_1 - x_2),\\
X_2 &= -2a_1(x_1 - x_2) + 2a_2(x_2 - x_3),\\
X_3 &= -2a_2(x_2 - x_3) + 2a_3(x_3 - x_4),\\
&\ldots\ldots\ldots\ldots\ldots\ldots\\
X_{n-1} &= -2a_{n-2}(x_{n-2} - x_{n-1}) + 2a_{n-1}(x_{n-1} - x_n),\\
X_n &= -2a_{n-1}(x_{n-1} - x_n),\\
Y_1 &= 2a_1(y_1 - y_2),\\
Y_2 &= -2a_1(y_1 - y_2) + 2a_2(y_2 - y_3),\\
Y_3 &= -2a_2(y_2 - y_3) + 2a_3(y_3 - y_4),\\
&\ldots\ldots\ldots\ldots\ldots\ldots\\
Y_{n-1} &= -2a_{n-2}(y_{n-2} - y_{n-1}) + 2a_{n-1}(y_{n-1} - y_n),\\
Y_n &= -2a_{n-1}(y_{n-1} - y_n),\\
Z_1 &= 2a_1(z_1 - z_2),\\
Z_2 &= -2a_1(z_1 - z_2) + 2a_2(z_2 - z_3),\\
Z_3 &= -2a_2(z_2 - z_3) + 2a_3(z_3 - z_4),\\
&\ldots\ldots\ldots\ldots\ldots\ldots\\
Z_{n-1} &= -2a_{n-2}(z_{n-2} - z_{n-1}) + 2a_{n-1}(z_{n-1} - z_n),\\
Z_n &= -2a_{n-1}(z_{n-1} - z_n).
\end{aligned}
$$

Eliminirt man zwischen diesen 3n Gleichungen die $n-1$ willkürlichen constanten Coëfficienten $a_1, a_2, \ldots a_{n-1}$, so erhält man die folgenden $2n+1$ Bedingungsgleichungen des Gleichgewichts

$$
\begin{aligned}
X_1 + X_2 + \ldots X_n &= o,\\
Y_1 + Y_2 + \ldots Y_n &= o,\\
Z_1 + Z_2 + \ldots Z_n &= o,
\end{aligned}
$$

$$\frac{X_1}{x_1 - x_2} = \frac{Y_1}{y_1 - y_2} = \frac{Z_1}{z_1 - z_2};$$

$$\frac{X_1 + X_2}{x_2 - x_3} = \frac{Y_1 + Y_2}{y_2 - y_3} = \frac{Z_1 + Z_2}{z_2 - z_3},$$

$$\frac{X_1 + X_2 + X_3}{x_3 - x_4} = \frac{Y_1 + Y_2 + Y_3}{y_3 - y_4} = \frac{Z_1 + Z_2 + Z_3}{z_3 - z_4};$$

$$\ldots\ldots\ldots\ldots\ldots\ldots$$

$$\frac{X_1 + X_2 + \ldots + X_{n-1}}{x_{n-1} - x_n} = \frac{Y_1 + Y_2 + \ldots + Y_{n-1}}{y_{n-1} - y_n} = \frac{Z_1 + Z_2 + \ldots + Z_{n-1}}{z_{n-1} - z_n}.$$

Die normal auf den Flächen $u_1 = o$, $u_2 = o$, $\ldots$ $u_{n-1} = o$, d. h. längs der Linien $r_1, r_2, \ldots r_{n-1}$ wirkenden Tensionen sind (§. 14):

im Punkte (x_1, y_1, z_1) längs r_1

$$\lambda'_1 = a_1 \sqrt{(d_{x_1} u_1)^2 + (d_{y_1} u_1)^2 + (d_{z_1} u_1)^2} = 2a_1 r_1$$
$$= \sqrt{X_1^2 + Y_1^2 + Z_1^2} = t_1,$$

im Punkte (x_2, y_2, z_2) längs r_1

$$\lambda'_2 = a_1 \sqrt{(d_{x_2} u_1)^2 + (d_{y_2} u_1)^2 + (d_{z_2} u_1)^2} = -2a_1 r_1$$
$$= -\sqrt{X_1^2 + Y_1^2 + Z_1^2} = -t_1,$$

in demselben Punkte längs r_2

$$\lambda''_2 = a_2 \sqrt{(d_{x_2} u_2)^2 + (d_{y_2} u_2)^2 + (d_{z_2} u_2)^2} = 2a_2 r_2$$
$$= \sqrt{(X_1 + X_2)^2 + (Y_1 + Y_2)^2 + (Z_1 + Z_2)^2} = t_2,$$

im Punkte (x_3, y_3, z_3) längs r_2

$$\lambda''_3 = a_2 \sqrt{(d_{x_3} u_2)^2 + (d_{y_3} u_2)^2 + (d_{z_3} u_2)^2} = -2a_2 r_2$$
$$= -\sqrt{(X_1 + X_2)^2 + (Y_1 + Y_2)^2 + (Z_1 + Z_2)^2} = -t_2,$$

in demselben Punkte längs r_3

$$\lambda'''_3 = a_3 \sqrt{(d_{x_3} u_3)^2 + (d_{y_3} u_3)^2 + (d_{z_3} u_3)^2} = 2a_3 r_3$$
$$= \sqrt{(X_1+X_2+X_3)^2+(Y_1+Y_2+Y_3)^2+(Z_1+Z_2+Z_3)^2} = t_3,$$

. . . .

im Punkte (x_n, y_n, z_n) längs r_{n-1}

$$\lambda_n^{(n-1)} = a_{n-1} \sqrt{(d_{x_n} u_{n-1})^2 + (d_{y_n} u_{n-1})^2 + (d_{z_n} u_{n-1})^2} = -2a_{n-1} r_{n-1}$$
$$= -\sqrt{(X_1+X_2+\ldots X_{n-1})^2+(Y_1+Y_2+\ldots Y_n)^2+(Z_1+Z_2+\ldots Z_n)^2}$$
$$= -\sqrt{X_n^2 + Y_n^2 + Z_n^2} = -t_n.$$

Die Tension t_{s-1} in einem der Verbindungspunkte (x_s, y_s, z_s) längs der verbindenden Linie r_{s-1} wird folglich der Resultante aller Kräfte $P_1, P_2, \ldots P_{s-1}$ gleich aber entgegengesetzt sein, wenn diese parallel mit ihren respectiven Richtungen auf den Punkt (x_s, y_s, z_s) wirkten; längs der verbindenden Linie r_s wird die Tension t_s der Resultante der Kräfte $P_1, P_2, \ldots P_s$ gleich sein, wenn diese parallel mit ihren respectiven Richtungen auf den Punkt (x_s, y_s, z_s) wirkten. Die Tensionen t_s und t_{s-1} im Punkte (x_s, y_s, z_s) werden folglich immer die Kraft P_s zur Resultante haben, oder P_s wird mit $-t_s$ und $-t_{s-1}$ im Gleichgewichte stehen.

§. 28.

Bezeichnet man durch α_1, β_1, γ_1 die Winkel, welche die Linie r_1 mit den drei Coordinataxen bildet, durch α_2, β_2, γ_2 die Winkel, welche die Linie r_2 mit den drei Coordinataxen bildet, so wird

$$x_1 - x_2 = r_1 \cos\alpha_1,\quad y_1 - y_2 = r_1 \cos\beta_1,\quad z_1 - z_2 = r_1 \cos\gamma_1,$$
$$x_2 - x_3 = r_2 \cos\alpha_2,\quad y_2 - y_3 = r_2 \cos\beta_2,\quad z_2 - z_3 = r_2 \cos\gamma_2,$$
$$\ldots\ldots\ldots\ldots\ldots\ldots\ldots\ldots$$
$$x_{n-1} - x_n = r_{n-1} \cos\alpha_{n-1},\quad y_{n-1} - y_n = r_{n-1} \cos\beta_{n-1},$$
$$z_{n-1} - z_n = r_{n-1} \cos\gamma_{n-1}.$$

Diese Werthe, in die Gleichungen des vorigen Paragraphen substituirt, geben

$$X_1 = 2a_1(x_1 - x_2) = 2a_1 r_1 \cos\alpha_1 = t_1 \cos\alpha_1,$$
$$X_2 = -2a_1(x_1 - x_2) + 2a_2(x_2 - x_3) = -t_1 \cos\alpha_1 + t_2 \cos\alpha_2,$$
$$X_3 = -2a_2(x_2 - x_3) + 2a_3(x_3 - x_4) = -t_2 \cos\alpha_2 + t_3 \cos\alpha_3,$$
$$\ldots\ldots\ldots\ldots\ldots\ldots\ldots\ldots$$
$$X_n = -2a_{n-1}(x_{n-1} - x_n) = -t_{n-1} \cos\alpha_{n-1},$$
$$Y_1 = 2a_1(y_1 - y_2) = 2a_1 r_1 \cos\beta_1 = t_1 \cos\beta_1,$$
$$Y_2 = -2a_1(y_1 - y_2) + 2a_2(y_2 - y_3) = -t_1 \cos\beta_1 + t_2 \cos\beta_2,$$
$$Y_3 = -2a_2(y_2 - y_3) + 2a_3(y_3 - y_4) = -t_2 \cos\beta_2 + t_3 \cos\beta_3,$$
$$\ldots\ldots\ldots\ldots\ldots\ldots\ldots\ldots$$
$$Y_n = -2a_{n-1}(y_{n-1} - y_n) = -t_{n-1} \cos\beta_{n-1},$$
$$Z_1 = 2a_1(z_1 - z_2) = 2a_1 r_1 \cos\gamma_1 = t_1 \cos\gamma_1,$$
$$Z_2 = -2a_1(z_1 - z_2) + 2a_2(z_2 - z_3) = -t_1 \cos\gamma_1 + t_2 \cos\gamma_2,$$
$$Z_3 = -2a_2(z_2 - z_3) + 2a_3(z_3 - z_4) = -t_2 \cos\gamma_2 + t_3 \cos\gamma_3,$$
$$\ldots\ldots\ldots\ldots\ldots\ldots\ldots\ldots$$
$$Z_n = -2a_n(z_{n-1} - z_n) = -t_{n-1} \cos\gamma_{n-1}.$$

Ferner bestehen noch zwischen den Winkeln α_1, β_1, γ_1, α_2, ... die Gleichungen

$$\cos^2\alpha_1 + \cos^2\beta_1 + \cos^2\gamma_1 = 1,$$
$$\cos^2\alpha_2 + \cos^2\beta_2 + \cos^2\gamma_2 = 1.$$
$$\ldots\ldots\ldots\ldots\ldots\ldots$$
$$\cos^2\alpha_{n-1} + \cos^2\beta_{n-1} + \cos^2\gamma_{n-1} = 1.$$

Man findet dann wie vorher

$$t_1 = \sqrt{[X_1^2 + Y_1^2 + Z_1^2]},$$
$$t_2 = \sqrt{[(X_1 + X_2)^2 + (Y_1 + Y_2)^2 + (Z_1 + Z_2)^2]},$$

$$t_3 = \sqrt{[(X_1+X_2+X_3)^2+(Y_1+Y_2+Y_3)^2+(Z_1+Z_2+Z_3)^2]},$$

. . . .

$$t_{n-1} = \sqrt{[(X_1+X_2+..X_{n-1})^2+(Y_1+Y_2+...Y_{n-1})^2+(Z_1+Z_2+...Z_{n-1})^2]}$$
$$= \sqrt{[X_n^2+Y_n^2+Z_n^2]},$$

und hieraus wieder

$$\cos\alpha_1 = \frac{X_1}{t_1} = \frac{X_1}{\sqrt{[X_1^2+Y_1^2+Z_1^2]}} = \frac{X_1}{P_1},$$

$$\cos\beta_1 = \frac{Y_1}{t_1} = \frac{Y_1}{\sqrt{[X_1^2+Y_1^2+Z_1^2]}} = \frac{Y_1}{P_1},$$

$$\cos\gamma_1 = \frac{Z_1}{t_1} = \frac{Z_1}{\sqrt{[X_1^2+Y_1^2+Z_1^2]}} = \frac{Z_1}{P_1},$$

$$\cos\alpha_2 = \frac{X_1+X_2}{t_2} = \frac{X_1+X_2}{\sqrt{[(X_1+X_2)^2+(Y_1+Y_2)^2+(Z_1+Z_2)^2]}},$$

$$\cos\beta_2 = \frac{Y_1+Y_2}{t_2} = \frac{Y_1+Y_2}{\sqrt{[(X_1+X_2)^2+(Y_1+Y_2)^2+(Z_1+Z_2)^2]}},$$

$$X_1 = -(X_2+X_3+\ldots+X_n),$$
$$Y_1 = -(Y_2+Y_3+\ldots+Y_n),$$
$$Z_1 = -(Z_2+Z_3+\ldots+Z_n).$$

Durch diese Gleichungen sind die Richtungen der Verbindungslinien $r_1, r_2, r_3, \ldots r_{n-1}$, so wie die Kräfte X_1, Y_1, Z_1, welche den Widerstand des Anfangspunktes des Polygonenstücks ausdrücken, bestimmt, wenn die übrigen Kräfte gegeben sind. Sind ferner die Längen der Verbindungslinien und die Coordinaten x_1, y_1, z_1 des ersten Anfangspunktes bekannt, so findet man die Coordinaten der übrigen Punkte durch die Gleichungen

$$x_2 = x_1 - r_1\cos\alpha_1,\quad y_2 = y_1 - r_1\cos\beta_1,\quad z_2 = z_1 - r_1\cos\gamma_1,$$
$$x_3 = x_1 - r_1\cos\alpha_1 - r_2\cos\alpha_2,\quad y_3 = y_1 - r_1\cos\beta_1 - r_2\cos\beta_2,$$
$$z_3 = z_1 - r_1\cos\gamma_1 - r_2\cos\gamma_2,$$

. . . .

$$x_n = x_1 - r_1\cos\alpha_1 - r_2\cos\alpha_2 - \ldots - r_{n-1}\cos\alpha_{n-1},$$
$$y_n = y_1 - r_1\cos\beta_1 - r_2\cos\beta_2 - \ldots - r_{n-1}\cos\beta_{n-1},$$
$$z_n = z_1 - r_1\cos\gamma_1 - r_2\cos\gamma_2 - \ldots - r_{n-1}\cos\gamma_{n-1}.$$

Sind beide Endpunkte befestigt, und folglich ihre Coordinaten (x_1, y_1, z_1), (x_n, y_n, z_n) gegeben, so müssen die an den beiden Endpunkten angebrachten Kräfte P_1 und P_n oder deren Componenten X_1, Y_1, Z_1, X_n, Y_n, Z_n, welche die Widerstände der beiden festen Endpunkte ausdrücken, den unbekannten Grössen zugezählt werden. Man hat nun die drei bisher unbekannte Grössen x_n, y_n, z_n weniger, aber statt dessen drei neue unbekannte Grössen X_n, Y_n, Z_n.

Man hat jetzt

$$x_1 - x_n = r_1 \cos \alpha_1 + r_2 \cos \alpha_2 + \ldots + r_{n-1} \cos \alpha_{n-1},$$
$$y_1 - y_n = r_1 \cos \beta_1 + r_2 \cos \beta_2 + \ldots + r_{n-1} \cos \beta_{n-1},$$
$$z_1 - z_n = r_1 \cos \gamma_1 + r_2 \cos \gamma_2 + \ldots + r_{n-1} \cos \gamma_{n-1}.$$

Substituirt man hier die Werthe von $\cos \alpha_1$, $\cos \alpha_2$, ... $\cos \beta_1$, ... so erhält man, um X_1, Y_1, Z_1 zu bestimmen, die Gleichungen

$$\frac{r_1 X_1}{\sqrt{[X_1^2 + Y_1^2 + Z_1^2]}} + \frac{r_2 (X_1 + X_2)}{\sqrt{[(X_1 + X_2)^2 + (Y_1 + Y_2)^2 + (Z_1 + Z_2)^2]}} + \ldots$$
$$+ \frac{r_{n-1}(X_1 + X_2 + \ldots X_{n-1})}{\sqrt{[(X_1 + X_2 + \ldots X_{n-1})^2 + (Y_1 + Y_2 + \ldots Y_{n-1})^2 + (Z_1 + Z_2 + \ldots Z_{n-1})^2]}}$$
$$= x_1 - x_n,$$

$$\frac{r_1 Y_1}{\sqrt{[X_1^2 + Y_1^2 + Z_1^2]}} + \frac{r_2 (Y_1 + Y_2)}{\sqrt{[(X_1 + X_2)^2 + (Y_1 + Y_2)^2 + (Z_1 + Z_2)^2]}} + \ldots$$
$$+ \frac{r_{n-1}(Y_1 + Y_2 + \ldots Y_{n-1})}{\sqrt{[(X_1 + X_2 + \ldots X_{n-1})^2 + (Y_1 + Y_2 + \ldots Y_{n-1})^2 + (Z_1 + Z_2 + \ldots Z_{n-1})^2]}}$$
$$= y_1 - y_n,$$

$$\frac{r_1 Z_1}{\sqrt{[X_1^2 + Y_1^2 + Z_1^2]}} + \frac{r_2 (Z_1 + Z_2)}{\sqrt{[(X_1 + X_2)^2 + (Y_1 + Y_2)^2 + (Z_1 + Z_2)^2]}} + \ldots$$
$$+ \frac{r_{n-1}(Z_1 + Z_2 + \ldots Z_{n-1})}{\sqrt{[(X_1 + X_2 + \ldots X_{n-1})^2 + (Y_1 + Y_2 + \ldots Y_{n-1})^2 + (Z_1 + Z_2 + \ldots Z_{n-1})^2]}}$$
$$= z_1 - z_n.$$

Um X_n, Y_n, Z_n zu bestimmen, hat man dann die Gleichungen

$$X_n = -(X_1 + X_2 + \ldots X_{n-1}), \quad Y_n = -(Y_1 + Y_2 + \ldots Y_{n-1}),$$
$$Z_n = -(Z_1 + Z_2 + \ldots Z_{n-1}),$$

und die Winkel α_1, β_1, γ_1, α_2, ... werden durch die Kräfte X_1, X_2, ... Y_1, Y_2, ... Z_1, Z_2, ... wie vorher bestimmt werden.

Ist das Polygon geschlossen, so braucht man in diesen Gleichungen nur $x_1 - x_n = o$, $y_1 - y_n = o$, $z_1 - z_n = o$ zu setzen, um dann die Kräfte X_1, Y_1, Z_1 und die Winkel α_1, β_1, γ_1, $\alpha_2, \ldots \gamma_{n-1}$ bestimmen zu können. Die Componenten der im Verbindungspunkte der Linien r_1 und r_n wirkenden Kraft sind

$$X_1 + X_n = -(X_2 + X_3 + \ldots X_{n-1}),$$
$$Y_1 + Y_n = -(Y_2 + Y_3 + \ldots Y_{n-1}),$$
$$Z_1 + Z_n = -(Z_2 + Z_3 + \ldots Z_{n-1}).$$

§. 29.

Sind die Richtungen aller Kräfte, ausser der auf den beiden Endpunkten wirkenden, parallel und wählt man das Coordinatensystem so, dass diese Richtung der z Axe parallel wird, so ist

$$X_2 = X_3 = \ldots = X_{n-1} = Y_2 = Y_3 = \ldots = Y_{n-1} = 0.$$

Diese Werthe in die Gleichungen des §. 27 eingesetzt, giebt die Bedingungsgleichungen des Gleichgewichts

$$\frac{x_1 - x_2}{y_1 - y_2} = \frac{x_2 - x_3}{y_2 - y_3} = \ldots = \frac{x_{n-1} - x_n}{y_{n-1} - y_n} = \frac{X_1}{Y_1} = \frac{X_n}{Y_n},$$

$$\frac{X_1}{x_1 - x_2} = \frac{Z_1}{z_1 - z_2},$$

$$\frac{X_1}{x_2 - x_3} = \frac{Z_1 + Z_2}{z_2 - z_3},$$

$$\frac{X_1}{x_3 - x_4} = \frac{Z_1 + Z_2 + Z_3}{z_3 - z_4},$$

. . . .

$$\frac{X_1}{x_{n-1} - x_n} = \frac{Z_1 + Z_2 + \ldots + Z_{n-1}}{z_{n-1} - z_n},$$

$$X_1 + X_n = 0, \quad Y_1 + Y_n = 0, \quad Z_1 + Z_2 + \ldots + Z_n = 0.$$

Aus den ersten dieser Gleichungen geht hervor, dass alle Punkte in einer verticalen Ebene liegen müssen. Nimmt man diese Ebene als diejenige der x und z Axe an, so wird

$$y_1 = y_2 = \ldots = y_n = 0, \quad Y_1 = Y_n = 0.$$

Bezeichnet man ferner durch $\gamma_1, \gamma_2, \ldots \gamma_{n-1}$ die Winkel, welche die Linien $r_1, r_2, \ldots r_{n-1}$ mit der z Axe bilden, so wird

$$x_1 - x_2 = r_1 \sin \gamma_1, \quad x_2 - x_3 = r_2 \sin \gamma_2, \quad x_{n-1} - x_n = r_{n-1} \sin \gamma_{n-1},$$
$$z_1 - z_2 = r_1 \cos \gamma_1, \quad z_2 - z_3 = r_2 \cos \gamma_2, \quad z_{n-1} - z_n = r_{n-1} \cos \gamma_{n-1}.$$

Die Bedingungsgleichungen des Gleichgewichts werden dann

$$\frac{X_1}{\sin\gamma_1} = \frac{Z_1}{\cos\gamma_1},$$

$$\frac{X_1}{\sin\gamma_2} = \frac{Z_1 + Z_2}{\cos\gamma_2},$$

$$\frac{X_1}{\sin\gamma_3} = \frac{Z_1 + Z_2 + Z_3}{\cos\gamma_3},$$

$$\dots\dots\dots\dots$$

$$\frac{X_1}{\sin\gamma_{n-1}} = \frac{Z_1 + Z_2 + \dots + Z_{n-1}}{\cos\gamma_{n-1}},$$

$$X_1 + X_n = o, \quad Z_1 + Z_2 + \dots + Z_n = o,$$

und hieraus, indem man bemerkt, dass, wenn zwei Brüche gleich sind, jeder einem neuen Bruche gleich ist, dessen Zähler die Differenz der Zähler und dessen Nenner die Differenz der Nenner ist,

$$X_1 = \frac{Z_1}{\operatorname{cotang}\gamma_1} = \frac{Z_2}{\operatorname{cotang}\gamma_2 - \operatorname{cotang}\gamma_1} = \frac{Z_3}{\operatorname{cotang}\gamma_3 - \operatorname{cotang}\gamma_2} = \dots$$

$$= \frac{Z_{n-1}}{\operatorname{cotang}\gamma_{n-1} - \operatorname{cotang}\gamma_{n-2}} = - \frac{Z_n}{\operatorname{cotang}\gamma_{n-1}} = - X_n.$$

Multiplicirt man in diesen Brüchen die Zähler und Nenner respective mit $\sin\gamma_1$, $\sin\gamma_1 . \sin\gamma_2$, $\sin\gamma_2 . \sin\gamma_3$, ... $\sin\gamma_{n-1}$, so können diese Bedingungsgleichungen des Gleichgewichts auch auf die Form gebracht werden

$$X_1 = \frac{Z_1 \sin\gamma_1}{\sin\left(\frac{\pi}{2} - \gamma_1\right)} = Z_2 \frac{\sin\gamma_1 \sin\gamma_2}{\sin(\gamma_1 - \gamma_2)} = Z_3 \frac{\sin\gamma_2 \sin\gamma_3}{\sin(\gamma_2 - \gamma_3)} = \dots$$

$$= Z_{n-1} \frac{\sin\gamma_{n-2} \sin\gamma_{n-1}}{\sin(\gamma_{n-2} - \gamma_{n-1})} = Z_n \frac{\sin\gamma_{n-1}}{\sin\left(\gamma_{n-1} - \frac{\pi}{2}\right)} = - X_n.$$

Die Tension an jedem Ende einer Verbindungslinie r_s wird dem §. 27 zufolge die Resultante einer horizontalen Kraft $\pm X_1$ und der verticalen Kräfte $Z_1, Z_2, \dots Z_s$ sein, wenn diese im Endpunkte der Linie angebracht werden. Man hat alsdann

$$t_s = \pm \sqrt{[X_1^2 + (Z_1^2 + Z_2^2 + \dots Z_s)^2]} = \pm \sqrt{\left[X_1^2 + \frac{X_1^2 \cos^2\gamma_s}{\sin^2\gamma_s}\right]}$$

$$= \pm \frac{X_1}{\sin\gamma_s}.$$

Die horizontale Componente der Tension wird folglich überall dieselbe gleich $\pm X_1 = \mp X_n$ sein.

Ist das eine Ende des Polygons befestigt, d. h. sind x_1 und z_1 bekannte Grössen, sind ferner die Länge der Verbindungslinien $r_1, r_2, \ldots r_n$, so wie die Kräfte $Z_2, Z_3, \ldots Z_n, X_n$ bekannt, so werden die Winkel $\gamma_1, \gamma_2, \ldots \gamma_{n-1}$, so wie die Kräfte X_1 und Z_1, welche den Widerstand des festen Punktes ausdrücken, durch die folgenden Gleichungen bestimmt

$$X_1 = -X_n, \quad Z_1 = -(Z_2 + Z_3 + \ldots Z_n),$$

$$\operatorname{cotang} \gamma_{n-1} = \frac{Z_n}{X_n},$$

$$\operatorname{cotang} \gamma_{n-2} = \frac{Z_n + Z_{n-1}}{X_n},$$

. . . .

$$\operatorname{cotang} \gamma_1 = \frac{Z_n + Z_{n-1} + \ldots Z_2}{X_n} = -\frac{Z_1}{X_n} = \frac{Z_1}{X_1},$$

und die Lage der Verbindungspunkte durch die Gleichungen

$$x_2 = x_1 - r_1 \sin \gamma_1, \qquad z_2 = z_1 - r_1 \cos \gamma_1,$$

$$x_3 = x_1 - r_1 \sin \gamma_1 - x_2 \sin \gamma_2, \qquad z_3 = z_1 - r_1 \cos \gamma_1 - r_2 \cos \gamma_2,$$

u. s. w.

Sind beide Endpunkte des Polygons befestigt, folglich x_1, z_1, x_n, z_n bekannte Grössen, dagegen X_1 und Z_1, X_n und Z_n, welche den Widerstand der beiden festen Punkte ausdrücken, unbekannte Grössen, so findet man diese durch die folgenden vier Gleichungen

$$X_1 + X_n = 0, \quad Z_1 + Z_2 + Z_3 + \ldots + Z_n = 0,$$

$$\frac{r_1 X_1}{\sqrt{[X_1^2 + Z_1^2]}} + \frac{r_2 X_1}{\sqrt{[X_1^2 + (Z_1 + Z_2)^2]}} + \frac{r_3 X_1}{\sqrt{[X_1^2 + (Z_1 + Z_2 + Z_3)^2]}} + \ldots$$
$$+ \frac{r_{n-1} X_1}{\sqrt{[X_1^2 + (Z_1 + Z_2 + \ldots Z_{n-1})^2]}} = x_1 - x_n,$$

$$\frac{r_1 Z_1}{\sqrt{[X_1^2 + Z_1^2]}} + \frac{r_2 (Z_1 + Z_2)}{\sqrt{[X_1^2 + (Z_1 + Z_2)^2]}} + \frac{r_3 (Z_1 + Z_2 + Z_3)}{\sqrt{[X_1^2 + (Z_1 + Z_2 + Z_3)^2]}} + \ldots$$
$$+ \frac{r_{n-1} (Z_1 + Z_2 + \ldots Z_{n-1})}{\sqrt{[X_1^2 + (Z_1 + Z_2 + \ldots Z_{n-1})^2]}} = z_1 - z_n.$$

Alsdann werden die Winkel $\gamma_1, \gamma_2, \ldots \gamma_{n-1}$ und die Coordinaten der Verbindungspunkte wie vorher gefunden.

§. 30.

Wenn das gegebene System von Punkten eine Schnur von vollkommener Biegsamkeit, von gleichförmigem Gewicht und von unveränderlicher Länge ist, so wird die Linie, welche die Schnur im Zustande des Gleichgewichts bildet, wenn sie an ihren beiden Endpunkten befestigt wird, eine Kettenlinie genannt. Um die Gleichung dieser Linie zu finden, braucht man nur in den im vorigen Paragraphen entwickelten Bedingungsgleichungen des Gleichgewichts eines von parallelen Kräften angegriffenen Polygons die Seiten unendlich klein und die Kräfte dieser Seiten proportional anzunehmen.

Bezeichnet man folglich (Fig. 8) durch s die Länge eines Bogens der Kettenlinie, durch k das Gewicht einer Längeneinheit, durch Θ den Winkel, welchen die Tangente im Punkte (x, z) mit der z-Axe bildet, so ist

$$r_s = ds, \quad Z_s = kds, \quad \gamma_s = \Theta, \quad \gamma_{s-1} = \Theta - d\Theta.$$

Die im vorigen Paragraphen mitgetheilten Bedingungsgleichungen des Gleichgewichts

$$X_1 = \frac{Z_s \sin \gamma_{s-1} \sin \gamma_s}{\sin(\gamma_{s-1} - \gamma_s)} = -X_n$$

werden dann

$$X_1 = -X_n = -\frac{k \sin^2 \Theta ds}{d\Theta},$$

woraus

$$ds = -\frac{X_1}{k} \cdot \frac{d\Theta}{\sin^2 \Theta},$$

$$dx = \sin \Theta ds = -\frac{X_1}{k} \cdot \frac{d\Theta}{\sin \Theta},$$

$$dz = \cos \Theta ds = -\frac{X_1}{k} \cdot \frac{\cos \Theta d\Theta}{\sin^2 \Theta}.$$

Nimmt man den untersten Punkt der Kettenlinie A als Anfangspunkt der Coordinaten an, so ist hier $\Theta = \frac{\pi}{2}$. Integrirt man dann die vorhergehenden Gleichungen in Bezug auf Θ von $\frac{\pi}{2}$ bis Θ, so erhält man

$$s = \frac{X_1}{k} \operatorname{cotang} \Theta, \quad x = \frac{X_1}{k} \log \operatorname{cotang} \tfrac{1}{2}\Theta, \quad z = \frac{X_1}{k}\left(\frac{1}{\sin\Theta} - 1\right).$$

Hieraus findet man dann wieder

$$\sin\Theta = \frac{X_1}{X_1 + kz}, \quad \cos\Theta = \frac{\sqrt{2kX_1 z + k^2 z^2}}{X_1 + kz},$$

$$\operatorname{cotang} \tfrac{1}{2}\Theta = \frac{1 + \cos\Theta}{\sin\Theta} = \frac{X_1 + kz + \sqrt{2kX_1 z + k^2 z^2}}{X_1}$$

$$= \frac{X_1}{X_1 + kz - \sqrt{2kX_1 z + k^2 z^2}},$$

folglich

$$s = \frac{\sqrt{2kX_1 z + k^2 z^2}}{k},$$

$$x = \frac{X_1}{k} \log \operatorname{nat} \left(\frac{X_1 + kz + \sqrt{2kX_1 z + k^2 z^2}}{X_1}\right)$$

$$= -\frac{X_1}{k} \log \operatorname{nat} \left(\frac{X_1 + kz - \sqrt{2kX_1 z + k^2 z^2}}{X_1}\right).$$

Hieraus erhält man dann, wenn wie gewöhnlich e die Grundzahl des natürlichen Logarithmensystems bezeichnet,

$$X_1 e^{\frac{kx}{X_1}} = X_1 + kz + \sqrt{2kX_1 z + k^2 z^2},$$

$$X_1 e^{-\frac{kx}{X_1}} = X_1 + kz - \sqrt{2kX_1 z + k^2 z^2},$$

$$ks = \sqrt{2kX_1 z + k^2 z^2},$$

und hieraus

$$s = \tfrac{1}{2}\frac{X_1}{k}\left(e^{\frac{kx}{X_1}} - e^{-\frac{kx}{X_1}}\right),$$

$$z = -\frac{X_1}{k} + \tfrac{1}{2}\frac{X_1}{k}\left(e^{\frac{kx}{X_1}} + e^{-\frac{kx}{X_1}}\right),$$

unter welcher Form gewöhnlich die Gleichung der Kettenlinie dargestellt wird.

Es seien jetzt $\mathfrak{x}$ und $\mathfrak{z}$, $\mathfrak{x}_1$ und $\mathfrak{z}_1$ die Coordinaten der beiden Aufhängepunkte, wo $\mathfrak{x}_1$ negativ genommen werden muss, wenn der tiefste Punkt der Kettenlinie zwischen beiden Aufhängepunkten sich befindet. Es sei ferner L die ganze Länge des Fadens, $AM_1 = \lambda$, $AM_n = L - \lambda$, so hat man zwischen den unbekannten Grössen $\mathfrak{x}$, $\mathfrak{z}$, $\mathfrak{x}_1$, $\mathfrak{z}_1$, λ, X_1 folgende 6 Gleichungen

$$\mathfrak{z} = -\frac{X_1}{k} + \frac{1}{2}\frac{X_1}{k}\left(e^{\frac{k\mathfrak{x}}{X_1}} + e^{-\frac{k\mathfrak{x}}{X_1}}\right),$$

$$\mathfrak{z}_1 = -\frac{X_1}{k} + \frac{1}{2}\frac{X_1}{k}\left(e^{\frac{k\mathfrak{x}_1}{X_1}} + e^{-\frac{k\mathfrak{x}_1}{X_1}}\right),$$

$$\lambda = \frac{1}{2}\frac{X_1}{k}\left(e^{\frac{k\mathfrak{x}}{X_1}} - e^{-\frac{k\mathfrak{x}}{X_1}}\right),$$

$$\lambda - L = \frac{1}{2}\frac{X_1}{k}\left(e^{\frac{k\mathfrak{x}_1}{X_1}} - e^{-\frac{k\mathfrak{x}_1}{X_1}}\right),$$

$$\mathfrak{x} - \mathfrak{x}_1 = a,$$

$$\mathfrak{z} - \mathfrak{z}_1 = b,$$

wo a und b die horizontale und verticale Projection des Abstandes beider Aufhängepunkte sind. Eliminirt man $\mathfrak{z}$, λ, $\mathfrak{x}_1$ und $\mathfrak{z}_1$, so erhält man zwischen X_1 und $\mathfrak{x}$ die zwei Gleichungen

$$b = \frac{1}{2}\frac{X_1}{k}\left(e^{\frac{k\mathfrak{x}}{X_1}} + e^{-\frac{k\mathfrak{x}}{X_1}} - e^{\frac{k(\mathfrak{x}-a)}{X_1}} - e^{-\frac{k(\mathfrak{x}-a)}{X_1}}\right),$$

$$L = \frac{1}{2}\frac{X_1}{k}\left(e^{\frac{k\mathfrak{x}}{X_1}} - e^{-\frac{k\mathfrak{x}}{X_1}} - e^{\frac{k(\mathfrak{x}-a)}{X_1}} + e^{-\frac{k(\mathfrak{x}-a)}{X_1}}\right),$$

und hieraus wieder

$$b + L = \frac{X_1}{k}\left(e^{\frac{k\mathfrak{x}}{X_1}} - e^{\frac{k(\mathfrak{x}-a)}{X_1}}\right),$$

$$b - L = \frac{X_1}{k}\left(e^{-\frac{k\mathfrak{x}}{X_1}} - e^{-\frac{k(\mathfrak{x}-a)}{X_1}}\right),$$

$$L^2 - b^2 = \frac{X_1^2}{k^2}\left(e^{\frac{ka}{X_1}} + e^{-\frac{ka}{X_1}} - 2\right),$$

$$\sqrt{L^2 - b^2} = \frac{X_1}{k}\left(e^{\frac{ka}{2X_1}} - e^{-\frac{ka}{2X_1}}\right).$$

Um aus dieser Gleichung durch Annäherung X_1 bequem finden zu können, setze man

$$\frac{2X_1}{k\sqrt{L^2 - b^2}} = \operatorname{tang}\mu, \quad X_1 = \frac{k\sqrt{L^2 - b^2}}{2}\operatorname{tang}\mu,$$

so wird die obige Gleichung

$$\sqrt{L^2 - b^2} = \frac{\sqrt{L^2 - b^2}}{2} \operatorname{tang} \mu \left(e^{\frac{a}{\sqrt{L^2 - b^2}} \operatorname{tang} \mu} - e^{-\frac{a}{\sqrt{L^2 - b^2}} \operatorname{tang} \mu} \right),$$

oder

$$e^{\frac{a}{\sqrt{L^2 - b^2}} \operatorname{cotang} \mu} - e^{-\frac{a}{\sqrt{L^2 - b^2}} \operatorname{cotang} \mu} = 2 \operatorname{cotang} \mu.$$

Es ist aber

$$\left(e^{\frac{a}{\sqrt{L^2 - b^2}} \operatorname{cotang} \mu} + e^{-\frac{a}{\sqrt{L^2 - b^2}} \operatorname{cotang} \mu} \right)^2 \cdot \left(e^{\frac{a}{\sqrt{L^2 - b^2}} \operatorname{cotang} \mu} - e^{-\frac{a}{\sqrt{L^2 - b^2}} \operatorname{cotang} \mu} \right) = 4.$$

Daher

$$e^{\frac{a}{\sqrt{L^2 - b^2}} \operatorname{cotang} \mu} + e^{-\frac{a}{\sqrt{L^2 - b^2}} \operatorname{cotang} \mu} = 2\sqrt{1 + \operatorname{cotang}^2 \mu} = \frac{2}{\sin \mu},$$

wo das positive Wurzelzeichen gewählt werden muss, weil der Ausdruck links nur positive Werthe haben kann. Werden diese beiden Gleichungen addirt, so erhält man

$$e^{\frac{a}{\sqrt{L^2 - b^2}} \operatorname{cotang} \mu} = \operatorname{cotang} \mu + \frac{1}{\sin \mu} = \frac{1 + \cos \mu}{\sin \mu} = \operatorname{cotang} \tfrac{1}{2} \mu,$$

folglich

$$\frac{a}{\sqrt{L^2 - b^2}} \operatorname{cotang} \mu = \log \text{nat} \operatorname{cotang} \tfrac{1}{2} \mu$$

oder

$$\operatorname{tang} \mu \log \text{nat} \operatorname{cotang} \tfrac{1}{2} \mu = \frac{a}{\sqrt{L^2 - b^2}},$$

wo $\frac{a}{\sqrt{L^2 - b^2}}$ immer kleiner als 1 ist. Aus dieser Gleichung wird dann μ durch Hülfe der folgenden Tafel gefunden:

μ	tang μ × log nat cotang $\frac{1}{2}\mu$	μ	tang μ × log nat cotang $\frac{1}{2}\mu$	μ	tang μ × log nat cotang $\frac{1}{2}\mu$
0°	0,000 0000				
1°	0,082 7605	31°	0,770 6440	61°	0,954 7970
2°	0,141 3637	32°	0,780 5621	62°	0,958 0277
3°	0,190 8971	33°	0,790 1180	63°	0,961 1207
4°	0,234 5816	34°	0,799 3269	64°	0,964 0789
5°	0,273 9534	35°	0,808 1834	65°	0,966 9054
6°	0,309 9209	36°	0,816 7626	66°	0,969 6020
7°	0,343 0870	37°	0,825 0162	67°	0,972 1722
8°	0,373 8817	38°	0,832 9766	68°	0,974 6174
9°	0,402 6276	39°	0,840 6560	69°	0,976 9402
10°	0,424 5760	40°	0,848 0640	70°	0,979 1419
11°	0,454 9278	41°	0,855 2110	71°	0,981 2250
12°	0,478 8481	42°	0,862 1070	72°	0,983 1919
13°	0,501 4738	43°	0,868 7606	73°	0,985 0420
14°	0,522 9216	44°	0,875 1800	74°	0,986 7800
15°	0,543 2910	45°	0,881 3736	75°	0,988 4044
16°	0,562 6683	46°	0,887 3486	76°	0,989 9190
17°	0,581 1289	47°	0,893 1120	77°	0,991 3230
18°	0,598 7393	48°	0,898 6714	78°	0,992 6192
19°	0,615 5587	49°	0,904 0318	79°	0,993 8070
20°	0,631 6396	50°	0,909 2008	80°	0,994 8897
21°	0,647 0293	51°	0,914 1824	81°	0,995 8632
22°	0,661 7701	52°	0,918 9828	82°	0,996 7367
23°	0,675 9013	53°	0,923 6072	83°	0,997 5047
24°	0,689 4576	54°	0,928 0606	84°	0,998 1689
25°	0,702 4710	55°	0,932 3472	85°	0,998 7277
26°	0,714 9713	56°	0,936 4720	86°	0,999 1860
27°	0,726 9850	57°	0,940 4379	87°	0,999 5426
28°	0,738 5717	58°	0,944 2500	88°	0,999 7957
29°	0,749 6504	59°	0,947 9120	89°	0,999 9552
30°	0,760 3460	60°	0,951 4259	90°	1,000 0000

Wenn aus dieser Tafel μ durch Interpolation mit hinlänglicher Genauigkeit gefunden ist, so findet man

$$X_1 = \tfrac{1}{2}k \text{ tang } \mu \sqrt{L^2 - b^2},$$

$$x = \frac{X_1}{k}\left[\log(L+b) - \log\frac{X_1}{k} - \log\left(1 - e^{-\frac{ka}{X_1}}\right)\right],$$

$$z = -\frac{X_1}{k} + \tfrac{1}{2}\frac{X_1}{k}\left(e^{\frac{kx}{X_1}} - e^{-\frac{kx}{X_1}}\right),$$

wodurch die Lage des tiefsten Punktes der Kettenlinie bestimmt ist.

Bezeichnet man die Spannung im Punkte (x, z) durch t, so ist, weil die horizontale Componente dieser Spannung überall gleich X_1 ist,

$$t \sin\Theta = X_1,$$

folglich

$$t = \frac{X_1}{\sin\Theta} = X_1\sqrt{1 + \operatorname{cotang}^2\Theta},$$

und weil

$$s = \frac{X_1}{k}\operatorname{cotang}\Theta,$$

$$t = \sqrt{X_1^2 + k^2 s^2}.$$

Die verticale Componente der Spannung ist alsdann, was auch aus dem §. 29 hervorgeht, gleich ks, d. h. gleich dem Gewicht der Schnur vom Punkte (x, z) bis zum niedrigsten Punkte. Es ist ferner

$$z = \frac{X_1}{k}\left(\frac{1}{\sin\Theta} - 1\right),$$

daher

$$kz + X_1 = \frac{X_1}{\sin\Theta}$$

und

$$t = kz + X_1,$$

wodurch die Spannung in jedem Punkte am einfachsten ausgedrückt ist.

Bezeichnet man den Krümmungshalbmesser der Kettenlinie im Punkte (x, z) durch R, so ist, wie bekannt

$$R = \frac{-[1 + (d_z x)^2]^{\frac{3}{2}}}{d_z^2 x} = -\frac{(d_z s)^3}{d_z^2 x}.$$

Es ist aber bei der Kettenlinie

$$s = \frac{X_1}{k}\operatorname{cotang}\Theta = \frac{X_1}{k d_z x},$$

daher

$$s\, d_z x = \frac{X_1}{k},$$

und durch Differentiation

$$d_z s \,.\, d_z x + s d_z^2 x = o,$$

oder, wenn der Werth von s substituirt wird,

$$d_z s \,.\, (d_z x)^2 + \frac{X_1}{k} \cdot d_z^2 x = o.$$

Es ist aber

$$d_z x = d_z s \,.\, \sin \Theta,$$

daher

$$t d_z x = d_z s \,.\, t \,.\, \sin \Theta = X_1 d_z s,$$

$$d_z x = \frac{X_1}{t} d_z s.$$

Dieser Werth von $d_z x$ substituirt, giebt

$$\frac{X_1^2}{t^2} (d_z s)^3 + \frac{X_1}{k} d_z^2 x = o,$$

oder

$$-\frac{(d_z s)^3}{d_z^2 x} = \frac{t^2}{k X_1},$$

und folglich der Krümmungshalbmesser der Kettenlinie

$$R = \frac{t^2}{k X_1} = \frac{X_1}{k \sin^2 \Theta}.$$

Im tiefsten Punkte der Kettenlinie ist $\Theta = \frac{\pi}{2}$, daher

$$R = \frac{X_1}{k}.$$

Die horizontale Spannung der Kettenlinie ist nun das Gewicht eines Theils der Kette, deren Länge gleich dem Krümmungshalbmesser des tiefsten Punktes ist.

Wir haben vorher gefunden

$$z = -\frac{X_1}{k} + \frac{1}{2} \frac{X_1}{k} \left(e^{\frac{kx}{X_1}} + e^{-\frac{kx}{X_1}} \right).$$

Entwickelt man hier die Exponentialgrössen in Reihen, so erhält man

$$z = -\frac{X_1}{k} + \frac{X_1}{k} \left(1 + \frac{k^2 x^2}{2 X_1^2} + \frac{k^4 x^4}{2.3.4. X_1^4} + \ldots \right)$$

$$= \frac{X_1}{k} \left(\frac{k^2 x^2}{2 X_1^2} + \frac{k^4 x^4}{2.3.4. X_1^4} + \ldots \right).$$

Für sehr kleine Werthe von z, d. h. in der Nähe des Scheitels, wird alsdann

$$x^2 = 2\frac{X_1}{k}\cdot z,$$

oder in der Nähe des Scheitels nähert sich die Kettenlinie einer Parabel, deren halber Parameter gleich $\frac{X_1}{k}$ ist.

§. 31.

Wir werden jetzt die Theorie des Gleichgewichts einer Kette untersuchen, wenn sie durch dicht an einander gereihete Hängestangen mit einer horizontalen Brücke verbunden ist. Eine solche Brücke wird eine Kettenbrücke genannt. Gewöhnlich kann man das Gewicht der Kette und der Hängestangen ganz ausser Acht lassen und hat nur das Gewicht der Brücke in Betracht zu ziehen.

Bezeichnet man durch k das Gewicht einer Längeneinheit der Brücke, so wird im §. 29

$$r_s = ds, \quad Z_s = kdx, \quad \gamma_s = \Theta, \quad \gamma_{s-1} = \Theta - d\Theta,$$

folglich, wenn man diese Werthe in die Gleichgewichtsgleichung des §. 29

$$X_1 = \frac{Z_s \sin\gamma_{s-1} \sin\gamma_s}{\sin(\gamma_{s-1} - \gamma_s)} = -X_n$$

substituirt,

$$X_1 = -X_n = -\frac{k\sin^2\Theta . dx}{d\Theta},$$

und hieraus

$$dx = -\frac{X_1}{k}\cdot\frac{d\Theta}{\sin^2\Theta},$$

$$dz = dx . \operatorname{cotang}\Theta = -\frac{X_1}{k}\cdot\frac{d\Theta . \operatorname{cotang}\Theta}{\sin^2\Theta}.$$

Nimmt man den untersten Punkt A (Fig. 9) der Kette, wo $\Theta = \frac{\pi}{2}$, als Anfangspunkt des Coordinatensystems an, und integrirt diese Gleichungen in Bezug auf Θ von $\frac{\pi}{2}$ bis Θ, so wird

$$x = \frac{X_1}{k}\cdot\operatorname{cotang}\Theta, \quad z = \frac{X_1}{2k}\cdot\operatorname{cotang}^2\Theta,$$

und wenn Θ eliminirt wird,

$$x^2 = \frac{2X_1}{k} \cdot z,$$

was die Gleichung einer Parabel ist. *Die Kette einer Kettenbrücke wird folglich, wenn das Gewicht der Ketten und Hängestangen vernachlässigt wird, eine Parabel werden, deren halber Parameter gleich* $\frac{X_1}{k}$ *wird.*

Es seien $x, z, -x_1, z_1$ die Coordinaten der beiden Aufhängepunkte, wo $-x$ immer negativ genommen wird, so sind z, z_1 und $x + x_1$ als bekannte Grössen anzunehmen, und man hat dann, um die unbekannten Grössen x, x_1, X_1 zu bestimmen, die drei Gleichungen

$$x^2 = \frac{2X_1}{k} z,$$

$$x_1^2 = \frac{2X_1}{k} z_1,$$

$$x + x_1 = L,$$

wo L die Länge der Brücke unter den beiden Aufhängepunkten bezeichnet. Hieraus findet man

$$\frac{x}{x_1} = \sqrt{\frac{z}{z_1}},$$

$$x = \frac{L\sqrt{z}}{\sqrt{z} + \sqrt{z_1}}, \quad x_1 = \frac{L\sqrt{z_1}}{\sqrt{z} + \sqrt{z_1}}.$$

$$X_1 = \frac{kL^2}{2(\sqrt{z} + \sqrt{z_1})^2},$$

$$x^2 = \frac{L^2}{(\sqrt{z} + \sqrt{z_1})^2} \cdot z, \quad z = \left[\frac{x(\sqrt{z} + \sqrt{z_1})}{L}\right]^2,$$

durch welche Gleichungen die Längen der Hängestangen, die Lage des tiefsten Punktes der Kette und die horizontale Componente der Spannung der Kette bestimmt sind.

Die Spannung im Punkte (x, z) wird durch die Gleichung

$$t = \frac{X_1}{\sin \Theta} = X_1 \sqrt{1 + \operatorname{cotang}^2 \Theta} = \sqrt{X_1^2 + k^2 x^2}$$

bestimmt. Die verticale Componente der Spannung wird nun, wie auch voraus bekannt war, dem Gewicht der zwischen dem Punkte (x, z) und dem tiefsten Punkte der Kette hangende Theil der Brücke gleich sein.

§. 32.

Wir werden jetzt zu den allgemeinen Formeln der §§. 27 und 28, welche die Bedingungen des Gleichgewichts eines von beliebigen Kräften angegriffenen Seilpolygons bezeichnen, zurückkehren und diese auf den Fall anwenden, dass alle Kräfte $P_2, P_3, \ldots P_{n-1}$ die entsprechenden Polygonwinkel halbiren.

Weil in jedem Punkte (x_s, y_s, z_s) die Kraft P_s die Resultante der beiden Spannungen t_{s-1} und t_s ist, so wird, wenn die Kraft P_s mit beiden gleiche Winkel bildet

$$t_s = t_{s-1}.$$

Die Spannung wird nun überall im Polygon gleich sein, und gleich der auf den beiden Endpunkten wirkenden gleich grossen Kräfte P_1 und P_n.

Bezeichnet man durch u_s den Polygonwinkel im Punkte (x_s, y_s, z_s), so wird ferner, weil P_s die Resultante von t_s und t_{s-1} ist,

$$P_s : \sin u = t_s : \sin \tfrac{1}{2} u,$$

daher

$$P_s = \frac{t_s \cdot \sin u}{\sin \frac{1}{2} u} = 2 t_s \cos \tfrac{1}{2} u.$$

Sind die Seiten r_s und r_{s-1} einander gleich, und bezeichnet man durch R_s den Halbmesser des Kreises, welcher durch den Punkt (x_s, y_s, z_s) und die auf jeder Seite nächsten Punkte des Polygons sich beschreiben lässt, so ist

$$r_s = 2 R_s \cos \tfrac{1}{2} u,$$

folglich

$$P_s = \frac{t_s \cdot r_s}{R} = \frac{P_1 r_s}{R_s}.$$

§. 33.

Sind die Verbindungspunkte des in den §§. 27, 28 und 29 behandelten Polygons noch dazu genöthigt, sich auf einer gegebenen Fläche, deren Gleichung $U = o$ ist, zu befinden, so hat man folglich noch die Verbindungsgleichung $U = o$. In den vorigen Gleichungen des Gleichgewichts wird man nun zu den Werthen von

X_s, Y_s, Z_s noch respective die Grössen $a_n d_{x_s} U$, $a_n d_{y_s} U$, $a_n d_{z_s} U$ hinzufügen, oder, was dasselbe ist, statt X_s, Y_s, Z_s respective $X_s - a_n d_{x_s} U$, $Y_s - a_n d_{y_s} U$, $Z_s - a_n d_{z_s} U$ setzen müssen. Ausser den Spannungen in den Seiten des Polygons, welche dieselben Werthe wie vorher erhalten, wird noch in jedem Punkte x_s, y_s, z_s ein auf der Fläche $U = o$ normaler Druck stattfinden. Bezeichnet man diesen Druck durch N_s, so ist

$$N_s = a_n \sqrt{[(d_{x_s} U)^2 + (d_{y_s} U)^2 + (d_{z_s} U)^2]}.$$

Wenn man durch λ_s, μ_s, ν_s die Winkel bezeichnet, welche die Normale mit den Coordinataxen bildet, folglich

$$\cos \lambda_s = \frac{d_{x_s} U}{\sqrt{[(d_{x_s} U)^2 + (d_{y_s} U)^2 + (d_{z_s} U)^2]}},$$

$$\cos \mu_s = \frac{d_{y_s} U}{\sqrt{[(d_{x_s} U)^2 + (d_{y_s} U)^2 + (d_{z_s} U)^2]}},$$

$$\cos \nu_s = \frac{d_{z_s} U}{\sqrt{[(d_{x_s} U)^2 + (d_{y_s} U)^2 + (d_{z_s} U)^2]}},$$

so wird

$$a_n d_{x_s} U = N_s \cos \lambda_s, \quad a_n d_{y_s} U = N_s \cos \mu_s, \quad a_n d_{z_s} U = N_s \cos \nu_s$$

In die Gleichungen der §§. 27, 28, 29 muss man nun statt X_s, Y_s, Z_s die Grössen $X_s - N_s \cos \lambda_s$, $Y_s - N_s \cos \mu_s$, $Z_s - N_s \cos \nu_s$ setzen.

Dasselbe gilt von den Gleichungen einer schweren Schnur, welche in den §§. 30, 31, 32 entwickelt worden sind, wenn diese Schnur auf der Oberfläche $U = o$ zu bleiben genöthigt ist.

Werden diese Substitutionen ausgeführt, so erhält man aus den Gleichungen des §. 28 die folgenden

$$X_1 - N_1 \cos \lambda_1 = t_1 \cos \alpha_1,$$
$$X_2 - N_2 \cos \lambda_2 = -t_1 \cos \alpha_1 + t_2 \cos \alpha_2,$$
$$X_3 - N_3 \cos \lambda_3 = -t_2 \cos \alpha_2 + t_3 \cos \alpha_3,$$
$$\cdots\cdots\cdots\cdots\cdots$$

$$
\begin{aligned}
X_n - N_n \cos\lambda_n &= -t_{n-1}\cos\alpha_{n-1},\\
Y_1 - N_1 \cos\mu_1 &= t_1\cos\beta_1,\\
Y_2 - N_2 \cos\mu_2 &= -t_1\cos\beta_1 + t_2\cos\beta_2,\\
Y_3 - N_3 \cos\mu_3 &= -t_2\cos\beta_2 + t_3\cos\beta_3,\\
&\cdots\cdots\cdots\cdots\\
Y_n - N_n \cos\mu_n &= -t_{n-1}\cos\beta_{n-1},\\
Z_1 - N_1 \cos\nu_1 &= t_1\cos\gamma_1,\\
Z_2 - N_2 \cos\nu_2 &= -t_1\cos\gamma_1 + t_2\cos\gamma_2,\\
Z_3 - N_3 \cos\nu_3 &= -t_2\cos\gamma_2 + t_3\cos\gamma_3,\\
&\cdots\cdots\cdots\cdots\\
Z_n - N_n \cos\alpha_n &= -t_{n-1}\cos\gamma_{n-1}.
\end{aligned}
$$

Hieraus erhält man wieder

$$
\begin{aligned}
t_s\cos\alpha_s &= (X_1 + X_2 + \ldots + X_s)\\
&\quad - (N_1\cos\lambda_1 + N_2\cos\lambda_2 + \ldots + N_s\cos\lambda_s),\\
t_s\cos\beta_s &= (Y_1 + Y_2 + \ldots + Y_s)\\
&\quad - (N_1\cos\mu_1 + N_2\cos\mu_2 + \ldots + N_s\cos\mu_s),\\
t_s\cos\gamma_s &= (Z_1 + Z_2 + \ldots + Z_s)\\
&\quad - (N_1\cos\nu_1 + N_2\cos\nu_2 + \ldots + N_s\cos\nu_s).
\end{aligned}
$$

§. 34.

Um die Bedingungen des Gleichgewichts einer auf einer gegebenen Fläche ruhenden Kettenlinie zu finden, muss man in diesen Gleichungen, wenn man durch k das Gewicht einer Längeneinheit der Linie bezeichnet, setzen

$$X_s = o,\quad Y_s = o,\quad Z_s = kds,$$

$$\cos\alpha_s = d_s x,\quad \cos\beta_s = d_s y,\quad \cos\gamma_s = d_s z,$$

$$N_s = Nds,$$

wo N der auf eine Längeneinheit der Linie stattfindende Druck ist, wenn dieser überall dem im Punkte (x, y, z) stattfindenden gleich wäre. Die Gleichungen des vorigen Paragraphen geben dann

$$
\begin{aligned}
t d_s x &= X_1 - \int N\cos\lambda ds,\\
t d_s y &= Y_1 - \int N\cos\mu ds,\\
t d_s z &= Z_1 + k\int ds - \int N\cos\nu ds,
\end{aligned}
$$

$$X_1 = t_1 d_{s_1} x_1,$$
$$Y_1 = t_1 d_{s_1} y_1,$$
$$Z_1 = t_1 d_{s_1} z_1,$$
$$X_1 + X_n - \int N \cos \lambda ds = o,$$
$$Y_1 + Y_n - \int N \cos \mu ds = o,$$
$$Z_1 + Z_n - \int N \cos \nu ds = o.$$

Aus den drei ersten dieser Gleichungen erhält man, wenn man in Bezug auf s differentiirt,

$$d_s t \, . \, d_s x + t d_s^2 x = \quad - N \cos \lambda,$$
$$d_s t \, . \, d_s y + t d_s^2 y = \quad - N \cos \mu,$$
$$d_s t \, . \, d_s z + t d_s^2 z = k - N \cos \nu.$$

Multiplicirt man diese Gleichungen der Reihe nach mit $d_s x$, $d_s y$, $d_s z$, addirt sie dann und bemerkt, dass, weil

$$(d_s x)^2 + (d_s y)^2 + (d_s z)^2 = 1,$$
$$d_s x \, . \, d_s^2 x + d_s y \, . \, d_s^2 y + d_s z \, . \, d_s^2 z = o,$$

so erhält man

$$d_s t = k d_s z - N(\cos \lambda d_s x + \cos \mu d_s y + \cos \nu d_s z).$$

Es ist aber, weil λ, μ, ν die Richtung der Normale angeben,

$$\cos \lambda d_s x + \cos \mu d_s y + \cos \nu d_s z = o,$$

daher

$$d_s t = k_s dz.$$

Wählt man den Anfangspunkt der Coordinaten in einem Punkte der Kettenlinie, wo diese Tangente horizontal ist, und bezeichnet die Tension in diesem Punkte durch t_0, so erhält man durch Integration

$$t = kz + t_0.$$

§. 35.

Ist die Schnur ohne Schwere und über eine krumme Fläche gespannt, und diese so geformt, dass die Schnur überall der Fläche folgen kann, so wird in den Gleichungen des vorigen Paragraphen $k = o$. Man erhält alsdann

$$t = t_0,$$

d. h. die Spannung ist überall constant. Ferner erhält man, weil

$$(d_s x)^2 + (d_s y)^2 + (d_s z)^2 = 1,$$

$$t = \sqrt{X_1^2 + Y_1^2 + Z_1^2},$$

und, weil $d_s t = o$,

$$t d_s^2 x + N \cos\lambda = o,$$

$$t d_s^2 y + N \cos\mu = o,$$

$$t d_s^2 z + N \cos\nu = o.$$

Hieraus erhält man dann wieder

$$\frac{d_s^2 x}{\cos\lambda} = \frac{d_s^2 y}{\cos\mu} = \frac{d_s^2 z}{\cos\nu},$$

d. h. der Krümmungshalbmesser der Kurve fällt mit der Normale der Fläche zusammen. Man erhält ferner, weil $\cos^2\lambda + \cos^2\mu + \cos^2\nu = 1$,

$$t^2[(d_s^2 x)^2 + (d_s^2 y)^2 + (d_s^2 z)^2] = N^2.$$

Bezeichnet man durch R den Krümmungshalbmesser der Kurve, so ist

$$R^2 = \frac{1}{(d_s^2 x)^2 + (d_s^2 y)^2 + (d_s^2 z)^2},$$

daher

$$N = \frac{t}{R},$$

oder der normale Druck ist der Krümmung $\frac{1}{R}$ proportional, welches mit dem §. 32 übereinstimmt.

Cap. V.

Reduction der Kräfte.

§. 36.

Wenn mehrere Kräfte auf verschiedene Punkte eines Systems wirken und nicht im Gleichgewicht sind, kann man, um sie in jedem Augenblick zu den wenigst möglichen Kräften zu reduciren, das System in diesem Augenblick als fest betrachten.

Die Bedingungen des Gleichgewichts eines festen Körpers waren nach §. 23

$$\Sigma X = o, \quad \Sigma Y = o, \quad \Sigma Z = o,$$

$$\Sigma(Yz - Zy) = o, \quad \Sigma(Zx - Xz) = o, \quad \Sigma(Xy - Yx) = o.$$

Nehmen wir jetzt an, diese Gleichungen finden nicht statt, folglich auch nicht das Gleichgewicht, so kann dieses augenscheinlich immer hergestellt werden, wenn man drei neue Kräfte von unbestimmter Grösse und Richtung hinzufügt. Man hat alsdann 6 Gleichungen und 12 willkürliche Grössen, nämlich die sechs Componenten der beiden Kräfte und die sechs Coordinaten ihrer Angriffspunkte, wovon sechs immer so bestimmt werden können, dass sie den sechs obigen Gleichungen genügen. Es wird alsdann Gleichgewicht stattfinden, und die gegebenen Kräfte können nun zu zwei jenen Kräften gleiche, aber entgegengesetzten Kräften reducirt werden. Von den sechs Coordinaten der Angriffspunkte beider Kräfte muss bei jedem Punkte die eine unbestimmt verbleiben, weil der Angriffspunkt einer Kraft willkürlich in der Richtung der Kraft gewählt werden kann.

Unter gewissen Umständen kann auch eine neue Kraft zureichen, um Gleichgewicht hervorzubringen, und alle die gegebenen Kräfte haben dann eine dieser Kraft gleiche, aber entgegengesetzte Resultantkraft.

Wir werden diesen letzten Fall zuerst untersuchen. Es sei die Resultante aller Kräfte R, ihre Componenten X, Y, Z und die Coordinaten eines Punktes in ihrer Richtung, welcher als der Angriffspunkt angesehen werden kann, x, y, z, so wird eine in diesem Punkte wirkende Kraft $-R$, deren Componenten $-X$, $-Y$, $-Z$ sind, die gegebenen Kräfte in Gleichgewicht halten, und man hat alsdann die Gleichungen

$$\Sigma \mathrm{X} - X = 0,$$
$$\Sigma \mathrm{Y} - Y = 0,$$
$$\Sigma \mathrm{Z} - Z = 0,$$
$$\Sigma(\mathrm{Yz} - \mathrm{Zy}) - (Yz - Zy) = 0,$$
$$\Sigma(\mathrm{Zx} - \mathrm{Xz}) - (Zx - Xz) = 0,$$
$$\Sigma(\mathrm{Xy} - \mathrm{Yx}) - (Xy - Yx) = 0.$$

Eliminirt man zwischen den drei letzten Gleichungen die Coordinaten x, y, z, so erhält man

$$X\Sigma(Yz - Zy) + Y\Sigma(Zx - Xz) + Z\Sigma(Xy - Yx) = o,$$

oder, wenn man die Werthe von X, Y, Z aus den drei ersten Gleichungen substituirt,

$$\Sigma X . \Sigma(Yz - Zy) + \Sigma Y . \Sigma(Zx - Xz) + \Sigma Z . \Sigma(Xy - Yx) = o.$$

Dieses ist dann die Bedingungsgleichung, welche zwischen den gegebenen Grössen stattfinden muss, wenn die Kräfte Gleichgewicht haben sollen. Die Grösse und Neigung dieser Resultante ist dann durch die Gleichung

$$X = \Sigma X, \quad Y = \Sigma Y, \quad Z = \Sigma Z$$

bestimmt; um ihre Richtung zu finden, kann man die Lage der Punkte suchen, in welchen sie die drei Coordinatenebenen schneidet. Im Durchschnittspunkte mit der xy Ebene ist $z = o$, und daher

$$x = \frac{\Sigma(Zx - Xz)}{\Sigma Z}, \quad y = -\frac{\Sigma(Yz - Zy)}{\Sigma Z},$$

im Durchschnittspunkte mit der xz Ebene ist $y = o$, und

$$x = -\frac{\Sigma(Xy - Yx)}{\Sigma Y}, \quad z = \frac{\Sigma(Yz - Zy)}{\Sigma Y},$$

im Durchschnittspunkte mit der yz Ebene ist $x = o$, und

$$y = \frac{\Sigma(Xy - Yx)}{\Sigma X}, \quad z = -\frac{\Sigma(Zx - Xz)}{\Sigma X}.$$

In der Richtung dieser Linie kann alsdann der Angriffspunkt der Resultante R beliebig gewählt werden.

Im Allgemeinen haben die Kräfte eine Resultante, wenn die eben entwickelte Bedingungsgleichung

$$\Sigma X . \Sigma(Yz - Zy) + \Sigma Y . \Sigma(Zx - Xz) + \Sigma Z . \Sigma(Xy - Yx) = o$$

stattfindet, und wir haben gezeigt, wie man alsdann die Grösse und Richtung dieser Resultante finden kann. Diese Regel hat indessen eine Ausnahme, wenn nämlich $\Sigma X = o$, $\Sigma Y = o$, $\Sigma Z = o$. Alsdann wird der obigen Bedingungsgleichung Genüge geleistet, die Kräfte haben aber doch keine Resultante. Es würde nämlich alsdann im Durchschnittspunkte dieser Resultante mit der xy Ebene, weil $\Sigma Z = o$, $x = \infty$, $y = \infty$ werden, d. h. die Resultante würde parallel mit der xy Ebene sein. Ebenso würde sie auch, weil $\Sigma Y = o$, $\Sigma Z = o$, parallel mit der xz Ebene und yz Ebene sein, was voraussetzt, dass sie unendlich weit von allen Ebenen entfernt ist, d. h. gar nicht existirt.

Die Bedingungsgleichung, dass die Kräfte eine Resultante haben,

$$\Sigma X \,.\, \Sigma(Yz - Zy) + \Sigma Y(\Sigma Zx - Xz) + \Sigma Z(\Sigma Xy - Yx) = 0,$$

wird immer erfüllt, wenn die Kräfte in einer Ebene liegen. Denn es sei diese die xy Ebene, so werden alle Z und z gleich Null, und daher die obige Gleichung identisch Null. Kräfte in einer Ebene haben folglich immer eine Resultante, wenn nicht zugleich $\Sigma X = 0$, $\Sigma Y = 0$, $\Sigma Z = 0$.

§. 37.

Wenn die Kräfte parallel sind und α, β, γ die Winkel bezeichnen, welche sie mit den Axen bilden, so wird

$$X = P\cos\alpha, \qquad Y = P\cos\beta, \qquad Z = P\cos\gamma,$$

$$\Sigma X = \cos\alpha\Sigma P, \quad \Sigma Y = \cos\beta\Sigma P, \quad \Sigma Z = \cos\gamma\Sigma P,$$

also wird die Bedingungsgleichung, dass die Kräfte eine Resultante haben, wenn man mit ΣP dividirt,

$$\cos\alpha\Sigma[P(z\cos\beta - y\cos\gamma)] + \cos\beta\Sigma[P(x\cos\gamma - z\cos\alpha)]$$
$$+ \cos\gamma\Sigma[P(y\cos\alpha - x\cos\beta)] = 0,$$

welche Gleichung identisch ist. Parallele Kräfte werden daher immer eine Resultante haben, mit der einzigen Ausnahme, wenn $\Sigma X = 0$, $\Sigma Y = 0$, $\Sigma Z = 0$, oder, was dasselbe wird,

$$\Sigma P = 0.$$

In diesem letzten Falle werden die Kräfte keine Resultantenkraft haben können, und sie werden auch nicht im Gleichgewicht sein, wenn nicht zugleich

$$\Sigma P(z\cos\beta - y\cos\gamma) = 0, \quad \Sigma P(x\cos\gamma - z\cos\alpha) = 0,$$
$$\Sigma P(y\cos\alpha - x\cos\beta) = 0.$$

Ist dagegen nicht $\Sigma P = 0$, so werden die Kräfte immer eine Resultantenkraft haben. Um die Grösse und Neigung dieser Resultante zu bestimmen, hat man die Gleichungen

$$X = \cos\alpha\Sigma P,$$
$$Y = \cos\beta\Sigma P.$$
$$Z = \cos\gamma\Sigma P.$$

Die Resultante R wird daher gleich ΣP und parallel mit den parallelen Kräften sein. Die Lage der Resultante wird durch die drei Gleichungen

$$\cos\beta\Sigma Pz - \cos\gamma\Sigma Py = (\cos\beta\, z - \cos\gamma\, y)\Sigma P,$$
$$\cos\gamma\Sigma Px - \cos\alpha\Sigma Pz = (\cos\gamma\, x - \cos\gamma\, z)\Sigma P,$$
$$\cos\alpha\Sigma Py - \cos\beta\Sigma Px = (\cos\alpha\, y - \cos\beta\, x)\Sigma P,$$

bestimmt, unter welchen Gleichungen die eine von den beiden andern abhängig ist. Man kann hier x einen beliebigen Werth geben und dann die entsprechenden Werthe von y und z finden. Setzt man

$$x = \frac{\Sigma Px}{\Sigma P},$$

so wird

$$y = \frac{\Sigma Py}{\Sigma P},$$

$$z = \frac{\Sigma Pz}{\Sigma P},$$

und die Lage dieses Punktes der Resultante ist dann von der Richtung der Kräfte unabhängig.

§. 38.

Sind der parallelen Kräfte nur zwei, P_1 und P_2, so wird

$$x = \frac{P_1 x_1 + P_2 x_2}{P_1 + P_2},$$

$$y = \frac{P_1 y_1 + P_2 y_2}{P_1 + P_2},$$

$$z = \frac{P_1 z_1 + P_2 z_2}{P_1 + P_2}.$$

Nimmt man den einen Wirkepunkt A (Fig. 10) zum Anfangspunkt des Coordinatensystems und die Linie AB zwischen beiden Wirkepunkten als x Axe an, so wird

$$x_1 = y_1 = z_1 = y_2 = z_2 = 0, \quad x_2 = AB, \quad x = AC,$$

daher

$$y = z = 0,$$

$$AC = \frac{P_2 \,.\, AB}{P_1 + P_2} = \frac{P_2 \,.\, AB}{R},$$

oder

$$P_2 : AC = P_1 : BC = R : AB,$$

d. h. *die Resultante zweier parallelen Kräfte theilt die gerade Linie zwischen beiden Wirkepunkten so, dass jede der drei Kräfte, die beiden gegebenen und die Resultante, proportional mit dem zwischen den beiden andern Kräften liegenden Theil der geraden Linie ist.*

Sind die Kräfte gleich, $P_1 = P_2$, so wird $AC = CB$, oder die Resultante fällt in die Mitte zwischen beiden Kräften.

Ist eine der Kräfte, z. B. P_1 negativ (Fig. 11), so wird jene Proportion noch bestehen. Der Wirkepunkt der Resultante wird nun in die Verlängerung der Linie AB zur Seite der grössern Kraft, in der Figur P_2, fallen, und die Resultante gleich dem Unterschied beider Kräfte sein, und in demselben Sinne wie die grössere Kraft P_2 wirken.

Sind beide Kräfte P_1 und P_2 gleich, wirken aber im entgegengesetzten Sinne und in verschiedenen Punkten, so ist $\Sigma P = o$, und sie haben dann keine Resultante und sind auch nicht im Gleichgewicht. Sie können folglich alsdann nicht weiter reducirt werden.

Dass beide Kräfte in diesem Falle keine Resultante haben können, daher auch nicht durch eine einzige Kraft im Gleichgewicht zu halten sind, kann auch auf die folgende indirecte Weise bewiesen werden. Es seien P und $-P$ (Fig. 12) zwei gleiche, parallele, im entgegengesetzten Sinne wirkende Kräfte. Nähme man an, sie würden durch irgend eine Kraft S im Gleichgewicht gehalten, so kann man immer auf der entgegengesetzten Seite von AB eine Kraft T annehmen, so dass $T = S$, $T \ddagger S$ und $AD = BE$. Alsdann wäre die Figur (P, $-P$, S) vollkommen congruent mit der Figur ($-P$, P, T), und folglich, wenn die Kräfte P, $-P$, S im Gleichgewicht wären, müssten auch die Kräfte $-P$, P und T im Gleichgewicht sein. Bringt man jetzt in D eine der T entgegengesetzte und gleiche Kraft U an, so werden T und U im Gleichgewicht sein; es sind aber S, $-P$, P im Gleichgewicht, daher würden auch die fünf Kräfte S, $-P$, P, T, U im Gleichgewicht sein, und weil $-P$, P, T im Gleichgewicht sind, müssten auch S und U im Gleichgewicht unter einander sein. Dies ist aber unmöglich, weil S und U parallel sind und in demselben Sinne wirken, folglich eine Resultante in diesem Sinne haben. Es ist daher auch unmöglich, dass zwei parallele im entgegengesetzten Sinne und auf verschiedene Punkte wirkende Kräfte durch irgend eine Kraft im Gleichgewicht gehalten werden können, und sie können alsdann auch keine Resultante haben.

Zwei solche Kräfte, welche nicht durch irgend eine Kraft ersetzt werden können, wird ein Kräftepaar oder auch schlechthin ein Paar genannt.

§. 39.

Ehe wir weiter die Reduction beliebiger Kräfte, welche auf einen festen Köfper wirken, untersuchen, werden wir erst die Theorie der Kräftepaare genauer entwickeln.

Es sei (Fig. 13) (P, —P) ein Kräftepaar, so wird die Linie AB zwischen den Angriffspunkten der beiden Kräfte der Arm des Paares, der senkrechte Abstand beider parallelen Kräfte AC die Breite des Paares genannt. Da man den Angriffspunkt der Kraft —P in ihrer Richtung beliebig verlegen kann, so kann man C als ihren Angriffspunkt annehmen und die Breite wird alsdann auch der Arm des Paares. Das Paar wird alsdann rechtwinklig genannt. Die durch den Arm und beide Kräfte gehende Ebene wird die Ebene des Paares genannt.

Ein Kräftepaar kann in seiner Ebene oder in einer mit dieser parallelen Ebene beliebig versetzt werden, wenn es nur immer den Arm nach derselben Seite zu drehen strebt und die neuen Angriffspunkte mit den vorigen fest verbunden sind.

Um diesen Satz, welcher in Bezug auf die Kräftepaare das nämlich ist, was für eine einzelne Kraft die willkürliche Verlegung des Angriffspunktes in der Richtungslinie der Kraft ist, zu beweisen, kann man ihn erst für den Fall beweisen, dass der neue Arm mit dem vorigen parallel ist, und dann, dass das eine Kräftepaar in seiner Ebene um den Mittelpunkt des Armes beliebig gedreht werden kann.

Um den ersten Satz zu beweisen, sei (Fig. 14) (P, —P) am

Arme AB das gegebene Kräftepaar, (Q, — Q) am Arme CD das neue Kräftepaar, AB = und ∦ CD, P = und ∦ Q, und AB und CD fest verbunden. Man ziehe die Linien BC und AD, so werden die Dreiecke ABE und DCE congruent sein, und folglich wird der Punkt E der gemeinschaftliche Mittelpunkt beider Linien AD und BC. In den Punkten C und D füge man noch die Kräfte S, — S hinzu, welche den Kräften — Q, Q respective gleich, aber entgegengesetzt sind. Die Kräfte Q, — Q, S, — S werden dann einander im Gleichgewicht halten. Statt des Paares (P, — P) kann man nun die sechs Kräfte P, — P, Q, — Q, S, — S setzen. Die Kräfte P und S sind jetzt gleich und wirken in derselben Richtung auf die Enden der geraden Linie AD, sie werden daher eine Resultante R = 2P in der Mitte E der Linie AD wirkend haben. Ebenso werden die Kräfte — P und — S eine im Punkte E wirkende Resultante — R haben. Diese beiden Kräfte R und — R heben einander aber auf, und die vier Kräfte P, — P, S, — S halten folglich einander im Gleichgewicht. Statt der sechs Kräfte P, — P, Q, — Q, S, — S können also die zwei Q, — Q gesetzt werden, und es kann daher auch statt des Kräftepaares (P, — P) das neue Kräftepaar (Q, — Q) gesetzt werden, w. z. b. w.

Um den zweiten Satz, dass ein Kräftepaar in seiner Ebene um den Mittelpunkt des Armes beliebig gedreht werden kann, zu beweisen, sei (Fig. 15) (P, — P) am Arme AB das gegebene Kräftepaar, (Q, — Q) am Arme CD das neue, und P = Q, AB = CD, G der gemeinschaftliche Mittelpunkt der beiden Arme. In den Punkten C und D füge man noch die Kräfte S, — S hinzu, welche den Kräften — Q und Q respective gleich, aber entgegengesetzt sind. Statt des Paares (P, — P) kann man dann die sechs Kräfte P, — P, Q, — Q, S, — S setzen. Die Verlängerungen der Kräfte — S und P werden einander in einem Punkt E schneiden, welcher folglich als ihr gemeinschaftlicher Angriffspunkt angesehen werden kann; die Verlängerungen der Kräfte S und — P werden einander ebenfalls in einem Punkte F schneiden, welcher gleichfalls als ihr gemeinschaftlicher Angriffspunkt angesehen werden kann. Weil die Dreiecke DEG und AEG congruent sind, wird die Linie EG den Winkel DEA halbiren, und da die Kräfte — S und P gleich sind, wird ihre Resultante längs der Linie FG fallen; ebenso findet man, dass die Resultante von P und — S längs der Linie FG fallen wird. Diese beiden Resultanten werden ferner auch gleich sein, und die Linien EG und GF, welche ihre Richtungen angeben, eine gerade Linie bilden, weil sie die Scheitelwinkel DGA und BGC respective halbiren. Jene Resultanten und die vier Kräfte P, — P, S, — S werden einander im Gleichgewicht halten. Statt der sechs Kräfte P, — P, Q, — Q, S, — S kann man die zwei Q, — Q setzen, und es kann daher auch statt des gegebenen Kräftepaars (P, — P) das neue (Q, — Q) gesetzt werden.

Aus diesen beiden Sätzen folgt dann unmittelbar der Hauptsatz dieses Paragraphen, dass ein Kräftepaar in seiner Ebene oder in parallelen Ebenen beliebig verschoben werden kann.

§. 40.

Das Product aus der Breite eines Kräftepaares in die Intensität einer der Seitenkräfte wird das **Moment** des Paares genannt.

Zwei Paare von gleichen Momenten, welche in derselben oder in parallelen Ebenen in entgegengesetztem Sinne wirken, halten einander im Gleichgewicht.

Es sei (Fig. 16) (P, — P) das eine Paar, AB seine Breite, (Q, — Q) das zweite in entgegengesetzter Richtung wirkende Paar, welches so versetzt werden kann, dass seine Breite BC die Verlängerung derjenigen des erstern Paares bildet. Nach der Annahme ist $P.AB = Q.BC$. Es werden alsdann die Kräfte — P und — Q zu einer Kraft $-R = -(P+Q)$ in B wirkend zusammengesetzt werden können, und die zwei Kräfte P und Q zu einer Kraft $R = (P+Q)$, welche auch in B wirken wird, weil wegen $P.AB = Q.BC$, $P:BC = Q:AB$ ist. Die Kräfte R und — R heben aber einander auf, und die Kräftepaare (P, — P) und (Q, — Q) sind folglich im Gleichgewicht.

Zwei Kräftepaare von gleichen Momenten, welche in derselben oder in parallelen Ebenen und im gleichen Sinne wirken, können statt einander gesetzt werden und sind folglich gleichgeltend.

Denn es seien (Fig. 17) (P, — P) und (S, — S) die beiden Kräftepaare, und man bringe in C und D die Kräfte — Q und Q an, welche S und — S gleich und respective entgegengesetzt sind, so werden (Q, — Q) und (S, — S) einander im Gleichgewicht halten. Es halten aber wegen des vorhergehenden Satzes auch (P, — P) und (Q, — Q) einander im Gleichgewicht; die Kräftepaare (P, — P) und (S, — S) sind deshalb gleichgeltend.

§. 41.

Wenn die Breiten beider Kräftepaare gleich sind, so sind ihre Wirkungen den Seitenkräften proportional.

Es seien (Fig. 18) (P, — P) am rechtwinkligen Arme AB und (Q, — Q) am rechtwinkligen Arme CD, wo CD = AB, die beiden gegebenen Paare; es soll nun bewiesen werden, dass

$$(P, -P):(Q, -Q) = P:Q.$$

Wir werden diesen Satz erst für den Fall beweisen, dass die Kräfte P und Q commensurabel sind. Es sei alsdann p ihr gemeinschaftliches Maass, und $P = m \times p$,

$$Q = r \times p,$$

so wird $P:Q = m:r$.

Die Kraft P kann jetzt in m Kräfte, jede gleich p und in A angebracht, zerlegt werden; ebenso kann — P in m Kräfte, jede gleich — p und in B angebracht, zerlegt werden, und das Paar (P, — P) ist dadurch in m Kräftepaare, jedes gleich (p, — p), zerlegt. Es ist daher

$$(P, -P) = m \times (p, -p).$$

Ebenso wird das Paar (Q, — Q) in r Kräftepaare, jedes gleich (p, — p) zerlegt, folglich

$$(Q, -Q) = r \times (p, -p).$$

Es wird alsdann $(P, -P):(Q, -Q) = m:r$,

daher auch $(P, -P):(Q, -Q) = P:Q$, w. z. b. w.

Es seien jetzt P und Q incommensurabel. Der Beweis wird dann indirect ganz auf die Weise wie die in der elementaren Mathematik häufig vorkommenden analogen Beweise geführt werden können.

Aus diesem und dem vorhergehenden Satz folgt dann der folgende: *Die Kräftepaare sind ihren Momenten proportional.*

Denn es seien (Fig. 19) (P, — P) am rechtwinkligen Arme AB und (Q, — Q) am rechtwinkligen Arme CD die gegebenen Kräftepaare, so kann man ein drittes rechtwinkliges Paar (R, — R) am Arme EF construiren, so dass EF = AB und R.EF = Q.CD, daher (Q, — Q) = (R, — R). Es ist alsdann

$$(P, -P):(R, -R) = P:R = P.AB:R.AB,$$

$$(R, -R) = (Q, -Q), \quad R.AB = R.EF = Q.CD,$$

folglich $(P, -P):(Q, -Q) = P.AB:Q.CD,$ w. z. b. w.

§. 42.

Die Kräftepaare lassen sich durch Linien ebenso darstellen wie einzelne Kräfte. Errichtet man nämlich auf der Ebene eines Paares ein seinem Moment proportionales Loth, welches die Axe des Kräftepaares heisse, so wird diese Axe durch ihre Richtung die Richtung der Ebene und durch ihre Grösse das Moment des Kräftepaares bezeichnen. Wird ferner angenommen, dass die Drehung, welche ein Paar zu bewirken strebt, einem in dem Endpunkte der Axe befindlichen, nach einem der Angriffspunkte hinblickenden Auge immer in demselben Sinne, etwa von der Linken zur Rechten, fortgehend erscheinen soll, so ist durch die Axe auch der Sinn des Kräftepaares gehörig dargestellt. Ein Kräftepaar wird dann wie eine einzelne Kraft durch einen im Endpunkte der Axe geschriebenen Buchstaben bezeichnet.

Sind mehrere Kräftepaare gegeben, so können alle ihre Ebenen parallel mit ihren ursprünglichen Stellungen durch einen gemeinschaftlichen Punkt gelegt werden, welcher dann zum gemeinschaftlichen Anfangspunkt aller Axen angenommen werden kann. Die Kräftepaare werden alsdann genau nach denselben Regeln wie die Kräfte zusammengesetzt, indem man beweisen kann, dass *die Axe des Resultantenpaares zweier gegebenen Kräftepaare die Diagonale des von den Axen beider Paare gebildeten Parallelogramms ist.*

Um diesen Satz zu beweisen, verändere man erst nach §. 40 das eine Kräftepaar, so dass beide gleiche Breiten bekommen, und versetze dann beide in ihre respectiven Ebenen, so dass ihre rechtwinkligen Arme in den Durchschnittslinien beider Ebenen einander decken. Es sei alsdann (Fig. 20) AB der gemeinschaftliche Arm, (P, — P) das eine Kräftepaar und AL seine Axe, (Q, — Q) das zweite Kräftepaar und AM seine Axe, folglich

$$AL \perp AP, \quad AL \perp AB,$$
$$AM \perp AQ, \quad AM \perp AB,$$

so wird R die Resultante der beiden Kräfte P und Q, — R die Resultante der beiden Kräfte — P und — Q werden, R gleich und parallel mit — R und senkrecht auf AB. Das Kräftepaar (R, — R) wird alsdann das Resultantenpaar von (P, — P) und (Q, — Q) sein, und weil diese drei Paare einen gemeinschaftlichen Arm haben, werden sie den Kräften proportional sein. Bildet man jetzt das Parallelogramm LM und zieht die Diagonale AG, so wird, weil AL und AM den Momenten der Paare, folglich auch den Kräften P und Q proportional sind,

$$AL : LG = AP : PR,$$

ferner

$$\angle ALG = \angle APR,$$

weil AL ⊥ AP und AM ⊥ AQ. Es ist daher

$$\triangle ALG \sim \triangle APR,$$
$$\angle LAG = \angle PAR,$$
$$\angle LAG + \angle RAL = \angle PAR + \angle RAL,$$

oder

$$\angle GAR = \angle PAL = R,$$

und folglich AG ⊥ AB; es ist ferner, weil AB ⊥ AL und AB ⊥ AM, auch AB ⊥ AG. Die Diagonale AG ist die Richtung der Axe des Resultantenpaares; sie ist diesen auch proportional in demselben Verhältnisse wie die zwei anderen Axen ihren Paaren, weil

$$AL:AP = AM:AQ = AG:AB,$$

und weil die Paare ihren Kräften proportional sind. Es ist daher AG die Axe des Resultantenpaares, w. z. b. w.

Die Zusammensetzung zweier Kräftepaare kann auch auf die Weise geschehen, dass man das eine Paar erst nach §. 40 so verändert, dass beide gleiche Kräfte erhalten, und die Paare dann so versetzt, dass zwei ihrer Kräfte zusammenfallen. Es sei (Fig. 21) (P, — P) am Arme AB das eine Paar und (P, — P) am Arme AC das zweite, so wird (P, — P) am Arme AD das Resultantenpaar werden, wo AD die Diagonale des von den Armen AB und AC gebildeten Parallelogramms ist. Fügt man nämlich zu den beiden gegebenen Paaren zwei gleiche und entgegengesetzte Kräfte P, — P in D hinzu, so wird hierdurch nichts geändert. Die Kraft P in D und die Kraft — P in C werden aber alsdann ein Kräftepaar bilden, welches man parallel mit seiner jetzigen Lage nach dem Arme AB versetzen kann, wo es das gegebene Paar (P, — P) am Arme AB aufheben wird. Man behält dann aber nur das Paar (P, — P) am Arme AD übrig, welches folglich das Resultantenpaar wird.

§. 43.

Weil die Theorie der Zusammensetzung und Zerlegung zweier Kräftepaare, wenn diese durch ihre Axen ausgedrückt werden, genau dieselbe ist wie die Theorie der Zusammensetzung und Zerlegung zweier auf einen gemeinschaftlichen Punkt wirkenden Kräfte, so gelten auch die in den §§. 7, 8, 9 und 10 entwickelten Formeln, wenn man statt der Kräfte die Momente der Kräftepaare, und statt der Winkel, welche die Kräfte mit den Coordinataxen bilden, diejenigen setzt, welche die Axen der Kräftepaare mit denselben Coordinataxen bilden.

Bezeichnet man durch G, G', G'' die Momente mehrerer Kräftepaare, durch λ, μ, ν, λ', μ', ν', ... die Winkel, welche ihre Axen respective mit der x Axe, y Axe, z Axe des Coordinatensystems bilden, durch H das Moment des Resultantenpaares und durch l, m, n die Winkel, welche ihre Axe mit den Coordinataxen einschliessen, so wird

$$H \cos l = G \cos \lambda + G' \cos \lambda' + G'' \cos \lambda'' + \ldots = \Sigma G \cos \lambda,$$
$$H \cos m = G \cos \mu + G' \cos \mu' + G'' \cos \mu'' + \ldots = \Sigma G \cos \mu,$$
$$H \cos n = G \cos \nu + G' \cos \nu' + G'' \cos \nu'' + \ldots = \Sigma G \cos \nu,$$
$$H = \sqrt{(\Sigma G \cos \lambda)^2 + (\Sigma G \cos \mu)^2 + (\Sigma G \cos \nu)^2}.$$

Das Resultantenpaar H wird dann durch diese Formeln in die Seitenpaare H cos l, H cos m, H cos n, deren Axen respective die x Axe, y Axe, z Axe, und deren Ebenen die yz Ebene, xz Ebene und xy Ebene des Coordinatensystems sind, zerlegt werden können.

§. 44.

Es sei (P, — P) ein Kräftepaar, sein Arm r, seine Breite p und sein Moment Pp = G. Bezeichnet man durch X, Y, Z die Projectionen der Kraft P, durch x, y, z die Projectionen des Arms q und durch λ, μ, ν die Winkel, welche die Axe des Paares mit den drei Coordinataxen bilden, so ist

$$\cos^2 \lambda + \cos^2 \mu + \cos^2 \nu = 1,$$

ferner, weil die Axe des Paares senkrecht auf der Richtung der Kraft P ist,

$$X \cos \lambda + Y \cos \mu + Z \cos \nu = o,$$

und weil die Axe auch senkrecht auf der Richtung des Armes q ist,

$$x \cos \lambda + y \cos \mu + z \cos \nu = o.$$

Aus diesen drei Gleichungen findet man dann

$$\cos \lambda = \frac{Yz - Zy}{\sqrt{(Yz - Zy)^2 + (Zx - Xz)^2 + (Xy - Yx)^2}},$$

$$\cos \mu = \frac{Zx - Xz}{\sqrt{(Yz - Zy)^2 + (Zx - Xz)^2 + (Xy - Yx)^2}},$$

$$\cos \nu = \frac{Xy - Yx}{\sqrt{(Yz - Zy)^2 + (Zx - Xz)^2 + (Xy - Yx)^2}},$$

Bezeichnet man jetzt durch φ den Winkel, welchen die Kraft P mit dem Arme q bildet, so wird $\frac{\pi}{2} - \varphi$ der Winkel sein, welchen der Arm q mit der Breite p macht, und

$$p = q \cos\left(\frac{\pi}{2} - \varphi\right) = q \sin \varphi,$$
$$p^2 = q^2 - q^2 \cos^2 \varphi.$$

Es wird ferner

$$\cos\varphi = \frac{X}{P}\cdot\frac{x}{q} + \frac{Y}{P}\cdot\frac{y}{q} + \frac{Z}{P}\cdot\frac{z}{q},$$

daher

$$Pq\cos\varphi = Xx + Yy + Zz,$$

und

$$P^2q^2\cos^2\varphi = X^2x^2 + Y^2y^2 + Z^2z^2 + 2YZyz + 2XZxz + 2XYxy.$$

Es ist jetzt

$$(Yz - Zy)^2 + (Zx - Xz)^2 + (Xy - Yx)^2 = X^2(y^2 + z^2) + Y^2(x^2 + z^2) + Z^2(x^2 + y^2) - 2YZyz - 2XZxz - 2XYxy,$$

und folglich

$$(Yz - Zy)^2 + (Zx - Xz)^2 + (Xy - Yx)^2 = (X^2 + Y^2 + Z^2)(x^2 + y^2 + z^2) - P^2q^2\cos^2\varphi = P^2q^2 - P^2q^2\cos^2\varphi = P^2p^2 = G^2,$$

und

$$G = Pp = \sqrt{(Yz - Zy)^2 + (Zx - Xz)^2 + (Xy - Yx)^2}.$$

Dieser Werth in die vorherstehenden Werthe von $\cos\lambda$, $\cos\mu$, $\cos\nu$ substituirt giebt

$$G\cos\lambda = Yz - Zy,$$
$$G\cos\mu = Zx - Xz,$$
$$G\cos\nu = Xy - Yx,$$

durch welche Gleichungen die Seitenpaare des Kräftepaares (P, — P) ausgedrückt werden.

§. 45.

Um die geometrische Bedeutung dieser Gleichungen zu zeigen, sei das gegebene Kräftepaar parallel mit seiner ursprünglichen Richtung so versetzt, dass das eine Ende seines Armes im Anfangspunkt des Coordinatensystems fällt. Es sei nun (Fig. 22) (P, — P) am Arme AB das gegebene Kräftepaar; man zerlege die Kraft P in die drei Componenten X, Y, Z und die Kraft — P in — X, — Y, — Z. Aus den drei Coordinaten x, y, z des Punktes B bilde man ein Parallelepipedon. Die Kraft X kann alsdann statt in B in C wirkend angenommen werden, und wird mit — X ein Paar bilden, dessen Arm AC ist. Dieses Paar kann nach §. 42 in die zwei Paare (X, — X) am Arme AD in der xz Coordinatenebene, und in das Paar

(X, —X) am Arme AE in der xy Ebene wirkend, zerlegt werden. Das Moment des ersten Paares wird Xz, und es wird in der xz-Ebene, wenn das Product Xz positiv ist, von der positiven z Axe zur positiven x Axe drehen; wenn Xz negativ ist, in entgegengesetzter Richtung. Das Moment des zweiten Paares wird Xy sein, und es wird in der xy Coordinatenebene von der positiven y Axe zur positiven x Axe drehen, wenn das Product positiv ist; wenn Xy negativ ist, in entgegengesetzter Richtung. Diese Richtungen sind in der Figur bei den in den respectiven Ebenen zugeschriebenen Momenten durch Pfeile angezeigt worden.

Die Kraft Y kann ähnlicher Weise als in F wirkend angenommen werden, und wird dann mit — Y in A ein Paar (Y, — Y) am Arme AF bilden. Dieses Paar kann wieder in zwei Paare (Y, —Y) am Arme AB und (Y, — Y) am Arme AG zerlegt werden. Das Moment des ersten Paares wird Yz, und es wird in der yz Ebene von der positiven z Axe zur positiven y Axe drehen, wenn das Product Yz positiv ist; in entgegengesetzter Richtung, wenn Yz negativ ist. Das Moment des zweiten Paares wird Yx sein, und es wird in der xy Ebene von der positiven x Axe zur positiven y Axe drehen, wenn das Product Yx positiv ist; in entgegengesetzter Richtung, wenn es negativ ist.

Endlich kann die Kraft Z als in H wirkend angenommen werden, und wird alsdann mit — Z in A ein Paar (Z, —Z) am Arme AH bilden. Dieses Paar kann wieder in zwei Paare (Z, — Z) am Arme AG und (Z, — Z) am Arme AE wirkend zerlegt werden. Das Moment des ersten Paares wird Zx sein, und es wird in der xz Coordinatenebene von der positiven x Axe zur positiven z Axe drehen, wenn das Product Zx positiv ist; in entgegengesetzter Richtung, wenn es negativ ist. Das Moment des zweiten Paares wird Zy sein, und es wird in der yz Coordinatenebene von der positiven y Axe zur positiven z Axe drehen, wenn das Product Zy positiv ist; in entgegengesetzter Richtung, wenn es negativ ist.

Nimmt man als positiv die Paare an, welche von der positiven z zur positiven y Axe, von der positiven y zur positiven x und von der positiven x zur positiven z Axe in den entsprechenden Coordinatebenen wirken, so wird das Kräftepaar (P, — P) in die drei Seitenpaare zerlegt werden

$$L = Yz - Zy,$$
$$M = Zx - Xz,$$
$$N = Xy - Yx,$$

deren Axen respective die x, y, z Axe des Coordinatensystems sind, und welche deshalb die Seitenpaare oder Componenten des Kräftepaares in Bezug auf die drei Coordinatenebenen zy, yx, xz, oder auch die Momente der Kraft P in Bezug auf diese Axen genannt werden.

Die obigen Formeln stimmen mit den im vorigen Paragraphen erhaltenen Werthen völlig überein.

§. 46.

Wir haben vorher (§. 36) die Bedingungen untersucht, unter welchen mehrere auf einen festen Körper wirkende Kräfte eine Resultantkraft haben können. Wir werden jetzt untersuchen, welches die Bedingungen sind, unter welchen sich die Kräfte zu einem Kräftepaar $(P, -P)$ reduciren lassen, und durch ein diesem gleichen aber entgegengesetztes Kräftepaar $(-Q, Q)$ im Gleichgewicht gehalten werden.

Es seien x, y, z die Coordinaten des Angriffspunktes der Kraft P, folglich auch der Kraft $-Q$, $x_{,}, y_{,}, z_{,}$ diejenigen des Angriffspunktes der Kraft $-P$, also auch der Kraft Q, so werden $(x - x_{,})$, $(y - y_{,})$, $(z - z_{,})$ die Projectionen des Armes des Kräftepaares $(P, -P)$ oder des entgegengesetzten Paares $(-Q, Q)$ sein. Es seien ferner X, Y, Z die Componenten der Kraft P, daher auch der Kraft Q, und $-X, -Y, -Z$ die Componenten der Kräfte $-P$ und $-Q$, so werden die im §. 23 entwickelten Bedingungsgleichungen des Gleichgewichts zwischen den gegebenen Kräften und den neuen Kräften $-Q$ und Q:

$$\Sigma X - X + X = \Sigma X = o,$$
$$\Sigma Y - Y + Y = \Sigma Y = o,$$
$$\Sigma Z - Z + Z = \Sigma Z = o,$$
$$\Sigma(Yz - Zy) - (Yz - Zy) + (Yz_{,} - Zy_{,}) = o,$$
$$\Sigma(Zx - Xz) - (Zx - Xz) + (Zx_{,} - Xz_{,}) = o,$$
$$\Sigma(Xy - Yx) - (Xy - Yx) + (Xy_{,} - Yx_{,}) = o.$$

Die drei letzten dieser Gleichungen können immer erfüllt werden, und es werden daher die Bedingungsgleichungen der Möglichkeit die gegebenen Kräfte zu einem Kräftepaar zusammenzusetzen

$$\Sigma X = o, \quad \Sigma Y = o, \quad \Sigma Z = o.$$

Die drei letzten der vorhergehenden Gleichungen können auch auf die Form gebracht werden

$$\Sigma(Yz - Zy) = Y(z - z_{,}) - Z(y - y_{,}),$$
$$\Sigma(Zx - Xz) = Z(x - x_{,}) - X(z - z_{,}),$$
$$\Sigma(Xy - Yx) = X(y - y_{,}) - Y(x - x_{,}).$$

Bezeichnet man durch G das Moment des Kräftepaares $(P, -P)$, durch L, M, N seine drei Seitenpaare in Bezug auf die zy, zx, yx Ebenen des Coordinatensystems, so ist nach §. 45

$$L = Y(z - z_{,}) - Z(y - y_{,}),$$
$$M = Z(x - x_{,}) - X(z - z_{,}),$$
$$N = X(y - y_{,}) - Y(x - x_{,}).$$

Diese Werthe in die vorstehenden Gleichungen substituirt geben dann

$$L = \Sigma(Yz - Zy),$$
$$M = \Sigma(Zx - Xz),$$
$$N = \Sigma(Xy - Yx).$$

Es ist nun die Componente des Resultantenpaares in Bezug auf jede der Coordinatenebenen der Summe der Momente der gegebenen Kräfte in Bezug auf die gegen die Ebene senkrechte Axe gleich.

Die Grösse des Resultantenpaares ist

$$G = \sqrt{L^2 + M^2 + N^2}.$$

§. 47.

Eine Kraft und ein Kräftepaar werden nie durch ein neues Kräftepaar ersetzt werden können, denn es werden hier nie die im vorigen Paragraphen entwickelten Bedingungsgleichungen stattfinden. Dagegen können sie unter gewissen Umständen durch eine neue Kraft ersetzt werden. Es sei P die gegebene Kraft, (S, — S) das gegebene Kräftepaar, X, Y, Z die Componenten von P, $X_{,}$, $Y_{,}$, $Z_{,}$ diejenigen von S, $-X_{,}$, $-Y_{,}$, $-Z_{,}$ diejenigen von — S, x, y, z die Coordinaten des Angriffspunktes der Kraft P, $x_{,}$, $y_{,}$, $z_{,}$ diejenigen der Kraft S, $x_{,,}$, $y_{,,}$, $z_{,,}$ diejenigen der Kraft — S, so wird nach §. 37 die Bedingungsgleichung, dass P, S, — S eine Resultantenkraft haben können,

$$\Sigma X . \Sigma(Yz - Zy) + \Sigma Y . \Sigma(Zx - Xz) + \Sigma Z . \Sigma(Xy - Yx) = 0,$$

mit der Bemerkung, dass nicht zugleich

$$\Sigma X = 0, \quad \Sigma Y = 0, \quad \Sigma Z = 0.$$

Diese letzte Bemerkung wird hier immer erfüllt, und die Bedingungsgleichung kann daher auf die Form gebracht werden

$$X[Y_{,}(z_{,} - z_{,,}) - Z_{,}(y_{,} - y_{,,})] + Y[Z_{,}(x_{,} - x_{,,}) - X_{,}(z_{,} - z_{,,})] \\ + Z[X_{,}(y_{,} - y_{,,}) - Y_{,}(x_{,} - x_{,,})] = 0.$$

Bezeichnet man durch α, β, γ die Winkel, welche die Kraft P, und durch λ, μ, ν die Winkel, welche die Axe des Paares (S, — S) mit den Coordinataxen bildet, so ist

$$\cos\alpha = \frac{X}{P}, \quad \cos\beta = \frac{Y}{P}, \quad \cos\gamma = \frac{Z}{P},$$

$$\cos\lambda = \frac{Y_{,}(z_{,} - z_{,,}) - Z_{,}(y_{,} - y_{,,})}{G}, \quad \cos\mu = \frac{Z_{,}(x_{,} - x_{,,}) - X_{,}(z_{,} - z_{,,})}{G},$$

$$\cos\nu = \frac{X_{,}(y_{,} - y_{,,}) - Y_{,}(x_{,} - x_{,,})}{G},$$

wo G das Moment des Paares (S, — S) bezeichnet. Die obige Bedingungsgleichung wird alsdann

$$GP(\cos\alpha\cos\lambda + \cos\beta\cos\mu + \cos\gamma\cos\nu) = 0,$$

d. h. die Kraft P und die Axe des Paares (S, — S) müssen senkrecht auf einander sein, oder mit anderen Worten:

Damit eine Kraft und ein Kräftepaar durch eine einzelne Kraft ersetzt werden können, ist es nothwendig und hinreichend, dass sie in derselben oder in parallelen Ebenen liegen.

Es ist ferner leicht zu sehen, dass diese ersetzende Kraft Q mit P parallel und in einer mit der Ebene des Paares (S, — S) parallelen Ebene liegend, gleich P, in demselben Sinne wirkend und in einem senkrechten Abstand von P, gleich p sein muss, wo

$$Pp = G = \text{dem Moment des Paares } (S, -S).$$

Es wird in der That alsdann eine der Q entgegengesetzte Kraft — Q mit P ein Paar bilden, welches mit dem Paare (S, — S) parallel, gleiches Momentes und in entgegengesetzter Richtung drehend wird. Es wird — Q mit P und (S, — S) im Gleichgewichte sein, und daher Q die Resultante von P und (S, — S) sein.

§. 48.

Wir haben schon vorher (§. 37) gezeigt, dass beliebige auf einen festen Körper wirkende Kräfte immer auf zwei Kräfte reducirt werden können. Diese Reduction, welche auf unendlich viele verschiedene Weisen geschehen kann, bietet indessen nichts bemerkenswerthes dar. Wir werden deswegen statt dieser Reduction diejenige zu einer Kraft und einem Kräftepaare betrachten, und erst zeigen, dass diese Reduction immer ausgeführt werden kann.

Es sei R die Kraft, X, Y, Z ihre Componenten, x, y, z die Coordinaten ihres Angriffspunktes, welcher willkürlich in der Richtung der Kraft angenommen werden kann; ferner $(S, -S)$ das Kräftepaar, $X_{,}, Y_{,}, Z_{,}$ die Componenten von S, $x_{,}, y_{,}, z_{,}$ die Coordinaten seines Angriffspunktes, $x_{,,}, y_{,,}, z_{,,}$ diejenigen des Angriffspunktes der Kraft $-S$, G das Moment des Paares (S, — S), L, M, N seine drei Componenten, so ist

$$L = Y_{,}(z_{,} - z_{,,}) - Z_{,}(y_{,} - y_{,,}),$$
$$M = Z_{,}(x_{,} - x_{,,}) - X_{,}(z_{,} - z_{,,}),$$
$$N = X_{,}(y_{,} - y_{,,}) - Y_{,}(x_{,} - x_{,,}).$$

Die gegebenen Kräfte sind mit der Kraft $-R$ und dem Paare $(-S, S)$ im Gleichgewicht. Die Bedingungsgleichungen des Gleichgewichts werden nun nach §. 23:

$$\Sigma X - X = o,$$
$$\Sigma Y - Y = o,$$
$$\Sigma Z - Z = o,$$

$$\Sigma(\mathrm{Yz} - \mathrm{Zy}) - (Yz - Zy) - \mathrm{L} = 0,$$
$$\Sigma(\mathrm{Zx} - \mathrm{Xz}) - (Zx - Xz) - \mathrm{M} = 0,$$
$$\Sigma(\mathrm{Xy} - \mathrm{Yx}) - (Xy - Yx) - \mathrm{N} = 0.$$

Hieraus findet man, dass

$$X = \Sigma\mathrm{X},\quad Y = \Sigma\mathrm{Y},\quad Z = \Sigma\mathrm{Z},$$
$$R = \sqrt{[(\Sigma\mathrm{X})^2 + (\Sigma\mathrm{Y})^2 + (\Sigma\mathrm{Z})^2]},$$
$$L = \Sigma(\mathrm{Yz} - \mathrm{Zy}) - (z\Sigma\mathrm{Y} - y\Sigma\mathrm{Z}),$$
$$M = \Sigma(\mathrm{Zx} - \mathrm{Xz}) - (x\Sigma\mathrm{Z} - z\Sigma\mathrm{X}),$$
$$N = \Sigma(\mathrm{Xy} - \mathrm{Yx}) - (y\Sigma\mathrm{X} - x\Sigma\mathrm{Y}),$$
$$G = \sqrt{\mathrm{L}^2 + \mathrm{M}^2 + \mathrm{N}^2}.$$

Der Wirkepunkt (x, y, z) der Resultantkraft ist willkürlich, seine Grösse und Neigung aber bestimmt. Die Grösse und Neigung des Resultantenpaares ist verschieden, je nachdem man der Resultantkraft verschiedene Stellungen im Raume giebt. Geht die Resultantkraft durch den Anfangspunkt der Coordinaten, so ist

$$Yz - Zy = 0,\quad Zx - Xz = 0,\quad Xy - Yx = 0,$$

und daher

$$L = \Sigma(\mathrm{Yz} - \mathrm{Zy}),$$
$$M = \Sigma(\mathrm{Zx} - \mathrm{Xz}),$$
$$N = \Sigma(\mathrm{Xy} - \mathrm{Yx}).$$

Alle auf einen festen Körper wirkenden beliebigen Kräfte können immer zu einer Kraft und einem Kräftepaare reducirt werden; die Componente der Kraft nach jeder der Coordinataxen ist der Summe der Componenten der gegebenen Kräfte nach derselben Axe gleich, und das Kräftepaar in Bezug auf jede der Coordinataxen ist der Summe der Momente der gegebenen Kräfte in Bezug auf diese Coordinataxe gleich, wenn der Anfangspunkt des Coordinatensystems irgendwo in der Richtung der Resultantkraft angenommen wird, oder, was einerlei ist, wenn die Resultantkraft durch den willkürlich gewählten Anfangspunkt der Coordinaten gehend angenommen wird.

§. 49.

Die in dem vorigen Paragraphen entwickelte Reduction der Kräfte zu einer Resultantkraft und zu einem Resultantenpaare, kann auch folgendermaassen geometrisch bewiesen werden. Es sei (Fig. 22)

P eine der gegebenen Kräfte, so kann man im Anfangspunkte des Coordinatensystems zwei mit P parallele, gleiche und einander entgegengesetzte Kräfte P und — P anbringen; hierdurch wird dann nichts gestört. Dies ist aber dasselbe, als hätte man die Kraft P vom Punkte B parallel mit sich selbst nach A versetzt, und durch diese Versetzung wird ein Kräftepaar (P, — P) am Arme AB gebildet, dessen Moment das Product der in B angebrachten Kraft P in seinem Abstande vom Punkte A ist. Dieses Moment wird das Moment der Kraft P in Bezug auf den Punkt A genannt. Die Kraft P in A kann jetzt in die drei Kräfte X, Y, Z nach den drei Coordinataxen, und das Kräftepaar (P, — P) nach §. 45 in die drei Seitenpaare Yz — Zy, Zx — Xz, Xy — Yx in Bezug auf die drei Coordinataxen zerlegt werden. Versetzt man auf diese Weise alle Kräfte nach A, zerlegt sie da, zerlegt auch alle durch die Versetzungen hervorgebrachten Paare, so wird man längs der drei Coordinataxen die Kräfte

$$\mathcal{X} = \Sigma X, \quad \mathcal{Y} = \Sigma Y, \quad \mathcal{Z} = \Sigma Z$$

und in den drei Coordinatenebenen die Kräftepaare

$$L = \Sigma(Yz - Zy), \quad M = \Sigma(Zx - Xz), \quad N = \Sigma(Xy - Yx)$$

erhalten, was mit den Resultaten des §. 49 übereinstimmt.

§. 50.

Im Allgemeinen bleibt man bei den Kräften $\mathcal{X}$, $\mathcal{Y}$, $\mathcal{Z}$ und den Paaren L, M, N stehen und setzt diese nicht wieder mit der Kraft R und dem Paare G zusammen. Die Gleichung $\mathcal{X} = \Sigma X = o$ drückt dann aus, dass der Körper nicht in der Richtung der x Axe, die Gleichung $\mathcal{Y} = \Sigma Y = o$, dass der Körper nicht in der Richtung der y Axe, die Gleichung $\mathcal{Z} = \Sigma Z = o$, dass der Körper nicht in der Richtung der z Axe bewegt wird; die Gleichung $L = \Sigma(Yz - Zy) = o$ besagt, dass der Körper nicht um die x Axe, die Gleichung $M = \Sigma(Zx - Xz) = o$, dass der Körper nicht um die y Axe, die Gleichung $N = \Sigma(Xy - Yx) = o$, dass der Körper nicht um die z Axe gedreht wird. Finden alle diese Gleichungen statt, so muss natürlich auch, wie vorher bewiesen, Gleichgewicht stattfinden, sonst aber nicht.

§. 51.

Wie wir §. 48 gesehen haben, können alle auf einen festen Körper wirkende Kräfte immer zu einer durch einen beliebigen Punkt (x, y, z) gehende Resultantkraft R, und zu einem Resultantenpaare G reducirt werden, und es sind diese durch die Gleichungen

$$X = \Sigma\mathrm{X},\quad Y = \Sigma\mathrm{Y},\quad Z = \Sigma\mathrm{Z},$$
$$R = \sqrt{X^2 + Y^2 + Z^2},$$
$$L = \Sigma(\mathrm{Yz} - \mathrm{Zy}) - (Yz - Zy),$$
$$M = \Sigma(\mathrm{Zx} - \mathrm{Xz}) - (Zx - Xz),$$
$$N = \Sigma(\mathrm{Xy} - \mathrm{Yx}) - (Xy - Yx),$$
$$G = \sqrt{L^2 + M^2 + N^2}$$

bestimmt.

Die Grössen x, y, z können willkürlich genommen werden, und das Resultantenpaar G wird eine davon abhängige Grösse und Lage erhalten. Es wird deswegen das Resultantenpaar in Bezug auf den Punkt (x, y, z) genannt. In Bezug auf die an verschiedenen Punkten derselben mit der Richtung der Resultantenkraft R parallele Linie wird aber G immer denselben Werth behalten. Man kann deswegen immer den willkürlichen Punkt (x, y, z) in einer alle Stellungen der Resultantenkraft R schneidenden Ebene annehmen, z. B. in einer durch den Anfangspunkt des Coordinatensystems in der auf der Richtung von R senkrechten Ebene. Es ist alsdann

$$Xx + Yy + Zz = 0.$$

Setzt man der Kürze wegen

$$\Sigma(\mathrm{Yz} - \mathrm{Zy}) = \mathrm{L},\quad \Sigma(\mathrm{Zx} - \mathrm{Xz}) = \mathrm{M},\quad \Sigma(\mathrm{Xy} - \mathrm{Yx}) = \mathrm{N},$$
$$\mathrm{L}^2 + \mathrm{M}^2 + \mathrm{N}^2 = \mathrm{G}^2,$$

so erhält man

$$L = \mathrm{L} - (Yz - Zy),$$
$$M = \mathrm{M} - (Zx - Xz),$$
$$N = \mathrm{N} - (Xy - Yx),$$
$$G^2 = L^2 + M^2 + N^2 = \mathrm{G}^2 + R^2(x^2 + y^2 + z^2)$$
$$- 2\mathrm{L}(Yz - Zy) - 2\mathrm{M}(Zx - Xz) - 2\mathrm{N}(Xy - Yx).$$

Unter den verschiedenen Werthen von G ist derjenige zu merken, welcher ein Minimum ist. Bezeichnet man die entsprechenden

Werthe von x, y, z durch $\mathfrak{x}$, $\mathfrak{y}$, $\mathfrak{z}$, so wird man die Gleichungen, wodurch diese Grössen bestimmt werden, erhalten, indem man $d_x G$, $d_y G$, $d_z G$ gleich Null setzt. Man erhält alsdann

$$
(1)\qquad \begin{aligned} R^2\mathfrak{x} &= MZ - NY, \\ R^2\mathfrak{y} &= NX - LZ, \\ R^2\mathfrak{z} &= LY - MX. \end{aligned}
$$

Unter diesen drei Gleichungen ist die eine von den beiden andern abhängig, und diese in Verbindung mit der Gleichung

$$X\mathfrak{x} + Y\mathfrak{y} + Z\mathfrak{z} = 0$$

bestimmen dann die Lage des Punktes $(\mathfrak{x}, \mathfrak{y}, \mathfrak{z})$ in der vom Anfangspunkte des Coordinatensystems in der Richtung von R senkrechten Ebene.

Aus den Gleichungen (1) findet man jetzt

$$
\begin{aligned}
Y\mathfrak{z} - Z\mathfrak{y} &= L - \frac{X}{R^2}(LX + MY + NZ), \\
Z\mathfrak{x} - X\mathfrak{z} &= M - \frac{Y}{R^2}(LX + MY + NZ), \\
X\mathfrak{y} - Y\mathfrak{x} &= N - \frac{Z}{R^2}(LX + MY + NZ).
\end{aligned}
$$

Bezeichnet man jetzt die dem Punkte $(\mathfrak{x}, \mathfrak{y}, \mathfrak{z})$ entsprechenden Werthe von G, L, M, N durch $\mathfrak{G}$, $\mathfrak{L}$, $\mathfrak{M}$, $\mathfrak{N}$, so werden

$$\mathfrak{L} = L - (Y\mathfrak{z} - Z\mathfrak{y}),\quad \mathfrak{M} = M - (Z\mathfrak{x} - X\mathfrak{z}),\quad \mathfrak{N} = N - (X\mathfrak{y} - Y\mathfrak{x}),$$

$$\mathfrak{G} = \sqrt{\mathfrak{L}^2 + \mathfrak{M}^2 + \mathfrak{N}^2},$$

oder, wenn man die obigen Werthe von $Y\mathfrak{z} - Z\mathfrak{y}$, $Z\mathfrak{x} - X\mathfrak{z}$, $X\mathfrak{y} - Y\mathfrak{x}$ substituirt

$$
\begin{aligned}
\mathfrak{L} &= \frac{X}{R} \cdot \frac{LX + MY + NZ}{R}, \\
\mathfrak{M} &= \frac{Y}{R} \cdot \frac{LX + MY + NZ}{R}, \\
\mathfrak{N} &= \frac{Z}{R} \cdot \frac{LX + MY + NZ}{R}, \\
\mathfrak{G} &= \frac{LX + MY + NZ}{R},
\end{aligned}
$$

$$\frac{\mathfrak{L}}{\mathfrak{G}} = \frac{X}{R},\quad \frac{\mathfrak{M}}{\mathfrak{G}} = \frac{Y}{R},\quad \frac{\mathfrak{N}}{\mathfrak{G}} = \frac{Z}{R}.$$

Aus den letzten drei Gleichungen geht hervor, dass das kleinste Resultantenpaar $\mathfrak{G}$ auf der durch den Punkt $(\mathfrak{x}, \mathfrak{y}, \mathfrak{z})$ gehenden Resultantkraft R senkrecht ist.

Multiplicirt man die Gleichungen (1) der Reihe nach respective mit L, M, N und addirt, so erhält man

$$\mathrm{L}\mathfrak{x} + \mathrm{M}\mathfrak{y} + \mathrm{N}\mathfrak{z} = o,$$

d. h. der Punkt $(\mathfrak{x}, \mathfrak{y}, \mathfrak{z})$, welcher in der durch den Anfangspunkt der Coordinaten in der Richtung von R senkrechten Ebene angenommen ist, liegt auch in der Ebene des Resultantenpaares G; er liegt folglich in der Linie, in welcher diese beiden Ebenen einander schneiden. Multiplicirt man die Gleichungen (1) der Reihe nach mit $\mathfrak{x}, \mathfrak{y}, \mathfrak{z}$ und addirt, so erhält man

$$R^2(\mathfrak{x}^2 + \mathfrak{y}^2 + \mathfrak{z}^2) = \mathrm{G}^2 - \mathfrak{G}^2,$$

und es wird daher der Abstand

$$\mathfrak{r} = \sqrt{\mathfrak{x}^2 + \mathfrak{y}^2 + \mathfrak{z}^2}$$

des Punktes $(\mathfrak{x}, \mathfrak{y}, \mathfrak{z})$ vom Anfangspunkte der Coordinaten

$$\mathfrak{r} = \frac{\sqrt{\mathrm{G}^2 - \mathfrak{G}^2}}{R},$$

wodurch dann die Lage der durch $(\mathfrak{x}, \mathfrak{y}, \mathfrak{z})$ mit R parallelen Linie völlig bestimmt ist. Alle Kräfte, welche auf den festen Körper wirken, können dann zu einer längs dieser Linie wirkenden Kraft $R = \sqrt{X^2 + Y^2 + Z^2}$ und zu einem auf dieser Linie senkrechten Kräftepaar $\mathfrak{G} = \frac{\mathrm{L}X + \mathrm{M}Y + \mathrm{N}Z}{R}$ zusammengesetzt werden, und das Kräftepaar hat in dieser Stellung seinen kleinsten Werth. Diese Lage der Resultantenkraft R, welche dann auch diejenige der Axe des Kräftepaares $\mathfrak{G}$ ist, wird die Centralaxe der gegebenen Kräfte genannt.

§. 52.

Multiplicirt man die Gleichungen (1) des vorigen Paragraphen respective mit x, y, z und addirt, so erhält man

$$R^2(\mathfrak{x}x + \mathfrak{y}y + \mathfrak{z}z) = \mathrm{L}(Yz - Zy) + \mathrm{M}(Zx - Xz) + \mathrm{N}(Xy - Yx).$$

Dieser Werth in die Formel des Kräftepaares in Bezug auf den Punkt (x, y, z) substituirt, giebt dann

$$\begin{aligned} G^2 &= \mathrm{G}^2 + R^2(x^2 + y^2 + z^2) - 2\mathrm{L}(Yz - Zy) - 2\mathrm{M}(Zx - Xz) \\ &\qquad - 2\mathrm{N}(Xy - Yx) \\ &= \mathrm{G}^2 + R^2(x^2 + y^2 + z^2) - 2R^2(\mathfrak{x}x + \mathfrak{y}y + \mathfrak{z}z) \\ &= \mathrm{G}^2 + R^2[(x - \mathfrak{x})^2 + (y - \mathfrak{y})^2 + (z - \mathfrak{z})^2] - R^2(\mathfrak{x}^2 + \mathfrak{y}^2 + \mathfrak{z}^2), \end{aligned}$$

oder
$$G^2 = \mathfrak{G}^2 + R^2 \mathrm{r}^2,$$
wenn $\mathrm{r} = \sqrt{[(x-\mathfrak{x})^2 + (y-\mathfrak{y})^2 + (z-\mathfrak{z})^2]}$ den Abstand des Punktes (x, y, z) von der Centralaxe bezeichnet.

Aus dieser Gleichung leuchtet dann auch ein, dass $\mathfrak{G}$ der kleinste Werth von G ist, und dass G für Punkte, welche gleiche Entfernung von der Centralaxe haben, gleiche Werthe hat.

Bezeichnet man durch φ den Winkel, welcher die Axe des Resultantenpaares G mit der Centralaxe bildet, so ist
$$\cos\varphi = \frac{LX + MY + NZ}{GR} = \frac{\mathrm{LX} + \mathrm{MY} + \mathrm{NZ}}{GR} = \frac{\mathfrak{G}}{G},$$
daher
$$\mathfrak{G} = \mathrm{G}\cos\varphi,$$
$$R\mathrm{r} = \mathrm{G}\sin\varphi.$$

Es ist G das Resultantenpaar des auf der Centralaxe senkrechten Kräftepaars $\mathfrak{G}$ und eines in der durch die Centralebene und den Punkt (x, y, z) gelegten Ebene wirkenden Kräftepaars, dessen Moment das Product der Kraft R mit dem Abstand des Punktes (x, y, z) von der Centralaxe ist.

§. 53.

Die in den beiden vorigen Paragraphen entwickelten Sätze lassen sich auch geometrisch folgender Weise darstellen. Es sei (Fig. 23) R die in irgend einem Punkte angebrachte Resultantkraft, G das Resultantenpaar in der Ebene MN wirkend. Man lege durch A eine Ebene ST senkrecht auf AR, durch den Durchschnitt AB beider Ebenen ST und MN und durch die Linie AR die Ebene UV. Man zerlege dann das Paar G in zwei Paare, $\mathfrak{G}$ in ST und $\mathfrak{G}'$ in UV wirkend. Die Kraft R und das Paar UV können nun nach §. 49 zu einer mit AR parallelen und gleichen Kraft zusammengesetzt werden, indem man R in der Ebene UV so weit und in eine solche Richtung nach C versetzt, dass das durch die Versetzung hervorgebrachte Paar $(R, -R)$ das Paar $\mathfrak{G}'$ aufhebt, folglich dass $\mathfrak{G}' = R.\mathrm{AC} = R.\mathrm{r}$. Es bleiben alsdann das Paar $\mathfrak{G}$ in ST und die Kraft R in C übrig, und CR ist folglich die Centralaxe der gegebenen Kräfte.

§. 54.

Weil $\mathfrak{G}$ der kleinste Werth von G ist, so muss, wenn die gegebenen Kräfte nur eine Resultantenkraft haben sollen, $\mathfrak{G} = 0$ sein, folglich

$$LX + MY + NZ = \mathrm{L}X + \mathrm{M}Y + \mathrm{N}Z = 0,$$

d. h. *das Resultantenpaar G in Bezug auf einen beliebigen Punkt (x, y, z) muss mit der durch diesen Punkt gehenden Resultantenkraft R immer in derselben Ebene liegen.*

Substituirt man die Werthe von L, M, N, so erhält man

$$\Sigma X . \Sigma(Yz - Zy) + \Sigma Y . \Sigma(Zx - Xz) + \Sigma Z . \Sigma(Xy - Yx) = 0,$$

was mit der im §. 36 entwickelten Bedingungsgleichung übereinstimmt.

Es folgt aus der obigen geometrischen Erklärung dieser Bedingungsgleichung, dass zwei Kräfte, welche nicht in derselben Ebene wirken, nie durch eine Resultantkraft ersetzt werden können. Denn es sei (Fig. 24) P die eine, Q die andere Kraft, AB eine auf beiden senkrechte Linie, also ihr kleinster Abstand. Man versetze Q von B nach A, so entsteht durch diese Versetzung ein Kräftepaar (Q, — Q) am Arme AB. Die Kräfte P und Q, in A wirkend, können nun zu einer Kraft R zusammengesetzt werden, und man behält alsdann diese Kraft und das Kräftepaar (Q, — Q) übrig. Der Neigungswinkel der Kraft R mit der Ebene des Paares ist PAQ, und dieser Winkel kann nie verschwinden, wenn nicht P gleich Null ist. Die Kraft R und das Paar (Q, — Q), und so auch die Kräfte P und Q, können daher nie durch eine Resultantenkraft ersetzt werden.

Die Kraft

$$R = \sqrt{[(\Sigma X)^2 + (\Sigma Y)^2 + (\Sigma Z)^2]},$$

längs der Centralaxe wirkend, wird die Mittelkraft des Systems, und das Kräftepaar

$$\mathfrak{G} = \frac{\Sigma X . \Sigma(Yz - Zy) + \Sigma Y . \Sigma(Zx - Xz) + \Sigma Z . \Sigma(Xy - Yx)}{\sqrt{[(\Sigma X)^2 + (\Sigma Y)^2 + (\Sigma Z)^2]}},$$

senkrecht auf der Centralaxe, wird das Mittelpaar des Systems genannt.

Cap. VI.

Centralpunkt, Centrallinie und Centralebene der Kräfte.

§. 55.

Wir werden jetzt die Bedingungen des Gleichgewichts eines festen Körpers und die Reduction der Kräfte suchen, wenn diese mit unveränderlichen Intensitäten in unveränderlichen Richtungen an ihren Angriffspunkten haften, in welcher Stellung sich der feste Körper auch befindet.

Wenn man den Körper nur parallel mit sich selbst fortschiebt, findet augenscheinlich keine Aenderung in der gegenseitigen Stellung des Körpers und der Kräfte statt. Man braucht daher nur die Drehung des Körpers um einen beliebigen Punkt, als welchen wir den Anfangspunkt der Coordinaten annehmen wollen, zu betrachten.

Um diese Drehung des Körpers in Formeln ausdrücken zu können, ziehe man durch den Anfangspunkt der Coordinaten drei auf einander senkrechte, im Körper feste, mit ihm aber im Raume bewegliche Axen u, v, w, und drei im Raume feste rechtwinklige Axen x, y, z. Es sei P eine der gegebenen Kräfte, x, y, z die Coordinaten des Angriffspunktes nach den im Raume festen Axen, u, v, w die Coordinaten desselben Punktes nach den im Körper festen Axen. Bezeichnet man durch ψ den Winkel, welchen die Durchschnittslinie der vw und yz Ebenen mit der z Axe bildet, durch φ den Winkel, welchen dieselbe Linie mit der w Axe bildet, und durch ϑ den Winkel, welchen die z und w Axe mit einander bilden, so wird, wie aus der analytischen Geometrie bekannt ist,

$$\begin{aligned} x &= u(-\sin\psi \sin\vartheta) + v(-\sin\varphi \cos\psi + \cos\varphi \sin\psi \cos\vartheta) \\ &\qquad + w(\cos\varphi \cos\psi + \sin\varphi \sin\psi \cos\vartheta), \\ y &= u(-\cos\psi \sin\vartheta) + v(\sin\varphi \sin\psi + \cos\varphi \cos\psi \cos\vartheta) \\ &\qquad + w(-\cos\varphi \sin\psi + \sin\varphi \cos\psi \cos\vartheta), \\ z &= u(\sin\varphi \sin\vartheta) + v(\cos\varphi \sin\vartheta) + w(\cos\vartheta). \end{aligned}$$

Die Bedingungsgleichungen des Gleichgewichts eines festen Körpers sind jetzt nach §. 23

$$\Sigma X = o, \quad \Sigma Y = o, \quad \Sigma Z = o,$$
$$\Sigma(Yz - Zy) = o, \quad \Sigma(Zx - Xz) = o, \quad \Sigma(Xy - Yx) = o.$$

Substituirt man in diese Gleichungen die Werthe von x, y, z und bemerkt, dass sie für jeden Werth von ψ, φ, ϑ stattfinden sollen, so erhält man die Gleichungen

$$\Sigma X = o, \quad \Sigma Y = o, \quad \Sigma Z = o, \quad \Sigma Xu = o, \quad \Sigma Xv = o, \quad \Sigma Xw = o,$$
$$\Sigma Yu = o, \quad \Sigma Yv = o, \quad \Sigma Yw = o, \quad \Sigma Zu = o, \quad \Sigma Zv = o, \quad \Sigma Zw = o.$$

Wenn die u, v, w Axen mit den x, y, z Axen zusammenfallen, sind $x = u$, $y = v$, $z = w$. Die Bedingungsgleichungen des Gleichgewichts eines festen Körpers bei jeder Stellung des Körpers, wenn die Kräfte immer mit unveränderlicher Intensität und in unveränderlichen Richtungen an ihren Angriffspunkten haften, sind

$$\Sigma X = o, \quad \Sigma Y = o, \quad \Sigma Z = o, \quad \Sigma Xx = o, \quad \Sigma Xy = o, \quad \Sigma Xz = o,$$
$$\Sigma Yx = o, \quad \Sigma Yy = o, \quad \Sigma Yz = o, \quad \Sigma Zx = o, \quad \Sigma Zy = o, \quad \Sigma Zz = o.$$

Finden diese Gleichungen bei irgend einer Stellung des Körpers statt, so werden sie auch für jede andere Stellung stattfinden und der Körper daher in jeder Lage im Gleichgewicht sein.

§. 56.

Finden dagegen nicht alle jene Gleichungen statt, so kann man immer eine oder mehrere neue Kräfte hinzufügen, welche das Gleichgewicht für jede Stellung des Körpers herstellen, wenn diese neuen Kräfte wie die übrigen immer mit unveränderlichen Intensitäten und in unveränderlichen Richtungen an ihren Angriffspunkten haften. Die Kräfte, welche diesen entgegengesetzt in denselben Angriffspunkten wirken, werden dann bei jeder Stellung des Körpers die gegebenen Kräfte ersetzen. Wir werden erst den Fall untersuchen, wenn nur eine solche neue Kraft nöthig ist. Es sei R diese Kraft, x, y, z die Coordinaten ihres Angriffspunktes, X, Y, Z ihre Componenten, so soll $-R$ immer die gegebenen Kräfte im Gleichgewicht halten, und es gehen daher nun die Gleichungen des vorigen Paragraphen in

$$\Sigma X - X = o, \quad \Sigma Xx - Xx = o, \quad \Sigma Xy - Xy = o, \quad \Sigma Xz - Xz = o,$$
$$\Sigma Y - Y = o, \quad \Sigma Yx - Yx = o, \quad \Sigma Yy - Yy = o, \quad \Sigma Yz - Yz = o,$$
$$\Sigma Z - Z = o, \quad \Sigma Zx - Zx = o, \quad \Sigma Zy - Zy = o, \quad \Sigma Zz - Zz = o,$$

über, woraus, wenn die Mittelkraft nicht Null ist, d. h. nicht zugleich $\Sigma X = 0$, $\Sigma Y = 0$, $\Sigma Z = 0$, die folgenden Bedingungsgleichungen hervorgehen

$$\frac{\Sigma Xx}{\Sigma X} = \frac{\Sigma Yx}{\Sigma Y} = \frac{\Sigma Zx}{\Sigma Z}, \quad \frac{\Sigma Xy}{\Sigma X} = \frac{\Sigma Yy}{\Sigma Y} = \frac{\Sigma Zy}{\Sigma Z}, \quad \frac{\Sigma Xz}{\Sigma X} = \frac{\Sigma Yz}{\Sigma Y} = \frac{\Sigma Zz}{\Sigma Z}.$$

Sind diese Bedingungsgleichungen erfüllt, so wird

$$X = \Sigma X, \quad Y = \Sigma Y, \quad Z = \Sigma Z, \quad x = \frac{\Sigma Xx}{\Sigma X}, \quad y = \frac{\Sigma Yy}{\Sigma Y}, \quad z = \frac{\Sigma Zz}{\Sigma Z}.$$

Der Punkt (x, y, z) wird alsdann der **Centralpunkt der gegebenen Kräfte** genannt.

Sind die Kräfte parallel und ihre Summe ΣP nicht gleich Null, so finden die obigen Bedingungsgleichungen immer statt. Bezeichnet man nämlich durch α, β, γ die Winkel, welche die Kräfte mit den drei Axen bilden, so wird

$$\frac{\Sigma Xx}{\Sigma X} = \frac{\cos\alpha\, \Sigma Px}{\cos\alpha\, \Sigma P} = \frac{\Sigma Px}{\Sigma P}, \quad \text{ebenso} \quad \frac{\Sigma Yx}{\Sigma Y} = \frac{\Sigma Px}{\Sigma P} \quad \text{u. s. w.}$$

Die Resultantkraft, welche bei jeder Stellung des Körpers die gegebenen Kräfte ersetzen kann, wird alsdann

$$R = \Sigma P,$$

und die Coordinaten ihres Angriffspunktes sind

$$x = \frac{\Sigma Px}{\Sigma P}, \quad y = \frac{\Sigma Py}{\Sigma P}, \quad z = \frac{\Sigma Pz}{\Sigma P},$$

was mit den Resultaten des §. 37 übereinstimmt. Der Punkt (x, y, z) wird dann der **Mittelpunkt der parallelen Kräfte** genannt.

§. 57.

Finden die Bedingungsgleichungen des vorigen Paragraphen nicht statt, so können sie nicht bei jeder Stellung des Körpers durch eine immer in demselben Punkte haftende Resultantkraft ersetzt werden. Suchen wir nun die Bedingungsgleichungen, wie die gegebenen Kräfte durch zwei neue Kräfte, oder was immer dasselbe ist, durch eine Kraft und ein Kräftepaar ersetzt werden können. Dass man statt zweier Kräfte eine Kraft und ein Kräftepaar annehmen kann, sieht man leicht ein, denn es seien (Fig. 24) P in A und Q in B die beiden Kräfte, so kann man sie immer bei jeder Stellung der Linie

AB auf eine Kraft R in A und auf ein Kräftepaar (Q, — Q), am Arme AB wirkend, reduciren.

Es sei jetzt R die ersetzende Kraft, X, Y, Z ihre Componenten, x, y, z die Coordinaten ihres Wirkepunktes, $\mathfrak{R}$ die Kraft des ersetzenden Paares, $\mathfrak{X}$, $\mathfrak{Y}$, $\mathfrak{Z}$ ihre Componenten, $\mathfrak{x}$, $\mathfrak{y}$, $\mathfrak{z}$ die Projectionen ihres Armes, x', y', z' die Coordinaten des Wirkepunktes der Kraft $\mathfrak{R}$, x'', y'', z'' diejenigen der Kraft $-\mathfrak{R}$, daher

$$\mathfrak{x} = x' - x'', \quad \mathfrak{y} = y' - y'', \quad \mathfrak{z} = z' - z'',$$

so werden die Bedingungsgleichungen, welche ausdrücken, dass die gegebenen Kräfte mit den neuen Kräften R, $\mathfrak{R}$, $-\mathfrak{R}$ im Gleichgewicht sind, nach §. 55

$$\begin{aligned}
\Sigma\mathrm{X} &= X, & \Sigma\mathrm{X}\mathrm{x} &= Xx + \mathfrak{X}\mathfrak{x}, & \Sigma\mathrm{X}\mathrm{y} &= Xy - \mathfrak{X}\mathfrak{y}, & \Sigma\mathrm{X}\mathrm{z} &= Xz - \mathfrak{X}\mathfrak{z},\\
\Sigma\mathrm{Y} &= Y, & \Sigma\mathrm{Y}\mathrm{x} &= Yx + \mathfrak{Y}\mathfrak{x}, & \Sigma\mathrm{Y}\mathrm{y} &= Yy + \mathfrak{Y}\mathfrak{y}, & \Sigma\mathrm{Y}\mathrm{z} &= Yz - \mathfrak{Y}\mathfrak{z},\\
\Sigma\mathrm{Z} &= Z, & \Sigma\mathrm{Z}\mathrm{x} &= Zx + \mathfrak{Z}\mathfrak{x}, & \Sigma\mathrm{Z}\mathrm{y} &= Zy + \mathfrak{Z}\mathfrak{y}, & \Sigma\mathrm{Z}\mathrm{z} &= Zz + \mathfrak{Z}\mathfrak{z}.
\end{aligned}$$

Eliminirt man hier zuerst die Grössen X, Y, Z, $\mathfrak{X}$, $\mathfrak{Y}$, $\mathfrak{Z}$, so erhält man

$$(1) \qquad \begin{aligned}
&\mathfrak{y}\Sigma\mathrm{X}\mathrm{x} - \mathfrak{x}\Sigma\mathrm{X}\mathrm{y} - (\mathfrak{y}x - \mathfrak{x}y)\Sigma\mathrm{X} = 0, \quad \mathfrak{z}\Sigma\mathrm{X}\mathrm{x} - \mathfrak{x}\Sigma\mathrm{X}\mathrm{z} - (\mathfrak{z}x - \mathfrak{x}z)\Sigma\mathrm{X} = 0,\\
&\mathfrak{y}\Sigma\mathrm{Y}\mathrm{x} - \mathfrak{x}\Sigma\mathrm{Y}\mathrm{y} - (\mathfrak{y}x - \mathfrak{x}y)\Sigma\mathrm{Y} = 0, \quad \mathfrak{z}\Sigma\mathrm{Y}\mathrm{x} - \mathfrak{x}\Sigma\mathrm{Y}\mathrm{z} - (\mathfrak{z}x - \mathfrak{x}z)\Sigma\mathrm{Y} = 0,\\
&\mathfrak{y}\Sigma\mathrm{Z}\mathrm{x} - \mathfrak{x}\Sigma\mathrm{Z}\mathrm{y} - (\mathfrak{y}x - \mathfrak{x}y)\Sigma\mathrm{Z} = 0, \quad \mathfrak{z}\Sigma\mathrm{Z}\mathrm{x} - \mathfrak{x}\Sigma\mathrm{Z}\mathrm{z} - (\mathfrak{z}x - \mathfrak{x}z)\Sigma\mathrm{Z} = 0.
\end{aligned}$$

Eliminirt man nun ferner die Grössen $(\mathfrak{y}x - \mathfrak{x}y)$ und $(\mathfrak{z}x - \mathfrak{x}z)$, so erhält man, wenn nicht die Mittelkraft Null ist,

$$\begin{aligned}
\mathfrak{y}[\Sigma\mathrm{Y}\Sigma\mathrm{X}\mathrm{x} - \Sigma\mathrm{X}\Sigma\mathrm{Y}\mathrm{x}] &= \mathfrak{x}[\Sigma\mathrm{Y}\Sigma\mathrm{X}\mathrm{y} - \Sigma\mathrm{X}\Sigma\mathrm{Y}\mathrm{y}],\\
\mathfrak{y}[\Sigma\mathrm{Z}\Sigma\mathrm{X}\mathrm{x} - \Sigma\mathrm{X}\Sigma\mathrm{Z}\mathrm{x}] &= \mathfrak{x}[\Sigma\mathrm{Z}\Sigma\mathrm{X}\mathrm{y} - \Sigma\mathrm{X}\Sigma\mathrm{Z}\mathrm{y}],\\
\mathfrak{z}[\Sigma\mathrm{Y}\Sigma\mathrm{X}\mathrm{x} - \Sigma\mathrm{X}\Sigma\mathrm{Y}\mathrm{x}] &= \mathfrak{x}[\Sigma\mathrm{Y}\Sigma\mathrm{X}\mathrm{z} - \Sigma\mathrm{X}\Sigma\mathrm{Y}\mathrm{z}],\\
\mathfrak{z}[\Sigma\mathrm{Z}\Sigma\mathrm{X}\mathrm{x} - \Sigma\mathrm{X}\Sigma\mathrm{Z}\mathrm{x}] &= \mathfrak{x}[\Sigma\mathrm{Z}\Sigma\mathrm{X}\mathrm{z} - \Sigma\mathrm{X}\Sigma\mathrm{Z}\mathrm{z}],
\end{aligned}$$

und hieraus endlich die zwei Bedingungsgleichungen

$$(2) \qquad \begin{aligned}
&\Sigma\mathrm{X}[\Sigma\mathrm{Y}\mathrm{x}\Sigma\mathrm{Z}\mathrm{y} - \Sigma\mathrm{Z}\mathrm{x}\Sigma\mathrm{Y}\mathrm{y}] + \Sigma\mathrm{Y}[\Sigma\mathrm{X}\mathrm{y}\Sigma\mathrm{Z}\mathrm{x} - \Sigma\mathrm{Z}\mathrm{y}\Sigma\mathrm{X}\mathrm{x}]\\
&\qquad + \Sigma\mathrm{Z}[\Sigma\mathrm{Y}\mathrm{y}\Sigma\mathrm{X}\mathrm{x} - \Sigma\mathrm{X}\mathrm{y}\Sigma\mathrm{Y}\mathrm{x}] = 0,\\
&\Sigma\mathrm{X}[\Sigma\mathrm{Y}\mathrm{x}\Sigma\mathrm{Z}\mathrm{z} - \Sigma\mathrm{Z}\mathrm{x}\Sigma\mathrm{Y}\mathrm{z}] + \Sigma\mathrm{Y}[\Sigma\mathrm{X}\mathrm{z}\Sigma\mathrm{Z}\mathrm{x} - \Sigma\mathrm{Z}\mathrm{z}\Sigma\mathrm{X}\mathrm{x}]\\
&\qquad + \Sigma\mathrm{Z}[\Sigma\mathrm{Y}\mathrm{y}\Sigma\mathrm{X}\mathrm{x} - \Sigma\mathrm{X}\mathrm{z}\Sigma\mathrm{Y}\mathrm{x}] = 0.
\end{aligned}$$

Sind diese Bedingungsgleichungen erfüllt, und nicht zugleich $\Sigma\mathrm{X} = 0$, $\Sigma\mathrm{Y} = 0$, $\Sigma\mathrm{Z} = 0$, und setzt man der Kürze wegen

$$\Sigma\mathrm{Y}\Sigma\mathrm{X}\mathrm{x} - \Sigma\mathrm{X}\Sigma\mathrm{Y}\mathrm{x} = S_x, \quad \Sigma\mathrm{Y}\Sigma\mathrm{X}\mathrm{y} - \Sigma\mathrm{X}\Sigma\mathrm{Y}\mathrm{y} = S_y,$$

$$\Sigma\mathrm{Y}\Sigma\mathrm{X}\mathrm{z} - \Sigma\mathrm{X}\Sigma\mathrm{Y}\mathrm{z} = S_z,$$

so findet man, wenn $\mathfrak{x}$ willkürlich angenommen wird,

$$\mathfrak{y} = \mathfrak{x} \cdot \frac{S_y}{S_x}, \quad \mathfrak{z} = \mathfrak{x} \cdot \frac{S_z}{S_x}.$$

Bezeichnet man durch λ, μ, ν die Winkel, welche der Arm ($\mathfrak{x}$, $\mathfrak{y}$, $\mathfrak{z}$) des Kräftepaares ($\mathfrak{R}$, $-\mathfrak{R}$) mit den Coordinataxen bildet, so wird

$$\cos\lambda = \frac{S_x}{\sqrt{S_x^2 + S_y^2 + S_z^2}}, \quad \cos\mu = \frac{S_y}{\sqrt{S_x^2 + S_y^2 + S_z^2}},$$

$$\cos\nu = \frac{S_z}{\sqrt{S_x^2 + S_y^2 + S_z^2}}.$$

Die Richtung dieser Linie ist folglich eine bestimmte und von dem willkürlichen Werth von $\mathfrak{x}$ unabhängig.

Setzt man ferner der Kürze willen

$$\Sigma Yy\,\Sigma Xx - \Sigma Xy\,\Sigma Yx = T_y, \quad \Sigma Yz\,\Sigma Xx - \Sigma Xz\,\Sigma Yx = T_z,$$

so erhält man aus den Gleichungen (1), wenn x willkürlich angenommen wird,

$$(3) \qquad y = x \cdot \frac{S_y}{S_x} + \frac{T_y}{S_x}, \quad z = x \cdot \frac{S_z}{S_x} + \frac{T_z}{S_x}.$$

Diese sind aber die Gleichungen einer mit dem Arme des Kräftepaars ($\mathfrak{R}$, $-\mathfrak{R}$) parallelen Linie, in welcher der Wirkepunkt der Kraft R willkürlich angenommen werden kann. Ihre Lage ist durch die Gleichungen (3) völlig bestimmt und im Körper fest; sie wird die Centrallinie des Systems genannt.

Die Kräfte X, Y, Z, $\mathfrak{X}$, $\mathfrak{Y}$, $\mathfrak{Z}$ werden durch die folgenden Gleichungen bestimmt:

$$X = \Sigma X, \quad Y = \Sigma Y, \quad Z = \Sigma Z,$$

$$\mathfrak{X} = \frac{\Sigma X x - x\Sigma X}{\mathfrak{x}}, \quad \mathfrak{Y} = \frac{\Sigma Y x - x\Sigma Y}{\mathfrak{x}}, \quad \mathfrak{Z} = \frac{\Sigma Z x - x\Sigma Z}{\mathfrak{x}}.$$

Wenn die Bedingungsgleichungen (2) der Centrallinie erfüllt sind, können die gegebenen Kräfte immer auf eine Kraft und auf ein Kräftepaar reducirt werden. Der Wirkepunkt der Kraft kann willkürlich in der Centrallinie gewählt werden, und die Kraft ist der Mittelkraft des Systems gleich und parallel; der Arm des Paares kann beliebig auf einer der Centrallinie parallelen Linie angenommen werden, und die Kraft des Paares bekommt eine von der willkürlich gewählten Länge des Arms und der Lage des Wirkepunkts der Kraft bestimmte Grösse.

Statt auf eine Kraft und auf ein Paar können die gegebenen Kräfte auch auf zwei Kräfte reducirt werden, deren Wirkepunkte dann willkürlich in der Centrallinie gewählt werden können. Die Componenten und Coordinaten der Wirkepunkte dieser Kräfte sind dann

$$X - \mathfrak{X},\ Y - \mathfrak{Y},\ Z - \mathfrak{Z},\ x, y, z,$$
$$\mathfrak{X}, \mathfrak{Y}, \mathfrak{Z},\ x + \mathfrak{x},\ y + \mathfrak{y},\ z + \mathfrak{z}.$$

Die Bedingungsgleichungen (2) werden erfüllt, wenn alle gegebenen Kräfte einer Ebene parallel sind, weil alsdann alle $Z = 0$.

§. 58.

Wenn die Mittelkraft Null ist, folglich $\Sigma X = 0$, $\Sigma Y = 0$, $\Sigma Z = 0$, so erhält man aus den Gleichungen (1) des vorigen Paragraphen die folgenden Bedingungsgleichungen

$$(1) \qquad \frac{\Sigma \mathfrak{X}\mathfrak{x}}{\Sigma \mathfrak{X}\mathfrak{y}} = \frac{\Sigma \mathfrak{Y}\mathfrak{x}}{\Sigma \mathfrak{Y}\mathfrak{y}} = \frac{\Sigma \mathfrak{Z}\mathfrak{x}}{\Sigma \mathfrak{Z}\mathfrak{y}},\quad \frac{\Sigma \mathfrak{X}\mathfrak{x}}{\Sigma \mathfrak{X}\mathfrak{z}} = \frac{\Sigma \mathfrak{Y}\mathfrak{x}}{\Sigma \mathfrak{Y}\mathfrak{z}} = \frac{\Sigma \mathfrak{Z}\mathfrak{x}}{\Sigma \mathfrak{Z}\mathfrak{z}}.$$

Eine der Projectionen des Armes, z. B. $\mathfrak{x}$, kann, wenn diese Bedingungsgleichungen erfüllt sind, willkürlich gewählt werden und man hat

$$\mathfrak{y} = \mathfrak{x} \cdot \frac{\Sigma \mathfrak{X}\mathfrak{y}}{\Sigma \mathfrak{X}\mathfrak{x}},\quad \mathfrak{z} = \mathfrak{x} \cdot \frac{\Sigma \mathfrak{X}\mathfrak{z}}{\Sigma \mathfrak{X}\mathfrak{x}},$$

ferner

$$X = 0,\quad Y = 0,\quad Z = 0,\quad \mathfrak{X} = \frac{\Sigma \mathfrak{X}\mathfrak{x}}{\mathfrak{x}},\quad \mathfrak{Y} = \frac{\Sigma \mathfrak{Y}\mathfrak{x}}{\mathfrak{x}},\quad \mathfrak{Z} = \frac{\Sigma \mathfrak{Z}\mathfrak{x}}{\mathfrak{x}}.$$

Die gegebenen Kräfte können immer durch ein Paar ersetzt werden, dessen Arm eine willkürliche Länge und Anfangspunkt gegeben werden kann, dessen Neigung aber bestimmt ist. Bezeichnet man wie vorher durch λ, μ, ν die Winkel, welche der Arm mit den drei Coordinataxen bildet, so ist

$$\cos\lambda = \frac{\Sigma \mathfrak{X}\mathfrak{x}}{\sqrt{(\Sigma \mathfrak{X}\mathfrak{x})^2 + (\Sigma \mathfrak{X}\mathfrak{y})^2 + (\Sigma \mathfrak{X}\mathfrak{z})^2}} = \frac{\Sigma \mathfrak{Y}\mathfrak{x}}{\sqrt{(\Sigma \mathfrak{Y}\mathfrak{x})^2 + (\Sigma \mathfrak{Y}\mathfrak{y})^2 + (\Sigma \mathfrak{Y}\mathfrak{z})^2}}$$
$$= \frac{\Sigma \mathfrak{Z}\mathfrak{x}}{\sqrt{(\Sigma \mathfrak{Z}\mathfrak{x})^2 + (\Sigma \mathfrak{Z}\mathfrak{y})^2 + (\Sigma \mathfrak{Z}\mathfrak{z})^2}},$$

$$\cos\mu = \frac{\Sigma Xy}{\sqrt{(\Sigma Xx)^2 + (\Sigma Xy)^2 + (\Sigma Xz)^2}} = \frac{\Sigma Yy}{\sqrt{(\Sigma Yx)^2 + (\Sigma Yy)^2 + (\Sigma Yz)^2}}$$
$$= \frac{\Sigma Zy}{\sqrt{(\Sigma Zx)^2 + (\Sigma Zy)^2 + (\Sigma Zz)^2}},$$
$$\cos\nu = \frac{\Sigma Xz}{\sqrt{(\Sigma Xx)^2 + (\Sigma Xy)^2 + (\Sigma Xz)^2}} = \frac{\Sigma Yz}{\sqrt{(\Sigma Yx)^2 + (\Sigma Yy)^2 + (\Sigma Yz)^2}}$$
$$= \frac{\Sigma Zz}{\sqrt{(\Sigma Zx)^2 + (\Sigma Zy)^2 + (\Sigma Zz)^2}}.$$

Die Bedingungsgleichungen (1) werden erfüllt, wenn die gegebenen Kräfte alle parallel sind, und weder eine Resultantkraft haben, noch im Gleichgewichte sind.

§. 59.

Sind keine der vorhergehenden Bedingungsgleichungen erfüllt, so können die Kräfte doch immer durch drei neue Kräfte, oder, was dasselbe ist, durch eine Kraft und zwei Kräftepaare ersetzt werden, den einzigen Fall ausgenommen, wenn die Mittelkraft Null ist.

Es sei R die ersetzende Kraft, X, Y, Z ihre Componenten, x, y, z die Coordinaten ihres Wirkepunktes, $\mathfrak{R}$ die Kraft des ersten ersetzenden Paares, $\mathfrak{X}$, $\mathfrak{Y}$, $\mathfrak{Z}$ ihre Componenten, $\mathfrak{x}$, $\mathfrak{y}$, $\mathfrak{z}$ die Projectionen ihres Armes, $\mathfrak{R}'$ die Kraft des zweiten ersetzenden Paares, $\mathfrak{X}'$, $\mathfrak{Y}'$, $\mathfrak{Z}'$ ihre Componenten, $\mathfrak{x}'$, $\mathfrak{y}'$, $\mathfrak{z}'$ die Projectionen ihres Armes. Die Bedingungsgleichungen, welche ausdrücken, dass die gegebenen Kräfte mit der Kraft $-R$ und mit den beiden Kräftepaaren $(-\mathfrak{R}, \mathfrak{R})$, $(-\mathfrak{R}', \mathfrak{R}')$ in fortwährendem Gleichgewicht sind, welche Stellung auch dem Körper gegeben wird, sind nach §. 55

$$\Sigma X = X, \quad \Sigma Y = Y, \quad \Sigma Z = Z,$$
$$\Sigma Xx = Xx + \mathfrak{X}\mathfrak{x} + \mathfrak{X}'\mathfrak{x}', \quad \Sigma Xy = Xy + \mathfrak{X}\mathfrak{y} + \mathfrak{X}'\mathfrak{y}', \quad \Sigma Xz = Xz + \mathfrak{X}\mathfrak{z} + \mathfrak{X}'\mathfrak{z}',$$
$$\Sigma Yx = Yx + \mathfrak{Y}\mathfrak{x} + \mathfrak{Y}'\mathfrak{x}', \quad \Sigma Yy = Yy + \mathfrak{Y}\mathfrak{y} + \mathfrak{Y}'\mathfrak{y}', \quad \Sigma Yz = Yz + \mathfrak{Y}\mathfrak{z} + \mathfrak{Y}'\mathfrak{z}',$$
$$\Sigma Zx = Zx + \mathfrak{Z}\mathfrak{x} + \mathfrak{Z}'\mathfrak{x}', \quad \Sigma Zy = Zy + \mathfrak{Z}\mathfrak{y} + \mathfrak{Z}'\mathfrak{y}', \quad \Sigma Zz = Zz + \mathfrak{Z}\mathfrak{z} + \mathfrak{Z}'\mathfrak{z}'.$$

Eliminirt man hier erst die Grössen $X, Y, Z, \mathfrak{X}, \mathfrak{Y}, \mathfrak{Z}, \mathfrak{X}', \mathfrak{Y}', \mathfrak{Z}'$ und setzt der Kürze wegen

$$\mathfrak{y}\mathfrak{z}' - \mathfrak{z}\mathfrak{y}' = \mathrm{u}, \quad \mathfrak{z}\mathfrak{x}' - \mathfrak{x}\mathfrak{z}' = \mathrm{v}, \quad \mathfrak{x}\mathfrak{y}' - \mathfrak{y}\mathfrak{x}' = \mathrm{w}, \quad \mathrm{u}x + \mathrm{v}y + \mathrm{w}z = \mathrm{s},$$

so wird
$$\mathrm{u}\Sigma Xx + \mathrm{v}\Sigma Xy + \mathrm{w}\Sigma Xz - \mathrm{s}\Sigma X = 0,$$
$$\mathrm{u}\Sigma Yx + \mathrm{v}\Sigma Yy + \mathrm{w}\Sigma Yz - \mathrm{s}\Sigma Y = 0,$$
$$\mathrm{u}\Sigma Zx + \mathrm{v}\Sigma Zy + \mathrm{w}\Sigma Zz - \mathrm{s}\Sigma Z = 0.$$

Setzt man jetzt der Kürze willen

$$\Sigma X(\Sigma Zz\,\Sigma Yy - \Sigma Yz\,\Sigma Zy) + \Sigma Y(\Sigma Zy\,\Sigma Xz - \Sigma Zz\,\Sigma Xy)$$
$$+ \Sigma Z(\Sigma Yz\,\Sigma Xy - \Sigma Yy\,\Sigma Xz) = U,$$
$$\Sigma X(\Sigma Yz\,\Sigma Zx - \Sigma Zz\,\Sigma Yx) + \Sigma Y(\Sigma Zz\,\Sigma Xx - \Sigma Zx\,\Sigma Xz)$$
$$+ \Sigma Z(\Sigma Yx\,\Sigma Xz - \Sigma Yx\,\Sigma Xx) = V,$$
$$\Sigma X(\Sigma Yx\,\Sigma Zy - \Sigma Zx\,\Sigma Yy) + \Sigma Y(\Sigma Zy\,\Sigma Xx - \Sigma Zx\,\Sigma Xy)$$
$$+ \Sigma Z(\Sigma Yx\,\Sigma Xy - \Sigma Yy\,\Sigma Xx) = W,$$
$$\Sigma Xx(\Sigma Zz\,\Sigma Yy - \Sigma Yz\,\Sigma Zy) + \Sigma Yx(\Sigma Zy\,\Sigma Xz - \Sigma Zz\,\Sigma Xy)$$
$$+ \Sigma Zx(\Sigma Yz\,\Sigma Xy - \Sigma Yy\,\Sigma Xz) = S,$$

so erhält man aus den vorigen Gleichungen, wenn nicht die Mittelkraft Null ist, d. h. wenn nicht zugleich $\Sigma X = o$, $\Sigma Y = o$, $\Sigma Z = o$,

$$\frac{u}{s} = \frac{U}{S}, \quad \frac{v}{s} = \frac{V}{S}, \quad \frac{w}{s} = \frac{W}{S}.$$

Nimmt man die Grössen x, y, $\mathfrak{x}$, $\mathfrak{y}$, $\mathfrak{x}'$, $\mathfrak{y}'$ willkürlich an, so findet man

$$\mathfrak{z} = -\frac{U\mathfrak{x} + V\mathfrak{y}}{W}, \quad \mathfrak{z}' = -\frac{U\mathfrak{x}' + V\mathfrak{y}'}{W}, \quad z = \frac{S - Ux - Vy}{W}.$$

Diese Gleichungen bezeichnen, dass der Punkt (x, y, z) willkürlich in einer Ebene gewählt werden kann, deren Gleichung

$$Ux + Vy + Wz = S$$

ist, und die beiden Arme, deren Projectionen $\mathfrak{x}$, $\mathfrak{y}$, $\mathfrak{z}$ und $\mathfrak{x}'$, $\mathfrak{y}'$, $\mathfrak{z}'$ sind, können beliebig dieser Ebene parallel angenommen werden. Diese Ebene wird die Centralebene der gegebenen Kräfte genannt, und ist im Körper fest. Die Kräfte X, Y, Z, $\mathfrak{X}$, $\mathfrak{Y}$, $\mathfrak{Z}$, $\mathfrak{X}'$, $\mathfrak{Y}'$, $\mathfrak{Z}'$ werden

$$X = \Sigma X, \quad Y = \Sigma Y, \quad Z = \Sigma Z,$$

$$\mathfrak{X} = \frac{\mathfrak{y}'\Sigma Xx - \mathfrak{x}'\Sigma Xy - (\mathfrak{y}'x - \mathfrak{x}'y)\Sigma X}{\mathfrak{x}\mathfrak{y}' - \mathfrak{y}\mathfrak{x}'},$$

$$\mathfrak{Y} = \frac{\mathfrak{y}'\Sigma Yx - \mathfrak{x}'\Sigma Yy - (\mathfrak{y}'x - \mathfrak{x}'y)\Sigma Y}{\mathfrak{x}\mathfrak{y}' - \mathfrak{y}\mathfrak{x}'},$$

$$\mathfrak{Z} = \frac{\mathfrak{y}'\Sigma Zx - \mathfrak{x}'\Sigma Zy - (\mathfrak{y}'x - \mathfrak{x}'y)\Sigma Z}{\mathfrak{x}\mathfrak{y}' - \mathfrak{y}\mathfrak{x}'},$$

$$\mathfrak{X}' = \frac{\mathfrak{x}\Sigma Xy - \mathfrak{y}\Sigma Xx - (\mathfrak{x}y - \mathfrak{y}x)\Sigma X}{\mathfrak{x}\mathfrak{y}' - \mathfrak{y}\mathfrak{x}'},$$

$$\mathfrak{Y}' = \frac{\mathfrak{x}\Sigma Yy - \mathfrak{y}\Sigma Yx - (\mathfrak{x}y - \mathfrak{y}x)\Sigma Y}{\mathfrak{x}\mathfrak{y}' - \mathfrak{y}\mathfrak{x}'},$$

$$\mathfrak{Z}' = \frac{\mathfrak{x}\Sigma Zy - \mathfrak{y}\Sigma Zx - (\mathfrak{x}y - \mathfrak{y}x)\Sigma Z}{\mathfrak{x}\mathfrak{y}' - \mathfrak{y}\mathfrak{x}'}.$$

Wenn die Mittelkraft nicht Null ist, können die gegebenen Kräfte immer zu einer Kraft und zu zwei Paaren reducirt werden. Der Wirkepunkt der Kraft kann beliebig in der Centralebene gewählt werden, und sie ist der Mittelkraft des Systems gleich und parallel; nimmt man die Arme der beiden Paare auf zwei der Centralebene parallelen Linien beliebig an, so wird die Grösse der Kräfte dieser Paare von der willkürlich gewählten Lage und Grösse der Arme und von der Lage des Wirkepunkts der Kraft abhängig.

Statt auf eine Kraft und auf zwei Paare können die gegebenen Kräfte auch auf drei Kräfte reducirt werden, deren Wirkepunkte überdies willkürlich in der Centralebene gewählt werden können. Die Componenten und Coordinaten der Wirkepunkte dieser Kräfte sind dann

$$X-\mathfrak{X}-\mathfrak{X}',\quad Y-\mathfrak{Y}-\mathfrak{Y}',\quad Z-\mathfrak{Z}-\mathfrak{Z}',\quad x,\ y,\ z,$$
$$\mathfrak{X},\ \mathfrak{Y},\ \mathfrak{Z},\quad x+\mathfrak{x},\quad y+\mathfrak{y},\quad z+\mathfrak{z},$$
$$\mathfrak{X}',\mathfrak{Y}',\mathfrak{Z}',\quad x+\mathfrak{x}',\quad y+\mathfrak{y}',\quad z+\mathfrak{z}'.$$

§. 60.

Unter den verschiedenen Lagen, welche man dem Wirkepunkt der Kraft und den Armen der beiden Paare geben kann, ist vorzüglich diejenige zu merken, welche so gewählt ist, dass jede Kraft auf der Richtung der anderen senkrecht steht und die Arme der beiden Paare auch auf einander senkrecht sind. Die Grössen x, y, $\mathfrak{x}$, $\mathfrak{y}$, $\mathfrak{x}'$, $\mathfrak{y}'$ müssen dann so gewählt werden, dass

$$X\mathfrak{X}+Y\mathfrak{Y}+Z\mathfrak{Z}=o,\quad X\mathfrak{X}'+Y\mathfrak{Y}'+Z\mathfrak{Z}'=o,\quad \mathfrak{X}\mathfrak{X}'+\mathfrak{Y}\mathfrak{Y}'+\mathfrak{Z}\mathfrak{Z}'=o,$$
$$\mathfrak{x}\mathfrak{x}'+\mathfrak{y}\mathfrak{y}'+\mathfrak{z}\mathfrak{z}'=o.$$

Substituirt man in die zwei ersten dieser Gleichungen die Werthe von X, Y, Z, $\mathfrak{X}$, $\mathfrak{Y}$, $\mathfrak{Z}$, $\mathfrak{X}'$, $\mathfrak{Y}'$, $\mathfrak{Z}'$, so erhält man

$$\mathfrak{y}'[\Sigma X\Sigma X\mathrm{x}+\Sigma Y\Sigma Y\mathrm{x}+\Sigma Z\Sigma Z\mathrm{x}]-\mathfrak{x}'[\Sigma X\Sigma X\mathrm{y}+\Sigma Y\Sigma Y\mathrm{y}+\Sigma Z\Sigma Z\mathrm{y}]$$
$$-(\mathfrak{y}'x-\mathfrak{x}'y)[(\Sigma X)^2+(\Sigma Y)^2+(\Sigma Z)^2]=o,$$
$$\mathfrak{y}[\Sigma X\Sigma X\mathrm{x}+\Sigma Y\Sigma Y\mathrm{x}+\Sigma Z\Sigma Z\mathrm{x}]-\mathfrak{x}[\Sigma X\Sigma X\mathrm{y}+\Sigma Y\Sigma Y\mathrm{y}+\Sigma Z\Sigma Z\mathrm{y}]$$
$$-(\mathfrak{y}x-\mathfrak{x}y)[(\Sigma X)^2+(\Sigma Y)^2+(\Sigma Z)^2]=o,$$

und hieraus

$$x=\frac{\Sigma X\Sigma X\mathrm{x}+\Sigma Y\Sigma Y\mathrm{x}+\Sigma Z\Sigma Z\mathrm{x}}{(\Sigma X)^2+(\Sigma Y)^2+(\Sigma Z)^2},\quad y=\frac{\Sigma X\Sigma X\mathrm{y}+\Sigma Y\Sigma Y\mathrm{y}+\Sigma Z\Sigma Z\mathrm{y}}{(\Sigma X)^2+(\Sigma Y)^2+(\Sigma Z)^2},$$

und wiederum

$$z = \frac{S - Ux - Vy}{W} = \frac{\Sigma X \Sigma Xz + \Sigma Y \Sigma Yz + \Sigma Z \Sigma Zz}{(\Sigma X)^2 + (\Sigma Y)^2 + (\Sigma Z)^2}.$$

Dieser Punkt (x, y, z) ist aber nun der Mittelpunkt aller mit der Mittelkraft parallelen Projectionen der gegebenen Kräfte. Denn es ist die Projection der im Punkte (x, y, z) wirkenden Kraft P: $\frac{X\Sigma X + Y\Sigma Y + Z\Sigma Z}{\sqrt{(\Sigma X)^2 + (\Sigma Y)^2 + (\Sigma Z)^2}}$, und folglich werden die Coordinaten des Mittelpunkts dieser Kräfte die obigen Werthe erhalten.

Dieser Punkt (x, y, z) wird der Mittelpunkt der Centralebene genannt.

Wir werden jetzt diesen Punkt x, y, z als Anfangspunkt der Coordinaten und den Körper in eine solche Stellung gedreht annehmen, dass die Centralebene mit der xy Ebene zusammenfällt. Wir nehmen ferner die Arme der beiden Paare in der Centralebene und senkrecht auf einander an; der erste Arm bilde einen Winkel u mit der x Axe, der zweite den Winkel $\frac{\pi}{2} + u$, so soll u jetzt so bestimmt werden, dass die Kräfte ($\mathfrak{X}$, $\mathfrak{Y}$, $\mathfrak{Z}$), ($\mathfrak{X}'$, $\mathfrak{Y}'$, $\mathfrak{Z}'$) senkrecht auf einander stehen, oder dass $\mathfrak{X}\mathfrak{X}' + \mathfrak{Y}\mathfrak{Y}' + \mathfrak{Z}\mathfrak{Z}' = 0$. Weil jetzt x, y, z gleich Null sind, geben die Formeln des vorigen Paragraphen

$$\mathfrak{X} = \frac{\mathfrak{y}'\Sigma Xx - \mathfrak{x}'\Sigma Xy}{\mathfrak{x}\mathfrak{y}' - \mathfrak{y}\mathfrak{x}'}, \quad \mathfrak{X}' = \frac{\mathfrak{x}\Sigma Xy - \mathfrak{y}\Sigma Xx}{\mathfrak{x}\mathfrak{y}' - \mathfrak{y}\mathfrak{x}'},$$

$$\mathfrak{Y} = \frac{\mathfrak{y}'\Sigma Yx - \mathfrak{x}'\Sigma Yy}{\mathfrak{x}\mathfrak{y}' - \mathfrak{y}\mathfrak{x}'}, \quad \mathfrak{Y}' = \frac{\mathfrak{x}\Sigma Yy - \mathfrak{y}\Sigma Xx}{\mathfrak{x}\mathfrak{y}' - \mathfrak{y}\mathfrak{x}'},$$

$$\mathfrak{Z} = \frac{\mathfrak{y}'\Sigma Zx - \mathfrak{x}'\Sigma Zy}{\mathfrak{x}\mathfrak{y}' - \mathfrak{y}\mathfrak{x}'}, \quad \mathfrak{Z}' = \frac{\mathfrak{x}\Sigma Zy - \mathfrak{y}\Sigma Xx}{\mathfrak{x}\mathfrak{y}' - \mathfrak{y}\mathfrak{x}'},$$

folglich

$$\mathfrak{X}\mathfrak{X}' + \mathfrak{Y}\mathfrak{Y}' + \mathfrak{Z}\mathfrak{Z}' = \frac{\mathfrak{x}\mathfrak{y}' + \mathfrak{y}\mathfrak{x}'}{\mathfrak{x}\mathfrak{y}' - \mathfrak{y}\mathfrak{x}'}[\Sigma Xx\Sigma Xy + \Sigma Yx\Sigma Yy + \Sigma Zx\Sigma Zy]$$

$$- \frac{\mathfrak{x}\mathfrak{x}'[(\Sigma Xx)^2 + (\Sigma Yx)^2 + (\Sigma Zx)^2] + \mathfrak{y}\mathfrak{y}'[(\Sigma Xy)^2 + (\Sigma Yy)^2 + (\Sigma Zy)^2]}{\mathfrak{x}\mathfrak{y}' - \mathfrak{y}\mathfrak{x}'}.$$

Es ist aber jetzt

$$\mathfrak{y} = \mathfrak{x} \tan u, \quad \mathfrak{y}' = -\mathfrak{x}' \cot u,$$

daher

$$\mathfrak{x}\mathfrak{y}' + \mathfrak{y}\mathfrak{x}' = \mathfrak{x}\mathfrak{x}'(\tan u - \cot u) = -2\mathfrak{x}\mathfrak{x}' \cot 2u,$$

$$\mathfrak{x}\mathfrak{x}' + \mathfrak{y}\mathfrak{y}' = \mathfrak{y}\mathfrak{y}'(1 - \tan u \cot u) = 0, \quad \mathfrak{y}\mathfrak{y}' = -\mathfrak{x}\mathfrak{x}'.$$

und

$$\mathfrak{X}\mathfrak{X}'+\mathfrak{Y}\mathfrak{Y}'+\mathfrak{Z}\mathfrak{Z}' = \frac{-\mathfrak{x}\mathfrak{x}'}{\mathfrak{x}\mathfrak{y}'-\mathfrak{y}\mathfrak{x}'}[2\,\mathrm{cotang}\,2u(\Sigma Xx\Sigma Xy+\Sigma Yx\Sigma Yy+\Sigma Zx\Sigma Zy)$$
$$+(\Sigma Xx)^2+(\Sigma Yx)^2+(\Sigma Zx)^2-(\Sigma Xy)^2-(\Sigma Yy)^2-(\Sigma Zy)^2].$$

Damit dieser Ausdruck Null werde, muss man u so wählen, dass

$$\mathrm{cotang}\,2u = \frac{(\Sigma Xy)^2+(\Sigma Yy)^2+(\Sigma Zy)^2-(\Sigma Xx)^2-(\Sigma Yx)^2-(\Sigma Zx)^2}{2(\Sigma Xx\Sigma Xy+\Sigma Yx\Sigma Yy+\Sigma Zx\Sigma Zy)}.$$

Zieht man durch den Mittelpunkt der Centralebene zwei mit den auf diese Weise bestimmten Richtungen der Arme parallele Linien, so werden diese die Mittellinien der Centralebene genannt.

§. 61.

Wenn die Mittelkraft Null ist, d. h. $\Sigma X = o$, $\Sigma Y = o$, $\Sigma Z = o$, so erhält man aus den Gleichungen (1) des §. 59 die folgende Bedingungsgleichung $S = o.$

Wenn diese Bedingungsgleichung erfüllt ist, findet man

$$\frac{u}{w} = \frac{\Sigma Xy\Sigma Yz-\Sigma Xz\Sigma Yy}{\Sigma Xx\Sigma Yy-\Sigma Xy\Sigma Yx},\quad \frac{v}{w} = \frac{\Sigma Xz\Sigma Yx-\Sigma Xx\Sigma Yz}{\Sigma Xx\Sigma Yy-\Sigma Xy\Sigma Yx}.$$

Zwischen den 6 Grössen $\mathfrak{x}$, $\mathfrak{y}$, $\mathfrak{z}$, $\mathfrak{x}'$, $\mathfrak{y}'$, $\mathfrak{z}'$ finden dann nur zwei Gleichungen statt. Nimmt man $\mathfrak{x}$, $\mathfrak{y}$, $\mathfrak{x}'$, $\mathfrak{y}'$ willkürlich, so findet man

$$\mathfrak{z} = -\mathfrak{x}\cdot\frac{u}{w}-\mathfrak{y}\cdot\frac{v}{w},\quad \mathfrak{z}' = -\mathfrak{x}'\frac{u}{w}-\mathfrak{y}'\cdot\frac{v}{w},$$

d. h. beide Arme müssen der Ebene

$$x(\Sigma Xy\Sigma Yz-\Sigma Xz\Sigma Yy)+y(\Sigma Xz\Sigma Yx-\Sigma Xx\Sigma Yz)$$
$$+z(\Sigma Xx\Sigma Yy-\Sigma Xy\Sigma Yx) = o$$

parallel sein, können aber mit beliebiger Grösse und Richtung angenommen werden. Für die Kräfte findet man ferner

$$X = o,\quad Y = o,\quad Z = o,$$

$$\mathfrak{X} = \frac{\mathfrak{y}'\Sigma Xx-\mathfrak{x}'\Sigma Xy}{\mathfrak{x}\mathfrak{y}'-\mathfrak{y}\mathfrak{x}'},\quad \mathfrak{Y} = \frac{\mathfrak{y}'\Sigma Yx-\mathfrak{x}'\Sigma Yy}{\mathfrak{x}\mathfrak{y}'-\mathfrak{y}\mathfrak{x}'},\quad \mathfrak{Z} = \frac{\mathfrak{y}'\Sigma Zx-\mathfrak{x}'\Sigma Zy}{\mathfrak{x}\mathfrak{y}'-\mathfrak{y}\mathfrak{x}'},$$

$$\mathfrak{X}' = \frac{\mathfrak{x}\Sigma Xy-\mathfrak{y}\Sigma Xx}{\mathfrak{x}\mathfrak{y}'-\mathfrak{y}\mathfrak{x}'},\quad \mathfrak{Y}' = \frac{\mathfrak{x}\Sigma Yy-\mathfrak{y}\Sigma Yx}{\mathfrak{x}\mathfrak{y}'-\mathfrak{y}\mathfrak{x}'},\quad \mathfrak{Z}' = \frac{\mathfrak{x}\Sigma Zy-\mathfrak{y}\Sigma Zx}{\mathfrak{x}\mathfrak{y}'-\mathfrak{y}\mathfrak{x}'}.$$

§. 62.

Wenn endlich die Mittelkraft Null ist, die Bedingungsgleichung $S = o$ aber nicht stattfindet, so können immer die gegebenen Kräfte auf drei Kräftepaare reducirt werden. Es seien $\mathfrak{X}$, $\mathfrak{Y}$, $\mathfrak{Z}$ die Componenten der Kraft, $\mathfrak{x}$, $\mathfrak{y}$, $\mathfrak{z}$ die Projectionen des Armes des ersten

Paares, $\mathfrak{X}'$, $\mathfrak{Y}'$, $\mathfrak{Z}'$ die Componenten der Kraft und $\mathfrak{x}'$, $\mathfrak{y}'$, $\mathfrak{z}'$ die Projectionen des Armes des zweiten Paares, $\mathfrak{X}''$, $\mathfrak{Y}''$, $\mathfrak{Z}''$ die Componenten der Kraft und $\mathfrak{x}''$, $\mathfrak{y}''$, $\mathfrak{z}''$ die Projectionen des Armes des zweiten Paares, so werden die Bedingungsgleichungen des §. 55

$$\Sigma Xx = \mathfrak{X}\mathfrak{x} + \mathfrak{X}'\mathfrak{x}' + \mathfrak{X}''\mathfrak{x}'', \quad \Sigma Xy = \mathfrak{X}\mathfrak{y} + \mathfrak{X}'\mathfrak{y}' + \mathfrak{X}''\mathfrak{y}'',$$
$$\Sigma Yx = \mathfrak{Y}\mathfrak{x} + \mathfrak{Y}'\mathfrak{x}' + \mathfrak{Y}''\mathfrak{x}'', \quad \Sigma Yy = \mathfrak{Y}\mathfrak{y} + \mathfrak{Y}'\mathfrak{y}' + \mathfrak{Y}''\mathfrak{y}'',$$
$$\Sigma Zx = \mathfrak{Z}\mathfrak{x} + \mathfrak{Z}'\mathfrak{x}' + \mathfrak{Z}''\mathfrak{x}'', \quad \Sigma Zy = \mathfrak{Z}\mathfrak{y} + \mathfrak{Z}'\mathfrak{y}' + \mathfrak{Z}''\mathfrak{y}'',$$
$$\Sigma Xz = \mathfrak{X}\mathfrak{z} + \mathfrak{X}'\mathfrak{z}' + \mathfrak{X}''\mathfrak{z}'',$$
$$\Sigma Yz = \mathfrak{Y}\mathfrak{z} + \mathfrak{Y}'\mathfrak{z}' + \mathfrak{Y}''\mathfrak{z}'',$$
$$\Sigma Zz = \mathfrak{Z}\mathfrak{z} + \mathfrak{Z}'\mathfrak{z}' + \mathfrak{Z}''\mathfrak{z}''.$$

Die Grössen $\mathfrak{x}$, $\mathfrak{y}$, $\mathfrak{z}$, $\mathfrak{x}'$, $\mathfrak{y}'$, $\mathfrak{z}'$, $\mathfrak{x}''$, $\mathfrak{y}''$, $\mathfrak{z}''$, d. h. die Grösse und Lage der Arme könne ganz willkürlich angenommen werden. Die Kräfte $\mathfrak{X}$, $\mathfrak{Y}$, $\mathfrak{Z}$, ... $\mathfrak{Z}''$ werden dann durch die folgenden Gleichungen bestimmt

$$\mathfrak{X} = \frac{\Sigma Xx(\mathfrak{z}''\mathfrak{y}' - \mathfrak{y}''\mathfrak{z}') + \Sigma Xy(\mathfrak{z}'\mathfrak{x}'' - \mathfrak{x}'\mathfrak{z}'') + \Sigma Xz(\mathfrak{x}'\mathfrak{y}'' - \mathfrak{y}'\mathfrak{x}'')}{\mathfrak{x}(\mathfrak{z}''\mathfrak{y}' - \mathfrak{y}''\mathfrak{z}') + \mathfrak{y}(\mathfrak{z}'\mathfrak{x}'' - \mathfrak{x}'\mathfrak{z}'') + \mathfrak{z}(\mathfrak{x}'\mathfrak{y}'' - \mathfrak{y}'\mathfrak{x}'')},$$
$$\mathfrak{Y} = \frac{\Sigma Yx(\mathfrak{z}''\mathfrak{y}' - \mathfrak{y}''\mathfrak{z}') + \Sigma Yy(\mathfrak{z}'\mathfrak{x}'' - \mathfrak{x}'\mathfrak{z}'') + \Sigma Yz(\mathfrak{x}'\mathfrak{y}'' - \mathfrak{y}'\mathfrak{x}'')}{\mathfrak{x}(\mathfrak{z}''\mathfrak{y}' - \mathfrak{y}''\mathfrak{z}') + \mathfrak{y}(\mathfrak{z}'\mathfrak{x}'' - \mathfrak{x}'\mathfrak{z}'') + \mathfrak{z}(\mathfrak{x}'\mathfrak{y}'' - \mathfrak{y}'\mathfrak{x}'')},$$

u. s. w.

§. 63.

Wir haben §. 60 gesehen, dass, wenn mehrere Kräfte auf einen Körper wirken und bei jeder Stellung, welche man dem Körper geben mag, in unveränderlichen Richtungen mit unveränderlichen Intensitäten an ihren Angriffspunkten haften, so können sie, wenn die Mittelkraft nicht Null ist, durch eine Kraft und zwei Kräftepaare ersetzt werden. Der Wirkepunkt der Kraft kann im Mittelpunkte der Centralebene gewählt werden, und diese Kraft ist der Mittelkraft des Systems gleich und parallel. Die Arme der beiden Paare können den Mittellinien parallel und mit beliebiger Länge angenommen werden. Die Kräfte dieser Paare sind dann auf einander und auf der Resultantkraft senkrecht. Bei jeder Stellung des Körpers können diese Paare zu einem Resultantenpaar reducirt werden, und durch Versetzen der Kraft in irgend einen Punkt der zu dieser Stellung gehörigen Centralaxe (§. 51) können wieder das Resultantenpaar und das durch die Versetzung hervorgebrachte Paar zu einem auf der Centralaxe senkrechten Kräftepaar zusammengesetzt werden. Dieses ist alsdann das bei dieser Stellung des Körpers möglichst kleinste Paar und gleich der Projection des ersten Resultantenpaares auf einer Ebene, welche senkrecht in der Richtung der Mittelkraft ist (§. 51).

Verändert man die Richtung des Körpers, so verändert sich auch die Lage dieser Centralaxe im Körper, so wie die Grösse des dazu gehörigen kleinsten Paares. Wir werden jetzt die Stellungen der Centralaxe suchen, wenn das kleinste Kräftepaar Null ist, und die Kräfte folglich zu einer Resultantenkraft reducirbar sind.

Statt aber wie bisher Alles auf die im Raume festen Coordinatenaxen zu beziehen, d. h. die Richtung der Kräfte als unveränderlich und die Lage des Körpers als drehbar zu betrachten, werden wir jetzt drei im Körper feste Axen zu Coordinataxen annehmen, und daher den Körper als fest, die Richtungen der Kräfte aber als veränderlich betrachten, doch so, dass die Kräfte fortwährend dieselben Winkel unter einander bilden, also immer dieselbe Stellung zu drei im Raume beweglichen Coordinatenaxen haben.

Nehmen wir jetzt als Anfangspunkt des im Körper festen Coordinatensystems den Mittelpunkt der Centralebene, die z Axe senkrecht auf derselben, die x und y Axe längs der beiden Mittellinien an, so wird, wenn wie vorher $\mathfrak{x}$, $\mathfrak{y}$, $\mathfrak{z}$ die Projectionen des Armes des ersten Paares, $\mathfrak{x}'$, $\mathfrak{y}'$, $\mathfrak{z}'$ diejenigen des zweiten bezeichnen,

$$\mathfrak{y} = 0, \quad \mathfrak{z} = 0, \quad \mathfrak{y}' = 0, \quad \mathfrak{z}' = 0.$$

Bezeichnet man ferner wie vorher durch $\mathfrak{X}$, $\mathfrak{Y}$, $\mathfrak{Z}$ die Componenten der Kraft $\mathfrak{R}$ des ersten Paares, durch $\mathfrak{X}'$, $\mathfrak{Y}'$, $\mathfrak{Z}'$ diejenigen der Kraft $\mathfrak{R}'$ des zweiten Paares, so wird nach §. 60

$$X = \Sigma X, \quad Y = \Sigma Y, \quad Z = \Sigma Z,$$

$$\mathfrak{X} = \frac{\Sigma Xx}{\mathfrak{x}}, \quad \mathfrak{Y} = \frac{\Sigma Yx}{\mathfrak{x}}, \quad \mathfrak{Z} = \frac{\Sigma Zx}{\mathfrak{x}}, \quad \mathfrak{X}' = \frac{\Sigma Xy}{\mathfrak{y}'}, \quad \mathfrak{Y}' = \frac{\Sigma Yy}{\mathfrak{y}'}, \quad \mathfrak{Z}' = \frac{\Sigma Zy}{\mathfrak{y}'}.$$

Die Componenten des Resultantenpaares der beiden gegebenen Kräftepaare werden, weil die Resultantenkraft im Anfangspunkt der Coordinaten angebracht ist,

$$\begin{aligned}
\mathrm{L} &= \mathfrak{Y}\mathfrak{z} + \mathfrak{Y}'\mathfrak{z}' - \mathfrak{Z}\mathfrak{y} - \mathfrak{Z}'\mathfrak{y}' = -\mathfrak{Z}'\mathfrak{y}',\\
\mathrm{M} &= \mathfrak{Z}\mathfrak{x} + \mathfrak{Z}'\mathfrak{x}' - \mathfrak{X}\mathfrak{z} - \mathfrak{X}'\mathfrak{z}' = \mathfrak{Z}\mathfrak{x},\\
\mathrm{N} &= \mathfrak{X}\mathfrak{y} + \mathfrak{X}'\mathfrak{y}' - \mathfrak{Y}\mathfrak{x} - \mathfrak{Y}'\mathfrak{x}' = \mathfrak{X}'\mathfrak{y}' - \mathfrak{Y}\mathfrak{x}.
\end{aligned}$$

Hieraus findet man alsdann nach §. 51 das kleinste Kräftepaar

$$\mathfrak{S} = \frac{X\mathrm{L} + Y\mathrm{M} + Z\mathrm{N}}{R} = \frac{\mathfrak{y}'(Z\mathfrak{X}' - X\mathfrak{Z}') + \mathfrak{x}(Y\mathfrak{Z} - Z\mathfrak{Y})}{R}.$$

Es ist jetzt identisch

$$\begin{aligned}
(Z\mathfrak{Y}' - \mathfrak{Z}'Y)\mathfrak{X}' + (X\mathfrak{Z}' - \mathfrak{X}'Z)\mathfrak{Y}' + (Y\mathfrak{X}' - \mathfrak{Y}'X)\mathfrak{Z}' &= 0,\\
(Z\mathfrak{Y}' - \mathfrak{Z}'Y)X + (X\mathfrak{Z}' - \mathfrak{X}'Z)Y + (Y\mathfrak{X}' - \mathfrak{Y}'X)Z &= 0.
\end{aligned}$$

Vergleicht man diese Gleichungen mit den folgenden

$$\mathfrak{X}\mathfrak{X}' + \mathfrak{Y}\mathfrak{Y}' + \mathfrak{Z}\mathfrak{Z}' = 0, \quad \mathfrak{X}X + \mathfrak{Y}Y + \mathfrak{Z}Z = 0,$$

so erhält man

$$Z\mathfrak{Y}' - \mathfrak{Z}'Y = \mathrm{m}\mathfrak{X}, \quad X\mathfrak{Z}' - \mathfrak{X}'Z = \mathrm{m}\mathfrak{Y}, \quad Y\mathfrak{X}' - \mathfrak{Y}'X = \mathrm{m}\mathfrak{Z},$$

wo m eine noch unbekannte Grösse ist. Werden die letzten Gleichungen quadrirt und addirt, so erhält man

$$\mathrm{m}^2(\mathfrak{X}^2 + \mathfrak{Y}^2 + \mathfrak{Z}^2) = (Z\mathfrak{Y}' - \mathfrak{Z}'Y)^2 + (X\mathfrak{Z}' - \mathfrak{X}'Z)^2 + (Y\mathfrak{X}' - \mathfrak{Y}'X)^2,$$

oder, durch eine leichte Reduction,

$$\mathrm{m}^2\mathfrak{R}^2 = \mathfrak{R}'^2R^2 - (X\mathfrak{X}' + Y\mathfrak{Y}' + Z\mathfrak{Z}')^2 = \mathfrak{R}'^2R^2,$$

weil

$$X\mathfrak{X}' + Y\mathfrak{Y}' + Z\mathfrak{Z}' = 0.$$

Hieraus findet man alsdann

$$\mathrm{m}^2 = \frac{\mathfrak{R}'^2R^2}{\mathfrak{R}^2}, \quad \mathrm{m} = \frac{\mathfrak{R}'R}{\mathfrak{R}},$$

$$Z\mathfrak{Y}' - \mathfrak{Z}'Y = \frac{\mathfrak{R}'R}{\mathfrak{R}}\mathfrak{X}, \quad X\mathfrak{Z}' - \mathfrak{X}'Z = \frac{\mathfrak{R}'R}{\mathfrak{R}}\mathfrak{Y}, \quad Y\mathfrak{X}' - \mathfrak{Y}'X = \frac{\mathfrak{R}'R}{\mathfrak{R}}\mathfrak{Z}.$$

Ebenso findet man

$$\mathfrak{Z}Y - Z\mathfrak{Y} = \frac{\mathfrak{R}R}{\mathfrak{R}'}\mathfrak{X}', \quad \mathfrak{X}Z - X\mathfrak{Z} = \frac{\mathfrak{R}R}{\mathfrak{R}'}\mathfrak{Y}', \quad \mathfrak{Y}X - Y\mathfrak{X} = \frac{\mathfrak{R}R}{\mathfrak{R}'}\mathfrak{Z}'.$$

Der vorher entwickelte Werth von $\mathfrak{S}$ kann daher auf die Form gebracht werden

$$\mathfrak{S} = \frac{\mathfrak{y}'(Z\mathfrak{X}' - X\mathfrak{Z}') + \mathfrak{x}(Y\mathfrak{Z} - Z\mathfrak{Y})}{R} = \mathfrak{x}\mathfrak{X}'\frac{\mathfrak{R}}{\mathfrak{R}'} - \mathfrak{y}'\mathfrak{Y}\frac{\mathfrak{R}'}{\mathfrak{R}}.$$

Bezeichnet man durch x, y, z die Coordinaten eines beliebigen Punktes der Centralaxe, so ist nach §. 51

$$Yz - Zy = \mathrm{L} - \frac{X\mathfrak{S}}{R}, \quad Zx - Xz = \mathrm{M} - \frac{Y\mathfrak{S}}{R}, \quad Xy - Yx = \mathrm{N} - \frac{Z\mathfrak{S}}{R}.$$

Soll jetzt das kleinste Paar $\mathfrak{G}$ Null sein, so wird die Lage der ersetzenden Kraft durch die folgenden Gleichungen bestimmt

$Yz - Zy = \mathrm{L} = -\mathfrak{Z}'\mathfrak{y}'$, $Zx - Xz = \mathrm{M} = \mathfrak{Z}\mathfrak{r}$, $Xy - Yx = \mathrm{N} = \mathfrak{X}'\mathfrak{y}' - \mathfrak{Y}\mathfrak{r}$,

von denen, vermöge der erfüllten Bedingung $\mathfrak{G} = 0$, die eine von den beiden andern abhängig ist. Diesen Gleichungen kann folgender Weise, unabhängig von der Richtung der Kräfte, Genüge geleistet werden. Man setze erst $\mathrm{x} = 0$, und erhält alsdann

$$Xz = -\mathfrak{Z}\mathfrak{r}, \quad Xy = \mathfrak{X}'\mathfrak{y}' - \mathfrak{Y}\mathfrak{r}.$$

Quadrirt man diese beide Gleichungen, dividirt die erste mit $\mathfrak{r}^2\mathfrak{R}^2 - \mathfrak{y}'^2\mathfrak{R}'^2$ und die zweite mit $\mathfrak{r}^2\mathfrak{R}^2$, addirt hierauf, so erhält man

$$X^2\left(\frac{y^2}{\mathfrak{r}^2\mathfrak{R}^2 - \mathfrak{y}'^2\mathfrak{R}'^2} + \frac{z^2}{\mathfrak{r}^2\mathfrak{R}^2}\right) = \frac{\mathfrak{r}^2(\mathfrak{Y}^2+\mathfrak{Z}^2) - 2\mathfrak{r}\mathfrak{y}'\mathfrak{X}'\mathfrak{Y} + \mathfrak{y}'^2\left(\frac{\mathfrak{X}'^2}{\mathfrak{R}'^2} - \frac{\mathfrak{Z}^2}{\mathfrak{R}^2}\right)\mathfrak{R}'^2}{\mathfrak{r}^2\mathfrak{R}^2 - \mathfrak{y}'^2\mathfrak{R}'^2}.$$

Es ist aber, weil die drei Kräfte R, $\mathfrak{R}$, $\mathfrak{R}'$ immer auf einander senkrecht stehen, die Summe der Quadraten der Cosinus, welche die x Axe mit diesen drei Kräften bildet, gleich 1, d. h.

$$\left(\frac{X}{R}\right)^2 + \left(\frac{\mathfrak{X}}{\mathfrak{R}}\right)^2 + \left(\frac{\mathfrak{X}'}{\mathfrak{R}'}\right)^2 = 1, \text{ und auch } \frac{\mathfrak{X}^2 + \mathfrak{Y}^2 + \mathfrak{Z}^2}{\mathfrak{R}^2} = 1,$$

daher

$$\mathfrak{Y}^2 + \mathfrak{Z}^2 = \mathfrak{R}^2\left[\left(\frac{X}{R}\right)^2 + \left(\frac{\mathfrak{X}'}{\mathfrak{R}'}\right)^2\right], \quad \frac{\mathfrak{X}'^2}{\mathfrak{R}'^2} - \frac{\mathfrak{Z}^2}{\mathfrak{R}^2} = \left(\frac{\mathfrak{Y}}{\mathfrak{R}}\right)^2 - \left(\frac{X}{R}\right)^2.$$

Ferner ist

$$\mathfrak{G}^2 = \mathfrak{r}^2\mathfrak{R}^2\left(\frac{\mathfrak{X}'}{\mathfrak{R}'}\right)^2 - 2\mathfrak{r}\mathfrak{y}'\mathfrak{X}'\mathfrak{Y} + \mathfrak{y}'^2\mathfrak{R}'^2\left(\frac{\mathfrak{Y}}{\mathfrak{R}}\right)^2 = 0.$$

Diese Werthe substituirt, geben alsdann leicht

$$\frac{y^2}{\mathfrak{r}^2\mathfrak{R}^2 - \mathfrak{y}'^2\mathfrak{R}'^2} + \frac{z^2}{\mathfrak{r}^2\mathfrak{R}^2} = \frac{1}{R^2}, \text{ während zugleich } x = 0.$$

Wird in die obigen Gleichungen die ersetzende Kraft $\mathrm{y} = 0$ gesetzt, so erhält man ebenso

$$\frac{x^2}{\mathfrak{y}'^2\mathfrak{R}'^2 - \mathfrak{r}^2\mathfrak{R}^2} + \frac{z^2}{\mathfrak{y}'^2\mathfrak{R}'^2} = \frac{1}{R^2}, \text{ während zugleich } y = 0.$$

Diese Gleichungen stellen im Allgemeinen zwei in den Mittelebenen befindliche Kegelschnitte dar, von denen einer eine Ellipse, der andere ein Hyperbel ist, weil von den Differenzen $\mathfrak{y}'^2\mathfrak{R}'^2 - \mathfrak{r}^2\mathfrak{R}^2$ und $\mathfrak{r}^2\mathfrak{R}^2 - \mathfrak{y}'^2\mathfrak{R}'^2$ die eine nothwendig positiv, die andere negativ ist. Die grosse Axe der Ellipse und die reelle der Hyperbel fallen in die z Axe, ihr Mittelpunkt in den Anfang der Coordinaten. Die Brennpunkte der einen fallen ferner mit den Scheiteln der andern zusammen. Wenn z. B. $\mathfrak{y}'\mathfrak{R}' > \mathfrak{r}\mathfrak{R}$, so wird die Ellipse in der xz-Ebene, die Hyperbel in der yz Ebene liegen. Für die Scheitel der Ellipse wird $x = 0$, $z = \pm \mathfrak{y}' \cdot \frac{\mathfrak{R}'}{R}$, für die Brennpunkte $x = 0$, $z = \pm \mathfrak{r} \cdot \frac{\mathfrak{R}}{R}$; für die Scheitel der Hyperbel $y = 0$, $z = \pm \mathfrak{r} \cdot \frac{\mathfrak{R}}{R}$, und für ihre Brennpunkte $y = 0$, $z = \pm \mathfrak{y}' \cdot \frac{\mathfrak{R}'}{R}$.

Die Ebenen der Hyperbel und der Ellipse, oder die durch die beiden Mittellinien senkrecht auf die Centralebene gelegten Ebenen, werden die Mittelebenen des Systems genannt.

Der hier entwickelte Satz, welcher zuerst vom Prof. F. Minding aufgestellt ist, lässt sich folgender Weise aussprechen:

Wenn die Kräfte eines beliebigen Systems, vorausgesetzt, dass ihre Mittelkraft nicht Null ist, bei jeder Stellung des Körpers immer mit unveränderlichen Intensitäten und in unveränderlichen Richtungen an ihren Angriffspunkten haften, und der Körper, was immer auf unzählige Arten geschehen kann, in solche Stellungen gebracht wird, in welchen die Kräfte sich durch eine einzige ersetzen lassen, so trifft die Richtung der ersetzenden Kraft immer im Körper eine Ellipse und eine Hyperbel, welche den Mittelpunkt der Centralebene zum gemeinschaftlichen Mittelpunkt haben, von denen die eine in der einen, die andere in der anderen der auf einander und auf der Centralebene senkrechten Mittelebenen liegt, und welche so mit einander verbunden sind, dass die Scheitel der einen mit den Brennpunkten der anderen zusammenfallen.

§. 64.

Wir werden jetzt die Bedingungen des Gleichgewichts und der Reduction der Kräfte suchen, wenn diese, wie vorher, mit unveränderlichen Intensitäten und in unveränderlichen Richtungen an ihren Angriffspunkten haften, der Körper aber nur um eine gegebene

Axe beliebig gedreht wird. Es sei diese die z Axe, so findet man ähnlicher Weise wie im §. 55 die folgenden Bedingungsgleichungen des Gleichgewichts

$$\Sigma X = o,\ \Sigma Y = o,\ \Sigma Z = o,\ \Sigma Xx + \Sigma Yy = o,\ \Sigma Xy - \Sigma Yx = o,$$
$$\Sigma Xz = o,\ \Sigma Yz = o,\ \Sigma Zx = o,\ \Sigma Zy = o.$$

Finden diese Bedingungsgleichungen statt, so wird der Körper bei jeder beliebigen Lage, um die z Axe gedreht, im Gleichgewicht sein.

§. 65.

Finden dagegen nicht alle jene Gleichungen statt, so können doch immer die Kräfte durch eine oder mehrere neue ersetzt werden. Suchen wir zuerst die Bedingungen, unter welchen die gegebenen Kräfte auf eine Kraft reducirt werden können. Es seien X, Y, Z die Componenten dieser Kraft, x, y, z die Coordinaten ihres Wirkepunktes, so wird

$$\Sigma X = X,\ \Sigma Y = Y,\ \Sigma Z = Z,$$
$$\Sigma Xx + \Sigma Yy = Xx + Yy,\ \Sigma Xy - \Sigma Yx = Xy - Yx,\ \Sigma Xz = Xz.$$
$$\Sigma Zx = Zx,\ \Sigma Yz = Yz,\ \Sigma Zy = Zy.$$

Durch Elimination der Grössen X, Y, Z, x, y, z erhält man, wenn die Mittelkraft nicht Null ist, die folgenden Bedingungsgleichungen

$$\Sigma Y \Sigma Xz - \Sigma X \Sigma Yz = o,$$
$$(\Sigma Z \Sigma Xx - \Sigma X \Sigma Zx) + (\Sigma Z \Sigma Yy - \Sigma Y \Sigma Zy) = o,$$
$$(\Sigma Z \Sigma Xy - \Sigma X \Sigma Zy) + (\Sigma Z \Sigma Yx - \Sigma Y \Sigma Zx) = o.$$

Wenn die Mittelkraft parallel mit der z Axe ist, wird man noch dazu die Bedingungsgleichungen

$$\Sigma Xz = o,\ \Sigma Yz = o \text{ haben.}$$

Wenn diese Bedingungen erfüllt sind, hat man

$$x = \frac{\Sigma Zx}{\Sigma Z} = \frac{\Sigma X(\Sigma Xx + \Sigma Yy) - \Sigma Y(\Sigma Xy - \Sigma Yx)}{(\Sigma X)^2 + (\Sigma Y)^2},$$
$$y = \frac{\Sigma Zy}{\Sigma Z} = \frac{\Sigma Y(\Sigma Xx + \Sigma Yy) + \Sigma X(\Sigma Xy - \Sigma Yx)}{(\Sigma X)^2 + (\Sigma Y)^2},$$
$$z = \frac{\Sigma Xz}{\Sigma X} = \frac{\Sigma Yz}{\Sigma Y}.$$

Die gegebenen Kräfte haben nun immer eine Resultantkraft, welche bei jeder Stellung des Körpers durch den Punkt (x, y, z)

geht. Dieser Punkt (x, y, z) wird dann der Centralpunkt der gegebenen Kräfte in Bezug auf die z Axe genannt.

Wenn die gegebenen Kräfte alle in der xy Ebene liegen, finden jene Bedingungsgleichungen immer statt. Denn es ist alsdann

$$Z = 0, \quad z = 0.$$

Der Centralpunkt kann in diesem besonderen Falle durch Construction folgender Weise gefunden werden. Es sei (Fig. 25) P in A wirkend die eine, Q in B wirkend die zweite Kraft. Man suche ihren Durchschnitt C, und lege durch die drei Punkte A, B, C einen Kreis. Es sei ferner AD die Richtung der Resultante R, so ist D der Centralpunkt der beiden Kräfte. Um dieses zu zeigen, kann man, anstatt das System der Punkte A, B, D zu drehen, die drei Kräfte P, Q, R um ihre respectiven Angriffspunkte drehen, so aber dass sie fortwährend dieselben Winkel unter einander bilden. Es sei alsdann EP′ die neue Richtung der gegebenen Kraft P, so muss EQ′ diejenige der Kraft Q und ER′ diejenige der Kraft R sein. Denn es ist $\angle ACD = \angle AED$, $\angle DCB = \angle DEB$, $\angle ACB = \angle AEB$. D ist folglich der Centralpunkt der zwei Kräfte P und Q. Auf dieselbe Weise kann man ferner den Centralpunkt der Resultante R und einer dritten Kraft u. s. f. construiren.

Man kann auch alle Kräfte parallel mit zwei auf einander senkrechten Axen zerlegen, die mit jeder Axe parallelen Kräfte auf eine Kraft im Mittelpunkte dieser parallelen Kräfte wirkend reduciren, und alsdann durch die obige Construction den Centralpunkt der beiden gefundenen Resultantkräfte suchen.

§. 66.

Untersuchen wir jetzt, wann die gegebenen Kräfte durch zwei neue Kräfte, oder, was dasselbe ist, durch eine Kraft und ein Kräftepaar ersetzt werden können. Es seien X, Y, Z die Componenten und x, y, z die Coordinaten des Wirkepunktes der ersetzenden Kraft, $\mathfrak{X}$, $\mathfrak{Y}$, $\mathfrak{Z}$ die Componenten der Kraft, $\mathfrak{x}$, $\mathfrak{y}$, $\mathfrak{z}$ die Projectionen des Arms des ersetzenden Paares, so wird

$$\Sigma X = X, \quad \Sigma Y = Y, \quad \Sigma Z = Z, \quad \Sigma Xx + \Sigma Yy = Xx + Yy + \mathfrak{X}\mathfrak{x} + \mathfrak{Y}\mathfrak{y},$$

$$\Sigma Xy - \Sigma Yx = Xy - Yx + \mathfrak{X}\mathfrak{y} - \mathfrak{Y}\mathfrak{x}, \quad \Sigma Xz = Xz + \mathfrak{X}\mathfrak{z},$$
$$\Sigma Yz = Yz + \mathfrak{Y}\mathfrak{z}, \quad \Sigma Zx = Zx + \mathfrak{Z}\mathfrak{x}, \quad \Sigma Zy = Zy + \mathfrak{Z}\mathfrak{y}.$$

Eliminirt man die sechs Grössen $X, Y, Z, \mathfrak{X}, \mathfrak{Y}, \mathfrak{Z}$, so erhält man

(1)

$$\mathfrak{x}(z\Sigma X - \Sigma Xz) + \mathfrak{y}(z\Sigma Y - \Sigma Yz) + \mathfrak{z}(\Sigma Xx + \Sigma Yy - x\Sigma X - y\Sigma Y) = 0,$$
$$\mathfrak{x}(\Sigma Yz - z\Sigma Y) + \mathfrak{y}(z\Sigma X - \Sigma Xz) + \mathfrak{z}(\Sigma Xy - \Sigma Yx - y\Sigma X + x\Sigma Y) = 0,$$
$$\mathfrak{x}(y\Sigma Z - \Sigma Zy) + \mathfrak{y}(\Sigma Zx - x\Sigma Z) = 0.$$

Wenn jetzt die Mittelkraft nicht Null ist, so werden diese Gleichungen immer erfüllt werden können, und man wird zwei der Coordinaten des Punktes (x, y, z) und eine Projection des Armes $(\mathfrak{x}, \mathfrak{y}, \mathfrak{z})$ willkürlich wählen können. Eliminirt man die Grössen $\mathfrak{x}, \mathfrak{y}, \mathfrak{z}$ und setzt der Kürze willen

$$\Sigma Z(\Sigma Y \Sigma Xz - \Sigma X \Sigma Yz) = A,$$
$$\Sigma Z[\Sigma X(\Sigma Xx + \Sigma Yy) + \Sigma Y(\Sigma Yx - \Sigma Xy)]$$
$$- \Sigma Zx[(\Sigma X)^2 + (\Sigma Y)^2] = B,$$
$$\Sigma Z[\Sigma X(\Sigma Yx - \Sigma Xy) - \Sigma Y(\Sigma Xx + \Sigma Yy)]$$
$$+ \Sigma Zy[(\Sigma X)^2 + (\Sigma Y)^2] = C,$$
$$\Sigma Z[\Sigma Yz(\Sigma Xx + \Sigma Yy) - \Sigma Xz(\Sigma Yx - \Sigma Xy)]$$
$$- \Sigma Xz(\Sigma Y \Sigma Zx + \Sigma X \Sigma Zy) + \Sigma Yz(\Sigma X \Sigma Zx - \Sigma Y \Sigma Zy) = D,$$
$$\Sigma Z[\Sigma Xz(\Sigma Xx + \Sigma Yy) - \Sigma Yz(\Sigma Yx - \Sigma Xy)]$$
$$+ \Sigma Xz(\Sigma X \Sigma Zx - \Sigma Y \Sigma Zy) + \Sigma Yz(\Sigma X \Sigma Zy - \Sigma Y \Sigma Zx) = E,$$
$$(\Sigma Xx + \Sigma Yy)(\Sigma X \Sigma Zy - \Sigma Y \Sigma Zx)$$
$$+ (\Sigma Yx - \Sigma Xy)(\Sigma X \Sigma Zx - \Sigma Y \Sigma Zy) = F,$$
$$(\Sigma Xx + \Sigma Yy)(\Sigma Xz \Sigma Zy - \Sigma Yz \Sigma Zx)$$
$$- (\Sigma Xy - \Sigma Yx)(\Sigma Yz \Sigma Zy + \Sigma Xz \Sigma Zx) = G,$$

so erhält man

$$(2) \quad A(x^2 + y^2) + Byz + Cxz + Dx + Ey - Fz + G = 0.$$

Dieses ist die Gleichung einer Fläche zweiter Ordnung, auf welcher der Wirkepunkt x, y, z willkürlich gewählt werden kann. Diese Fläche hat einen Mittelpunkt, dessen Coordinaten sind

$$\xi = \frac{2ACF - DB^2 + BCE}{2A(B^2 + C^2)}, \quad \eta = \frac{2ABF - C^2E + BCD}{2A(B^2 + C^2)}, \quad \zeta = -\frac{2AF + CD + BE}{B^2 + C^2}.$$

Weil eine der Projectionen des Armes $(\mathfrak{x}, \mathfrak{y}, \mathfrak{z})$ des Kräftepaares willkürlich angenommen werden kann, wird man diesen Arm einen beliebigen Anfangspunkt und eine beliebige Länge geben können. Wählt man zu einem Endpunkte des Armes den Punkt (x, y, z), und bezeichnet durch (x', y', z') denjenigen des zweiten, so ist $\mathfrak{x} = x' - x$, $\mathfrak{y} = y' - y$, $\mathfrak{z} = z' - z$. Substituirt man diese Werthe in die Gleichungen (1), so findet man, dass diese drei Gleichungen ganz symmetrisch in Bezug auf x, y, z und x', y', z' sind. Der zweite Endpunkt des Armes (x', y', z') liegt also auch in der Fläche (2), und folglich, weil die Länge des Armes willkürlich ist, der ganze Arm $(\mathfrak{x}, \mathfrak{y}, \mathfrak{z})$ in dieser Fläche. Die Fläche (2) ist ein windschiefes Hyperboloid, oder Hyperboloid mit einem Mantel. Der Wirkepunkt der ersetzenden Kraft kann willkürlich im Hyperboloid, und der Arm des ersetzenden Kräftepaares von willkürlicher Länge, aber parallel mit einer der durch den Wirkepunkt der Kraft gehenden erzeugenden Geraden des Hyperboloids angenommen werden.

Die Kräfte werden bestimmt durch die Gleichungen

$$X = \Sigma \mathrm{X}, \quad Y = \Sigma \mathrm{Y}, \quad Z = \Sigma \mathrm{Z},$$

$$\mathfrak{X} = \frac{\Sigma \mathrm{X} z - z \Sigma \mathrm{X}}{\mathfrak{z}}, \quad \mathfrak{Y} = \frac{\Sigma \mathrm{Y} z - z \Sigma \mathrm{Y}}{\mathfrak{y}}, \quad \mathfrak{Z} = \frac{\Sigma \mathrm{Z} x - x \Sigma \mathrm{Z}}{\mathfrak{x}}.$$

Statt die Kräfte auf eine Kraft und auf ein Kräftepaar, kann man sie auch auf zwei Kräfte reduciren, deren Wirkepunkte willkürlich in irgend einer der Lagen der einen, das Hyperboloid erzeugenden Geraden angenommen werden kann.

Wenn $\Sigma \mathrm{X} = 0$ und $\Sigma \mathrm{Y} = 0$, d. h. die Mittelkraft der z Axe parallel ist, verschwinden die Grössen A, B, C, F und die Gleichung (2) stellt alsdann eine der xy Ebene parallele Ebene dar.

§. 67.

Wenn die Mittelkraft Null ist, so erhält man die folgenden Gleichungen

$$\Sigma \mathrm{X} x + \Sigma \mathrm{Y} y = \mathfrak{X}\mathfrak{x} + \mathfrak{Y}\mathfrak{y}, \quad \Sigma \mathrm{X} y - \Sigma \mathrm{Y} x = \mathfrak{X}\mathfrak{y} - \mathfrak{Y}\mathfrak{x},$$

$$\Sigma \mathrm{X} z = \mathfrak{X}\mathfrak{z}, \quad \Sigma \mathrm{Y} z = \mathfrak{Y}\mathfrak{z}, \quad \Sigma \mathrm{Z} x = \mathfrak{Z}\mathfrak{x}, \quad \Sigma \mathrm{Z} y = \mathfrak{Z}\mathfrak{y},$$

und hieraus durch Elimination von $\mathfrak{X}, \mathfrak{Y}, \mathfrak{Z}, \mathfrak{x}, \mathfrak{y}, \mathfrak{z}$ die Bedingungsgleichung

$$(\Sigma \mathrm{X} x + \Sigma \mathrm{Y} y)(\Sigma \mathrm{X} z \Sigma \mathrm{Z} y - \Sigma \mathrm{Y} z \Sigma \mathrm{Z} x)$$
$$- (\Sigma \mathrm{X} y - \Sigma \mathrm{Y} x)(\Sigma \mathrm{Y} z \Sigma \mathrm{Z} y + \Sigma \mathrm{X} z \Sigma \mathrm{Z} x) = G = 0.$$

Wenn diese Gleichung erfüllt ist, findet man

$$\mathfrak{x} = \mathfrak{z} \cdot \frac{\Sigma Xz(\Sigma Xx + \Sigma Yy) - \Sigma Yz(\Sigma Xy - \Sigma Yx)}{(\Sigma Xz)^2 + (\Sigma Yz)^2},$$

$$\mathfrak{y} = \mathfrak{z} \cdot \frac{\Sigma Yz(\Sigma Xx + \Sigma Yy) + \Sigma Xz(\Sigma Xy - \Sigma Yx)}{(\Sigma Xz)^2 + (\Sigma Yz)^2},$$

$$\mathfrak{X} = \frac{\Sigma Xz}{\mathfrak{z}}, \quad \mathfrak{Y} = \frac{\Sigma Yz}{\mathfrak{z}}, \quad \mathfrak{Z} = \frac{\Sigma Zx}{\mathfrak{x}} = \frac{\Sigma Zy}{\mathfrak{y}}.$$

Die gegebenen Kräfte sind alsdann auf das Paar $[(\mathfrak{X}, \mathfrak{Y}, \mathfrak{Z}), -(\mathfrak{X}, \mathfrak{Y}, \mathfrak{Z})]$ reducirbar.

§. 68.

Wenn die Mittelkraft Null, die Bedingungsgleichung $G = 0$ aber nicht erfüllt ist, so werden die Kräfte doch immer durch zwei Kräftepaare ersetzt werden können. Bezeichnet man durch $\mathfrak{X}$, $\mathfrak{Y}$, $\mathfrak{Z}$ die Componenten der Kraft, durch $\mathfrak{x}$, $\mathfrak{y}$, $\mathfrak{z}$ die Projectionen des Armes des ersten Paares, durch $\mathfrak{X}'$, $\mathfrak{Y}'$, $\mathfrak{Z}'$ die Componenten der Kraft, durch $\mathfrak{x}'$, $\mathfrak{y}'$, $\mathfrak{z}'$ die Projectionen des Armes des zweiten Paares, so erhält man die Gleichungen

$$\Sigma Xx + \Sigma Yy = \mathfrak{X}\mathfrak{x} + \mathfrak{Y}\mathfrak{y} + \mathfrak{X}'\mathfrak{x}' + \mathfrak{Y}'\mathfrak{y}',$$

$$\Sigma Xy - \Sigma Yx = \mathfrak{X}\mathfrak{y} - \mathfrak{Y}\mathfrak{x} + \mathfrak{X}'\mathfrak{y}' - \mathfrak{Y}'\mathfrak{x}',$$

$$\Sigma Xz = \mathfrak{X}\mathfrak{z} + \mathfrak{X}'\mathfrak{z}', \quad \Sigma Yz = \mathfrak{Y}\mathfrak{z} + \mathfrak{Y}'\mathfrak{z}',$$

$$\Sigma Zx = \mathfrak{Z}\mathfrak{x} + \mathfrak{Z}'\mathfrak{x}', \quad \Sigma Zy = \mathfrak{Z}\mathfrak{y} + \mathfrak{Z}'\mathfrak{y}'.$$

Man kann daher alle die Grössen $\mathfrak{x}$, $\mathfrak{y}$, $\mathfrak{z}$, $\mathfrak{x}'$, $\mathfrak{y}'$, $\mathfrak{z}'$, d. h. die Grössen und Lagen der beiden Arme ganz willkürlich annehmen. Die Kräfte $\mathfrak{X}$, $\mathfrak{Y}$, $\mathfrak{Z}$, $\mathfrak{X}'$, $\mathfrak{Y}'$, $\mathfrak{Z}'$ werden nun durch die vorige Gleichung leicht bestimmt.

§. 69.

Ein Körper wird astatisch genannt, wenn er so befestigt ist, dass er in jeder Stellung, die er annehmen kann, im Gleichgewicht ist. Die Bedingungen, unter welchen ein ganz freier Körper astatisch ist, wenn die Kräfte mit unveränderlichen Intensitäten in unveränderlichen Richtungen an ihren Angriffspunkten haften, sind schon am Ende des §. 55 angeführt. Wir werden jetzt die Bedingungen entwickeln, unter welchen der Körper astatisch wird, wenn er einen festen Punkt oder eine feste Axe hat.

Hat der Körper einen festen Punkt, um welchen er beliebig gedreht werden kann, so wird er nur astatisch sein können, wenn das System von Kräften einen Centralpunkt hat, und dieser Punkt der befestigte Punkt ist. Hat der Körper eine feste Axe, um welche er beliebig gedreht werden kann, so wird er nur astatisch sein können, wenn der Centralpunkt der Projectionen der gegebenen Kräfte auf einer, die gegebene Axe rechtwinklig schneidenden Ebene in dieser Axe selbst liegt, oder wenn diese Projectionen selbst immer im Gleichgewicht sind (§. 64). Denn alle mit der Axe parallelen Componenten der Kräfte und alle bei dem Versetzen der auf der Axe senkrechten Componenten in eine Ebene entstandenen Kräftepaare werden von der festen Axe aufgehoben werden.

§. 70.

Wir werden jetzt die besonderen Stellungen des Körpers suchen, in welchen er um einen festen Punkt oder eine feste Axe im Gleichgewicht ist, wenn er nicht astatisch, d. h. in jeder Stellung im Gleichgewicht ist, und werden zuerst den Fall betrachten, wenn der Körper einen festen Punkt hat. Dem Körper muss alsdann eine solche Lage gegeben werden, dass die gegebenen Kräfte eine durch den festen Punkt gehende Resultantkraft haben.

Hat das System der gegebenen Kräfte einen Centralpunkt, so muss der Körper so lange um den festen Punkt gedreht werden, bis dieser Centralpunkt in der Richtung der durch den festen Punkt gezogenen Mittelkraft zu liegen kommt. Dieses giebt alsdann zwei einander genau entgegengesetzte Stellungen des Körpers.

Hat das System der gegebenen Kräfte eine Centrallinie, so kann man nach §. 57 die gegebenen Kräfte immer auf zwei in beliebigen Punkten dieser Linie wirkende Kräfte reduciren. Wenn jetzt die Mittelkraft nicht Null ist, so muss man, um Gleichgewicht hervorzubringen, erst den Körper so drehen, dass die Centrallinie in eine durch den festen Punkt gehende, mit den beiden Kräften parallele Ebene fällt. Alsdann fallen nämlich auch die beiden Kräfte in diese Ebene und können nun erst eine durch den festen Punkt gehende Resultante erhalten. Der Körper kann jetzt ferner um eine auf dieser Ebene senkrechte Axe gedreht werden. In Bezug auf diese Axe haben dann die beiden in jener auf der Axe senkrechten Ebene liegenden Kräfte einen Centralpunkt (§. 65), durch welchen die Resultante der beiden gegebenen Kräfte immer gehen muss; der Körper muss folglich, damit Gleichgewicht stattfinde, so gedreht werden, dass dieser Centralpunkt in die durch den festen Punkt gezogene Richtung der Mittelkraft fällt, welche nothwendig in der Ebene der beiden Kräfte liegen muss. Dieses giebt dann wieder zwei einander entgegengesetzte Stellungen des Gleichgewichts des Körpers.

Ist die Mittelkraft Null und folglich alle gegebenen Kräfte durch ein Kräftepaar ersetzt, dessen Arm von beliebiger Länge und Lage der Centrallinie parallel angenommen werden kann (§. 58), so muss man, um Gleichgewicht hervorzubringen, den Körper um den festen Punkt so drehen, dass die Centrallinie mit den Kräften des Paares parallel wird; alsdann werden der Arm und die Kräfte des Paares in eine gerade Linie fallen und das Moment des Paares Null sein. Dies giebt wieder zwei entgegengesetzte Stellungen des Körpers. Der als fest gegebene Punkt braucht in diesem Falle gar nicht fest zu sein, weil er keinen Druck auszuhalten hat.

Wir werden endlich annehmen, der Körper habe nur eine Centralebene und die Mittelkraft wäre nicht Null. Wir haben alsdann (§. 63) gesehen, dass, so oft die gegebenen Kräfte durch eine Resultantkraft ersetzt werden können, diese immer durch zwei in den beiden Mittelebenen liegende Kegelschnitte, eine Ellipse und eine Hyperbel, gehen müssen. Man ziehe also durch den festen Punkt eine diese beiden Kegelschnitte schneidende Gerade und drehe dann den Körper, bis diese Gerade mit der Richtung der Mittelkraft zusammenfällt. Die gesuchte Gleichgewichtslage des Körpers muss nun durch fernere Drehung um diese gerade Linie gefunden werden können.

Die Gleichgewichtslage wird nämlich stattfinden, wenn das mit der Resultantenkraft verbundene kleinste Paar $\mathfrak{G}$ gleich Null ist. Es ist aber nach §. 63

$$\mathfrak{G} = \mathfrak{x}\mathfrak{X}' \frac{\mathfrak{R}}{\mathfrak{R}'} - \mathfrak{y}'\mathfrak{Y} \frac{\mathfrak{R}'}{\mathfrak{R}},$$

wo $\mathfrak{r}$ die Länge des längs der einen Mittellinie liegenden Armes des einen Kräftepaares, $\mathfrak{y}'$ die Länge des längs der zweiten Mittellinie liegenden Armes des zweiten Paares, $\mathfrak{R}$ die Kraft des ersten, $\mathfrak{R}'$ diejenige des zweiten Paares, beide senkrecht auf einander und auf der Richtung der Mittelkraft, $\mathfrak{Y}$ die Projection der Kraft $\mathfrak{R}$, parallel mit dem Arme $\mathfrak{y}'$, $\mathfrak{X}'$ die der Kraft $\mathfrak{R}'$, parallel mit dem Arme $\mathfrak{r}$, ist. Legt man jetzt auf die durch den festen Punkt gehende Richtung der Mittelkraft, um welche als Umdrehungsaxe der Körper in die Gleichgewichtslage gedreht werden soll, eine senkrechte Ebene, so werden die beiden Kräfte $\mathfrak{R}$ und $\mathfrak{R}'$ dieser Ebene parallel sein. Ziehen wir daher durch jene Umdrehungen in dieser Ebene zwei den beiden Kräften parallele Linien, welche wir mit A und B bezeichnen werden; bezeichnen wir ferner durch C die Durchschnittslinie dieser Ebene mit der Centralebene, durch φ den Winkel, welchen die Linien A und C mit einander bilden, durch $\varphi + \frac{\pi}{2}$ den Winkel, welchen B und C mit einander bilden, durch ϑ den Winkel, welchen der Arm $\mathfrak{r}$ des ersten Paares mit C bildet, durch $\vartheta + \frac{\pi}{2}$ den Winkel, welchen der Arm $\mathfrak{y}'$ des zweiten Paares mit C bildet, durch λ den Winkel, welchen die Centralebene mit der Ebene der Linien A und B bildet, durch ψ den Winkel, welchen der Arm $\mathfrak{r}$ mit der Linie B, durch μ den Winkel, welchen der Arm $\mathfrak{y}'$ mit der Linie A bildet, so ist

$$\cos\mu = \cos\varphi\cos\left(\vartheta + \frac{\pi}{2}\right) - \sin\varphi\sin\left(\vartheta + \frac{\pi}{2}\right)\cos\lambda$$
$$= -\cos\varphi\sin\vartheta - \sin\varphi\cos\vartheta\cos\lambda,$$
$$\cos\psi = \cos\left(\varphi + \frac{\pi}{2}\right)\cos\vartheta - \sin\left(\varphi + \frac{\pi}{2}\right)\sin\vartheta\cos\lambda$$
$$= -\sin\varphi\cos\vartheta - \cos\varphi\sin\vartheta\cos\lambda,$$
$$\mathfrak{X}' = \mathfrak{R}'\cos\psi = -\mathfrak{R}'[\sin\varphi\cos\vartheta + \cos\varphi\sin\vartheta\cos\lambda],$$
$$\mathfrak{Y} = \mathfrak{R}\cos\mu = -\mathfrak{R}[\cos\varphi\sin\vartheta + \sin\varphi\cos\vartheta\cos\lambda],$$
$$\mathfrak{G} = \mathfrak{r}\mathfrak{X}'\frac{\mathfrak{R}}{\mathfrak{R}'} - \mathfrak{y}\mathfrak{Y}'\frac{\mathfrak{R}'}{\mathfrak{R}} = \sin\varphi[\mathfrak{y}\mathfrak{R}'\cos\vartheta\cos\lambda - \mathfrak{r}\mathfrak{R}\cos\vartheta]$$
$$+ \cos\varphi[\mathfrak{y}\mathfrak{R}'\sin\vartheta - \mathfrak{r}\mathfrak{R}\sin\vartheta\cos\lambda].$$

Während der Umdrehung um die durch den festen Punkt gehende

Richtung der Mittelkraft wird jetzt nur der Winkel φ verändert, und in der Gleichgewichtslage des Körpers wird $\mathfrak{G} = o$, oder

$$\tang \varphi = \frac{\mathfrak{x}\mathfrak{R} \sin \vartheta \cos \lambda - \mathfrak{y}\mathfrak{R}' \sin \vartheta}{\mathfrak{y}\mathfrak{R}' \cos \vartheta \cos \lambda - \mathfrak{x}\mathfrak{R} \cos \vartheta}.$$

Wenn dieser Werth für φ gegeben, wird $\mathfrak{G} = o$, und daher wird man alle die gegebenen Kräfte durch eine einzige durch den festen Punkt gehende Resultantkraft ersetzen können. Der Körper wird nun im Gleichgewicht sein.

Wenn die Mittelkraft Null ist und das System fortwährend eine Centralebene hat, so dass die gegebenen Kräfte nach §. 61 durch zwei Paare ersetzt werden können, deren Arme der Centralebene parallel sind, so muss man, um Gleichgewicht hervorzubringen, erst den Körper so drehen, dass diese Centralebene der Ebene der Kräfte der beiden Paare parallel wird. Alsdann liegen beide Paare in parallelen Ebenen, und können nach §. 67 bei fernerer Drehung um eine auf diesen Ebenen senkrechte Axe durch ein einziges Kräftepaar ersetzt werden. Der Körper wird jetzt um diese Axe gedreht, bis der Arm und die Kräfte dieses Paares in eine gerade Linie fallen.

Wenn endlich die Mittelkraft Null ist und das Sysem keine Centralebene hat (§. 62), so kann man in dem Punkt, um welchen der Körper gedreht wird, und welcher nicht fest zu sein braucht, zwei einander gleiche und entgegengesetzte Kräfte P und — P hinzufügen. Die Kraft P und die gegebenen Kräfte werden dann eine Centralebene haben, und der Körper kann um den gegebenen Punkt auf die vorher beschriebene Weise in eine solche Stellung gebracht werden, dass diese Kräfte sich auf eine durch den Punkt gehende Resultantkraft P reduciren lassen. Diese Kraft wird alsdann von — P aufgehoben und es findet folglich Gleichgewicht statt.

§. 71.

Wir werden jetzt den Fall betrachten, wenn der gegebene Körper eine feste Axe hat. Man lege eine Ebene senkrecht auf die Axe und zerlege jede der gegebenen Kräfte in zwei andere, die eine der Axe, die andere der Ebene parallel. Hierauf projicire man die sämmtlichen Angriffspunkte auf die Ebene und versetze die der Ebene parallelen Componenten jede an die Projection ihres Angriffspunktes (§. 49). Man erhält hierdurch ein System von der Axe parallelen Kräften, ein System von Kräftepaaren, welche durch die eben beschriebenen Versetzungen hervorgebracht und deren Arme alle der festen Axe parallel sind und daher in diese Axe versetzt werden können (§. 39), und endlich ein System von Kräften in der auf der Axe senkrechten Ebene. Alle die mit der Axe parallelen Kräfte und alle Kräftepaare werden jetzt von der festen Axe im Gleichgewicht gehalten, und es sind nur die in der auf der Axe senkrechten Ebene liegenden Kräfte zu betrachten. Alle diese Kräfte haben aber, wenn ihre Mittelkraft nicht Null ist, nach §. 65 einen Centralpnnkt in Bezug auf die feste Axe, und es ist, damit Gleichgewicht hervorgebracht werde, nur nöthig den Körper zu drehen, bis dieser Centralpunkt in die durch die feste Axe gezogene Richtung der Mittelkraft jener Kräfte fällt. Ist die Mittelkraft Null, so könnnn nach §. 67 diese Kräfte durch ein Kräftepaar ersetzt werden, und um Gleichgewicht hervorzubringen, muss der Körper um die feste Axe gedreht werden, bis der Arm und die Kraft dieses Paares in eine gerade Linie zusammenfallen.

§. 72.

Wir werden jetzt den allgemeinen Satz der virtuellen Geschwindigkeiten auf den Fall anwenden, wenn die Kräfte mit unveränderlichen Intensitäten und in unveränderlichen Richtungen an ihren Angriffspunkten haftend, auf ein System von mit einander durch irgend welche Verbindungsgleichungen verbundenen Punkten wirken, welchen Fall wir bisher nur bei festen Körpern betrachtet haben. Die allgemeine Gleichung des Gleichgewichts ist nach §. 18

$$d_t U = \Sigma(X d_t x + Y d_t y + Z d_t z) = o,$$

und diese Gleichùng soll für alle möglichen Bewegungen des Systems stattfinden. Weil jetzt die Kräfte mit unveränderlicher Intensität und in unveränderlichen Richtungen während aller Bewegungen wirken, so sind hier X, Y, Z als constant anzusehen, und es wird folglich, wenn Gleichgewicht stattfinden soll, die Grösse

$$U = \Sigma(Xx + Yy + Zz)$$

ein Maximum oder Minimum sein.

Sind die Kräfte alle parallel und die x Axe diesen parallel angenommen, und ist die Mittelkraft nicht Null, so werden $Y = o$, $Z = o$ und $U = \Sigma Xx$ im Zustande des Gleichgewichts ein Maximum oder Minimum sein. Es ist aber alsdann $x = \frac{\Sigma Xx}{\Sigma X}$ auch ein Maximum oder Minimum, d. h. *es liegt im Zustande des Gleichgewichts eines von parallelen Kräften angegriffenen Systems der Mittelpunkt der parallelen Kräfte so tief oder hoch wie möglich, von einer auf der Richtung der Kräfte senkrechten Ebene gerechnet.* Dieses ist z. B. der Fall bei der Kettenlinie.

Sind alle Kräfte einer Ebene, z. B. der xy Ebene, parallel, also alle $Z = o$ und fortwährend die Mittelkraft nicht Null, so wird $U = \Sigma(Xx + Yy)$ ein Maximum oder Minimum. Projicirt man aber alle Kräfte auf die Ebene xy, und bezeichnet die Coordinaten ihres Centralpunktes in dieser Ebene mit x und y, so ist nach §. 65

$$x = \frac{\Sigma X(\Sigma Xx + \Sigma Yy) - \Sigma Y(\Sigma Xy - \Sigma Yx)}{R^2},$$

$$y = \frac{\Sigma Y(\Sigma Xx + \Sigma Yy) - \Sigma X(\Sigma Xy - \Sigma Yx)}{R^2},$$

wo $R^2 = (\Sigma X)^2 + (\Sigma Y)^2$. Wird jetzt das Coordinatensystem so gewählt, dass die x Axe der Richtung von R parallel ist, so wird $\Sigma Y = o$,

$$x = \frac{\Sigma(Xx + \Sigma Yy)}{\Sigma X} = \frac{U}{\Sigma X} = \text{einem Maximum oder Minimum.}$$

Im Zustande des Gleichgewichts mehrerer mit einer Ebene parallelen Kräfte ist folglich der Abstand des Mittelpunkts der auf dieser Ebene projicirten Kräfte von einer auf der Richtung der Mittelkraft senkrechten unveränderlichen Ebene ein Maximum oder Minimum.

Nehmen wir fortwährend die x Axe der Richtung der Mittelkraft R, welche von Null verschieden angenommen wird, parallel an, und bezeichnen durch x und y die Coordinaten des Mittelpunktes der auf die xy Ebene projicirten Kräfte, so wird, weil $\Sigma Y = o$, $R = \Sigma X$,

$$x = \frac{\Sigma(Xx + Yy)}{R}, \quad y = \frac{\Sigma(Xy - Yx)}{R}.$$

Bezeichnet man durch x' und z' die Coordinaten des Mittelpunktes der auf die xz Ebene projicirten Kräfte, so wird ebenso

$$x' = \frac{\Sigma(Xx + Zz)}{R}, \quad z' = \frac{\Sigma(Xz - Zx)}{R}.$$

Bezeichnet man endlich durch x'', y'', z'' die Coordinaten des Mittelpunktes aller mit R parallelen Componenten der gegebenen Kräfte, so ist

$$x'' = \frac{\Sigma Xx}{R},$$

und es wird daher

$$U = \Sigma(Xx + Yy + Zz) = R(x + x' - x'') = Rx_{,},$$

wo $x_{,}$ die Abscisse des Mittelpunkts von drei in den Punkten (x, y, o), (x', o, z'), (x'', y'', z'') angebrachten gleichen und parallelen Kräften ist, unter denen die zwei ersten in derselben, die dritte in entgegengesetzter Richtung wirken. *Der Abstand dieses Mittelpunktes von einer auf der Richtung der Mittelkraft senkrechten Ebene wird folglich im Zustande des Gleichgewichts ein Maximum oder Minimum sein.*

Weil $\Sigma T ds = d_t U = R d_t x_{,} = o$, so wird, wenn die Mittelkraft R in jenem Mittelpunkte angebracht wird, die virtuelle Arbeit der Mittelkraft gleich der Summe der virtuellen Arbeiten der gegebenen Kraft und im Zustande des Gleichgewichts gleich Null.

Cap. VII.

Anwendung der Theorie des Mittelpunktes paralleler Kräfte auf schwere Körper.

§. 73.

Wenn die auf einen Körper wirkenden Kräfte diejenigen der Schwere sind, so sind diese unter einander parallel und jede derselben dem Massenelemente des Körpers, worauf sie wirken, proportional. Bezeichnet man durch M die Masse des Körpers, durch dM diejenige eines Elementes, dessen Coordinaten x, y, z sind, und durch x, y, z die Coordinaten des Mittelpunktes, welcher hier den besonderen Namen Schwerpunkt erhält, so wird nach §. 56

$$x = \frac{\Sigma Px}{\Sigma P} = \frac{\int x dM}{M}, \quad y = \frac{\Sigma Py}{\Sigma P} = \frac{\int y dM}{M}, \quad z = \frac{\Sigma Pz}{\Sigma P} = \frac{\int z dM}{M}.$$

Kennt man den Schwerpunkt der einzelnen Theile eines Körpers, so kann hierdurch der Schwerpunkt des ganzen Körpers gefunden werden. Es seien die Masse der einzelnen Theile m_1, m_2, ..., die Coordinaten ihrer Schwerpunkte x_1, y_1, z_1, x_2, y_2, z_2, ..., die Masse des ganzen Körpers $M = m_1 + m_2 + \ldots$, so wird nach §. 56

$$x = \frac{m_1 x_1 + m_2 x_2 + \ldots}{m_1 + m_2 + \ldots}, \quad y = \frac{m_1 y_1 + m_2 y_2 + \ldots}{m_1 + m_2 + \ldots}, \quad z = \frac{m_1 z_1 + m_2 z_2 + \ldots}{m_1 + m_2 + \ldots}.$$

Es folgt hieraus, dass, wenn die Schwerpunkte aller einzelnen Theile in einer geraden Linie oder in einer Ebene liegen, so wird auch der Schwerpunkt des ganzen Körpers in derselben Gerade oder in derselben Ebene liegen.

§. 74.

Wenn der Schwerpunkt einer Linie gesucht wird, dessen Dichtigkeit im Punkte (x, y, z) durch ϱ bezeichnet wird, so ist

$$dM = \varrho \sqrt{(dx)^2 + (dy)^2 + (dz)^2} = \varrho ds,$$

daher

$$x = \frac{\int \varrho x ds}{\int \varrho ds}, \quad y = \frac{\int \varrho y ds}{\int \varrho ds}, \quad z = \frac{\int \varrho z ds}{\int \varrho ds}.$$

Ist die Dichtigkeit ϱ überall gleich, so wird

$$x = \tfrac{1}{s}\int x ds, \quad y = \tfrac{1}{s}\int y ds, \quad z = \tfrac{1}{s}\int z ds.$$

Wenn die gegebene Linie durch Polarcoordinaten ausgedrückt ist, so wird

$$x = r \cos \vartheta, \quad y = r \sin \vartheta \cos \psi, \quad z = r \sin \vartheta \sin \psi,$$

$$r = \sqrt{x^2 + y^2 + z^2}, \quad ds = \sqrt{dr^2 + r^2 d\vartheta^2 + r^2 \sin^2 \vartheta d\psi^2},$$

wo r den Radius vector bezeichnet, ϑ den Winkel, welchen dieser mit der x Axe bildet, ψ den Winkel, welchen die durch r und der x Axe gelegte Ebene mit der xy Ebene bildet. Es wird alsdann

$$x = \frac{\int \varrho r \cos\vartheta \sqrt{dr^2 + r^2 d\vartheta^2 + r^2 \sin^2\vartheta d\psi^2}}{\int \varrho \sqrt{dr^2 + r^2 d\vartheta^2 + r^2 \sin^2\vartheta \delta\psi^2}},$$

$$y = \frac{\int \varrho r \sin\vartheta \cos\psi \sqrt{dr^2 + r^2 d\vartheta^2 + r^2 \sin^2\vartheta d\psi^2}}{\int \varrho \sqrt{dr^2 + r^2 d\vartheta^2 + r^2 \sin^2\vartheta d\psi^2}},$$

$$z = \frac{\int \varrho r \sin\vartheta \sin\psi \sqrt{dr^2 + r^2 d\vartheta^2 + r^2 \sin^2\vartheta d\psi^2}}{\int \varrho \sqrt{dr^2 + r^2 d\vartheta^2 + r^2 \sin^2\vartheta d\psi^2}}.$$

Beispiele.

1) Schwerpunkt einer geraden Linie. Die Gleichung einer geraden Linie ist $y = ax + b$, $z = a'x + b'$. Es wird daher, wenn die Linie überall gleichartig ist, und (x_1, y_1, z_1), (x_2, y_2, z_2) die Coordinaten der Endpunkte sind,

$$x = \frac{x_1^2 - x_2^2}{2(x_1 - x_2)} = \frac{x_1 + x_2}{2}, \quad y = \frac{y_1 + y_2}{2}, \quad z = \frac{z_1 + z_2}{2},$$

d. h. der Schwerpunkt fällt in die Mitte der geraden Linie, was auch von selbst augenscheinlich stattfinden muss.

Sucht man den Schwerpunkt des Umfangs eines Polygons, und bezeichnet durch (x_1, y_1, z_1), $(x_2, y_2, z_2) \ldots (x_n, y_n, z_n)$ die Coordinaten der Spitze, durch $l_1, l_2, \ldots l_n$ die Länge der Seiten, so dass l_p die Länge der zwischen (x_p, y_p, z_p) und $(x_{p+1}, y_{p+1}, z_{p+1})$ liegende Seite ist, so wird

$$x = \frac{l_1(x_1 + x_2) + l_2(x_2 + x_3) + \ldots l_n(x_n + x)}{2(l_1 + l_2 + \ldots l_n)},$$

$$y = \frac{l_1(y_1 + y_2) + l_2(y_2 + y_3) + \ldots l_n(y_n + y)}{2(l_1 + l_2 + \ldots l_n)},$$

$$z = \frac{l_1(z_1 + z_2) + l_2(z_2 + z_3) + \ldots l_n(z_n + z)}{2(l_1 + l_2 + \ldots l_n)},$$

Ist das gegebene Polygon ein Dreieck (Fig. 26), so kann der Schwerpunkt durch Construction folgender Weise gefunden werden. Es sei ABC das gegebene Dreieck, und die Seiten halbirt, so ist a der Schwerpunkt der Seite BC, b derjenige der Seite AC, c derjenige der Seite AB. Der Schwerpunkt des Umfanges des Dreiecks wird daher der Mittelpunkt der in a, b, c wirkenden parallelen Kräfte p, p', p'', deren jede gleich der zugehörigen Seite des Dreiecks ist. Um diesen Punkt zu finden, suche man zuerst den Mittelpunkt E der zwei Kräfte p und p'; es ist alsdann p : p' = bE : aE. Es ist aber auch p:p' = BC:AC = bc:ac, folglich bE:aE = bc:ac, und ∠bcE = ∠acE. Der Schwerpunkt des Umfanges muss also in der geraden Linie cE liegen, welche den Winkel acb halbirt. Ebenso findet man, dass er in der geraden Linie, welche den Winkel cab halbirt, liegt, folglich muss er im Punkte D liegen, welcher der Mittelpunkt des in abc eingeschriebenen Kreises ist.

3) **Schwerpunkt eines Kreisbogens.** Die Gleichungen mit Polarcoordinaten werden hier, weil r = constant, $\psi = o$ (Fig. 27),

$$x = \frac{r^2}{\text{arc. BAC}} \int_{-u}^{v} \cos\vartheta d\vartheta, \quad y = \frac{r^2}{\text{arc. BAC}} \int_{-u}^{v} \sin\vartheta d\vartheta.$$

Wenn AC = AB, u = v genommen wird, so ist arc. BAC = 2rv, und

$$x = \frac{2r^2 \sin v}{2rv} = \frac{r \sin v}{v}, \quad y = o.$$

4) **Schwerpunkt einer Parabel.** Man erhält den Schwerpunkt eines Parabelbogens AB (Fig. 28), wenn A der Scheitel der Parabel ist. Die Gleichung der Parabel ist

$$y^2 = 2px, \text{ folglich } ds = dx\sqrt{\frac{p+2x}{2x}} = \frac{dy}{p}\sqrt{p^2+y^2}.$$

Es wird daher

$$x = \frac{\int_o^x dx\sqrt{\frac{x(p+2x)}{2}}}{\int_o^x dx\sqrt{\frac{p+2x}{2x}}}, \quad y = \frac{\int_o^y y dy\sqrt{p^2+y^2}}{\int_o^y dy\sqrt{p^2+y^2}},$$

oder, wenn die Integrationen ausgeführt werden,

$$x = \frac{\frac{1}{2}(x+\frac{1}{4}p)\sqrt{x^2+\frac{1}{2}px} - \frac{p}{16}\log\text{nat}\left(\frac{\sqrt{2x}+\sqrt{p+2x}}{\sqrt{p}}\right)}{\frac{1}{2}\sqrt{x^2+\frac{1}{2}px} + \frac{p}{2}\log\text{nat}\left(\frac{\sqrt{2x}+\sqrt{p+2x}}{\sqrt{p}}\right)},$$

$$y = \frac{\frac{1}{3}\sqrt{p}(p+2x)^{\frac{3}{2}} - \frac{1}{3}p^2}{\frac{1}{2}\sqrt{x^2+\frac{1}{2}px} + \frac{p}{2}\log\text{nat}\left(\frac{\sqrt{2x}+\sqrt{p+2x}}{\sqrt{p}}\right)}.$$

5) Schwerpunkt einer Cycloide. Es sei ADB eine Cycloide, DG = x, GF = y, DF = s, CD = 2r, so ist

$$y = r\,\text{arc.}\left(\cos = \frac{r-x}{r}\right) + \sqrt{2rx - x^2}.$$

Setzt man jetzt $\frac{r-x}{r} = \cos\psi$, so wird

$$x = r(1 - \cos\psi) = 2r\sin^2\tfrac{1}{2}\psi, \quad y = r(\psi + \sin\psi),$$

$$ds = 2r\cos\tfrac{1}{2}\psi d\psi, \quad dy = r(1+\cos\psi)d\psi = 2r\cos^2\tfrac{1}{2}\psi d\psi.$$

Es wird also, weil mit $\psi = o$ auch $y = o$, $x = o$, $s = o$,

$$s = 4r\sin\tfrac{1}{2}\psi, \quad s^2 = 16r^2\sin^2\tfrac{1}{2}\psi = 8rx,$$

$$x = \frac{s^2}{8r}, \quad \cos^3\tfrac{1}{2}\psi = \frac{(16r^2 - 8rx)^{\frac{3}{2}}}{64r^3};$$

und ferner

$$\mathfrak{x} = \frac{\int x ds}{s} = \frac{\int s^2 ds}{8rs} = \frac{s^2}{24r} = \frac{x}{3},$$

$$\mathfrak{y} = \frac{\int y ds}{s} = \frac{ys - \int s dy}{s} = y - \frac{8r^2\int \sin\frac{1}{2}\psi\cos^2\frac{1}{2}\psi d\psi}{s}$$

$$= y - \frac{\frac{16}{3}r^2(1-\cos^3\frac{1}{2}\psi)}{s} = y - \frac{8r^2}{3\sqrt{2rx}} + \frac{(16r^2 - 8rx)^{\frac{3}{2}}}{24r\sqrt{2rx}}.$$

Wenn $\psi = \pi$, $x = 2r$, $y = \pi r$, $s = DA = 4r$, so wird

$$\mathfrak{x} = \tfrac{2}{3}r, \quad \mathfrak{y} = (\pi - \tfrac{4}{3})r.$$

Der Schwerpunkt der ganzen Cycloide ist im Punkte H, wo DH $= \frac{2}{3}r = \frac{1}{3}$DC.

6) Schwerpunkt der Kettenlinie. Die Gleichung der Kettenlinie ist nach §. 30

$$y = -\frac{X}{k} + \frac{1}{2}\frac{X}{k}\left(e^{\frac{kx}{X}} + e^{-\frac{kx}{X}}\right),$$

wenn der Anfangspunkt der Coordinaten im tiefsten Punkte der Kettenlinie angenommen wird. Wenn dieser Punkt auch als Anfangspunkt des gegebenen Bogen der Kettenlinie angenommen wird, ist

$$\mathfrak{x} = \frac{\int_0^x x\left(e^{\frac{kx}{X}} + e^{-\frac{kx}{X}}\right)dx}{\int_0^x \left(e^{\frac{kx}{X}} + e^{-\frac{kx}{X}}\right)dx}, \quad \mathfrak{y} = \frac{\int_0^x y\left(e^{\frac{kx}{X}} + e^{-\frac{kx}{X}}\right)dx}{\int_0^x \left(e^{\frac{kx}{X}} + e^{-\frac{kx}{X}}\right)dx}.$$

Es ist aber

$$\int_0^x x\left(e^{\frac{kx}{X}}+e^{-\frac{kx}{X}}\right)dx = \frac{Xx}{k}\left(e^{\frac{kx}{X}}-e^{-\frac{kx}{X}}\right)-\frac{X^2}{k^2}\left(e^{\frac{kx}{X}}-2+e^{-\frac{kx}{X}}\right)$$

$$= 2x\sqrt{y^2+\frac{2Xy}{k}}+\frac{2Xy}{k},$$

$$\int_0^x y\left(e^{\frac{kx}{X}}+e^{-\frac{kx}{X}}\right)dx = -\frac{X}{k}\int_0^x\left(e^{\frac{kx}{X}}+e^{-\frac{kx}{X}}\right)dx+\frac{1}{2}\frac{X}{k}\int_0^x\left(e^{\frac{2kx}{X}}+2+e^{-\frac{2kx}{X}}\right)dx$$

$$= -\frac{2X}{k}\sqrt{y^2+\frac{2Xy}{k}}+\frac{1}{4}\frac{X^2}{k^2}\left(e^{\frac{2kx}{X}}-e^{-\frac{2kx}{X}}\right)+\frac{Xx}{k}$$

$$= -\frac{2X}{k}\sqrt{y^2+\frac{2Xy}{k}}+\left(y+\frac{X}{k}\right)\sqrt{y^2+\frac{2Xy}{k}}+\frac{Xx}{k}$$

$$= \left(y-\frac{X}{k}\right)\sqrt{y^2+\frac{2Xy}{k}}+\frac{Xx}{k},$$

$$\int_0^x\left(e^{\frac{kx}{X}}+e^{-\frac{kx}{X}}\right)dx = 2\sqrt{y^2+\frac{2Xy}{k}} = s.$$

Es wird folglich

$$x = x-\frac{Xy}{\sqrt{ky(ky+2X)}} = x-\frac{Xy}{ks},$$

$$y = \tfrac{1}{2}y-\frac{X}{2k}+\frac{Xx}{2\sqrt{ky(ky+2X)}} = \tfrac{1}{2}y-\frac{X}{2k}+\frac{Xx}{2ks}.$$

§. 75.

Zwischen der Lage des Schwerpunktes einer ebenen krummen Linie und der Fläche, welche sie durch eine vollständige Umdrehung um eine beliebige gerade Linie in der Ebene der krummen Linie beschreibt, findet folgende Relation statt:

Der Flächenraum einer Umdrehungsfläche ist gleich dem Product der Länge der beschreibenden ebenen Linie mit dem Umkreise des vom Schwerpunkt der Linie beschriebenen Kreises.

Nimmt man die y Axe als Umdrehungsaxe an und bezeichnet wie früher durch x und y die Coordinaten des Schwerpunktes der beschreibenden Linie, so ist die Umdrehungsfläche $\Theta = 2\pi\int x ds$ $= 2\pi\frac{\int x ds}{s}\cdot s = 2\pi x s$. Es wird folglich auch $x = \frac{\Theta}{2\pi s}$.

Beispiel.

Die Oberfläche eines Umdrehungsellipsoids, dessen grosse Axe gleich a, die kleine gleich b ist, wird, wenn die Drehung um die grosse Axe stattgefunden hat,

$$\Theta = 2\pi b^2 + \frac{2\pi a^2 b}{\sqrt{a^2 - b^2}} \text{arc.}\left(\text{tang} = \frac{\sqrt{a^2 - b^2}}{b}\right),$$

oder, wenn man die Excentricität $\frac{\sqrt{a^2 - b^2}}{a}$ gleich e setzt,

$$\Theta = 2\pi b^2 + \frac{2\pi ab}{e} \text{arc.}\left(\text{tang} = \frac{ae}{b}\right).$$

Der Schwerpunkt der halben Ellipse auf der einen Seite der grossen Axe wird nun in der kleinen Axe liegen, in einem Abstand vom Mittelpunkte gleich

$$x = \frac{\Theta}{2\pi s},$$

wenn 2s die Länge der ganzen Ellipse bezeichnet. Es ist aber aus der analytischen Geometrie bekannt, dass

$$2s = 2a\pi\left[1 - (\tfrac{1}{2}e)^2 - \tfrac{1}{3}\left(\frac{1.3}{2.4}e^2\right)^2 - \tfrac{1}{5}\left(\frac{1.3.5}{2.4.6}e^3\right)^2 - \cdots\right].$$

Es wird folglich

$$x = \frac{b^2 + \frac{ab}{e} \text{arc.}\left(\text{tang} = \frac{ae}{b}\right)}{\pi a\left[1 - (\tfrac{1}{2}e)^2 - \tfrac{1}{3}\left(\frac{1.3}{2.4}e^2\right)^2 - \tfrac{1}{5}\left(\frac{1.3.5}{2.4.6}e^3\right)^2 - \cdots\right]}.$$

§. 76.

Wenn der Schwerpunkt einer Fläche gesucht wird, und die Dichtigkeit überall gleich ist, so wird

$$\frac{1}{\varrho}dM = dx\,dy\sqrt{1 + (d_x z)^2 + (d_y z)^2},$$

und folglich

$$x = \frac{\iint x\,dx\,dy\sqrt{1 + (d_x z)^2 + (d_y z)^2}}{\iint dx\,dy\sqrt{1 + (d_x z)^2 + (d_y z)^2}}, \quad y = \frac{\iint y\,dx\,dy\sqrt{1 + (d_x z)^2 + (d_y z)^2}}{\iint dx\,dy\sqrt{1 + (d_x z)^2 + (d_y z)^2}},$$

$$z = \frac{\iint z\,dx\,dy\sqrt{1 + (d_x z)^2 + (d_y z)^2}}{\iint dx\,dy\sqrt{1 + (d_x z)^2 + (d_y z)^2}}.$$

Ist die Fläche eben, so wird

$$x = \frac{\iint \mathrm{x\,dx\,dy}}{\iint \mathrm{dx\,dy}}, \quad y = \frac{\iint \mathrm{y\,dx\,dy}}{\iint \mathrm{dx\,dy}}.$$

Diese Formeln gelten auch für schiefe Coordinaten. Denn es seien $x', y', \mathrm{x}', \mathrm{y}'$ die schiefen Coordinaten, welche den rechtwinkligen Coordinaten $x, y, \mathrm{x}, \mathrm{y}$ entsprechen, und φ der Winkel der schiefen Axen, so ist

$$\mathrm{dM} = \mathrm{dx'dy'} \sin\varphi,$$

und, wenn die x und x' Axe zusammenfallen,

$$\mathrm{y} = \mathrm{y'} \sin\varphi,$$

daher

$$y = \frac{\iint \mathrm{y'dx'dy'} \sin^2\varphi}{\iint \mathrm{dx'dy'} \sin\varphi} = \sin\varphi \frac{\iint \mathrm{y'dx'dy'}}{\iint \mathrm{dx'dy'}}.$$

Es ist aber auch $y = y' \sin\varphi$, folglich

$$y' = \frac{\iint \mathrm{y'dx'dy'}}{\iint \mathrm{dx'dy'}}, \text{ und ebenso } x' = \frac{\iint \mathrm{x'dx'dy'}}{\iint \mathrm{dx'dy'}}.$$

Beispiele.

1) Schwerpunkt eines Paralleltrapezes. Es sei ABCD das Trapez, F und E die Mitten der parallelen Seiten. Man nehme F als Anfangspunkt des Coordinatensystems, FB als x Axe, FE als y Axe an, und setze der Kürze wegen AB = a, CD = b, EF = c, $\angle$EFA = φ, so ist, weil IG = GH = $\frac{a}{2} - \mathrm{GF} \cdot \frac{a-b}{2c}$,

$$\mathrm{x} = \pm\left(\mathrm{a} - \mathrm{y} \cdot \frac{\mathrm{a}-\mathrm{b}}{2\mathrm{c}}\right) \text{ und}$$

$$x = \frac{\int_0^c \left(\int_{-x}^{+x} \mathrm{x\,dx}\right)\mathrm{dy}}{\int_0^c \left(\int_{-x}^{+x} \mathrm{dx}\right)\mathrm{dy}}, \quad y = \frac{\int_0^c \left(\int_{-x}^{+x} \mathrm{dx}\right)\mathrm{y\,dy}}{\int_0^c \left(\int_{-x}^{+x} \mathrm{dx}\right)\mathrm{dy}}.$$

Es ist aber

$$\int_0^c \left(\int_{-x}^{+x} \mathrm{x\,dx}\right)\mathrm{dy} = 0,$$

$$\int_0^c \left(\int_{-x}^{+x} \mathrm{dx}\right)\mathrm{y\,dy} = \int_0^c \left(\mathrm{a} - \mathrm{y} \cdot \frac{\mathrm{a}-\mathrm{b}}{\mathrm{c}}\right)\mathrm{y\,dy} = \frac{\mathrm{ac}^2}{2} - \frac{(\mathrm{a}-\mathrm{b})\mathrm{c}^2}{3} = \frac{(\mathrm{a}+2\mathrm{b})\mathrm{c}^2}{6},$$

$$\int_0^c \left(\int_{-x}^{+x} dx \right) dy = \int_0^c \left(a - y \cdot \frac{a-b}{c} \right) dy = ac - \frac{(a-b)c}{2} = \frac{(a+b)c}{2},$$

folglich $x = o, \quad y = \frac{(a+2b)c}{3(a+b)}.$

Wenn O den Schwerpunkt bezeichnet, ist nun

$$FO = \frac{(a+2b)c}{3(a+b)}, \quad EO = c - FO = \frac{(2a+b)c}{3(a+b)},$$

$$FO : EO = (a+2b) : (2a+b) = \left(\frac{a}{2} + b\right) : \left(a + \frac{b}{2}\right).$$

Macht man $CK = \frac{1}{2}a = FB$, $BL = \frac{1}{2}b = ED$ und zieht KL, so ist der Schwerpunkt des Trapezes der Durchschnitt der Linien KL und EF.

2) Schwerpunkt eines Dreiecks. Setzt man in dem vorherstehenden Beispiel $CD = b = o$, so hat man ein Dreieck. Es wird alsdann $y = \frac{1}{3}c$, oder (Fig. 31) $FO = \frac{1}{3}CF$. — Dies folgt auch daraus, dass der Schwerpunkt in beiden Linien CF und AG liegen muss, welche von einer Spitze des Dreiecks zur Mitte der entgegengesetzten Seite gezogen sind. Auch wird man bemerken, dass die Dreiecke AOB, AOC, COB alle gleich gross werden, so wie, dass der Schwerpunkt des Dreiecks auch derjenige dreier gleich grossen Massen ist, deren Schwerpunkte in die drei Spitzen des Dreiecks fallen.

3) Schwerpunkt eines Ellipsensegments. Es sei (Fig. 32) AEB das gegebene Segment, C der Mittelpunkt der Ellipse. DE ‡ AB und FE durch die Mitte von AB gezogen seien die Coordinatenaxen; sie sind alsdann conjugirte Durchmesser. Die Gleichung der Ellipse ist, wenn $CE = a$, $CD = b$,

$$\frac{x^2}{a^2} + \frac{y^2}{b^2} = 1, \quad y = \pm \frac{b}{a}\sqrt{a^2 - x^2}.$$

Setzt man $CG = c$, so ist

$$x = \frac{\int_c^a \left(\int_{-\frac{b}{a}\sqrt{a^2-x^2}}^{+\frac{b}{a}\sqrt{a^2-x^2}} dy \right) x dx}{\int_c^a \left(\int_{-\frac{b}{a}\sqrt{a^2-x^2}}^{+\frac{b}{a}\sqrt{a^2-x^2}} dy \right) dx}; \quad y = \frac{\int_c^a \left(\int_{-\frac{b}{a}\sqrt{a^2-x^2}}^{+\frac{b}{a}\sqrt{a^2-x^2}} y dy \right) dx}{\int_c^a \left(\int_{-\frac{b}{a}\sqrt{a^2-x^2}}^{+\frac{b}{a}\sqrt{a^2-x^2}} dy \right) dx}.$$

Es ist aber

$$\int_c^a\left(\int_{-\frac{b}{a}\sqrt{a^2-x^2}}^{+\frac{b}{a}\sqrt{a^2-x^2}}dy\right)xdx = \frac{2b}{a}\int_c^a x\sqrt{a^2-x^2}\,dx = \frac{2b(a^2-c^2)^{\frac{3}{2}}}{3a},$$

$$\int_c^a\left(\int_{-\frac{b}{a}\sqrt{a^2-x^2}}^{+\frac{b}{a}\sqrt{a^2-x^2}}ydy\right)dx = o,$$

$$\int_c^a\left(\int_{-\frac{b}{a}\sqrt{a^2-x^2}}^{+\frac{b}{a}\sqrt{a^2-x^2}}dy\right)dx = \frac{2b}{a}\int_c^a\sqrt{a^2-x^2}\,dx$$

$$= b\left[a.\text{arc.}\left(\cos = \frac{c}{a}\right) - \frac{c}{a}\sqrt{a^2-c^2}\right].$$

Setzt man jetzt

$\cos\mu = \frac{c}{a}$, $\sqrt{a^2-c^2} = a\sin\mu$, so wird $x = \frac{\frac{2}{3}a\sin^3\mu}{\mu - \frac{1}{2}\sin 2\mu}$, $y = o$.

Beim Kreise ist 2μ der Winkel des Segments.

Setzt man $c = o$, $\mu = \frac{\pi}{2}$, so findet man für die halbe Ellipse

$$x = \frac{4a}{3\pi}.$$

4) **Schwerpunkt eines Hyperbelsegments.** Es sei (Fig. 33) ABE ein Hyperbelsegment, C der Mittelpunkt; CY $\mp$ AB die eine Coordinatenaxe, CX durch die Mitte D von AB gezogen die zweite, so sind CX und CY conjugirte Durchmesser der Hyperbel, und die Gleichung der Hyperbel ist

$$\frac{x^2}{a^2} - \frac{y^2}{b^2} = 1,\quad y = \pm\frac{b}{a}\sqrt{x^2-a^2}.$$

Es wird alsdann, wenn CD = c,

$$x = \frac{\int_a^c\left(\int_{-\frac{b}{a}\sqrt{x^2-a^2}}^{+\frac{b}{a}\sqrt{x^2-a^2}}dy\right)xdx}{\int_a^c\left(\int_{-\frac{b}{a}\sqrt{x^2-a^2}}^{+\frac{b}{a}\sqrt{x^2-a^2}}dy\right)dx},\quad y = \frac{\int_a^c\left(\int_{-\frac{b}{a}\sqrt{x^2-a^2}}^{+\frac{b}{a}\sqrt{x^2-a^2}}ydy\right)dx}{\int_a^c\left(\int_{-\frac{b}{a}\sqrt{x^2-a^2}}^{+\frac{b}{a}\sqrt{x^2-a^2}}dy\right)dx}.$$

Es ist aber

$$\int_a^c\left(\int_{-\frac{b}{a}\sqrt{x^2-a^2}}^{+\frac{b}{a}\sqrt{x^2-a^2}} dy\right)x\,dx = \frac{2b}{a}\int_a^c x\sqrt{x^2-a^2}\,dx = \frac{2}{3}\frac{b}{a}(c^2-a^2)^{\frac{3}{2}},$$

$$\int_a^c\left(\int_{-\frac{b}{a}\sqrt{x^2-a^2}}^{+\frac{b}{a}\sqrt{x^2-a^2}} y\,dy\right)dx = o,$$

$$\int_a^c\left(\int_{-\frac{b}{a}\sqrt{x^2-a^2}}^{+\frac{b}{a}\sqrt{x^2-a^2}} dy\right)dx = \frac{2b}{a}\int_a^c \sqrt{x^2-a^2}\,dx$$

$$= \frac{b}{a}c\sqrt{c^2-a^2} - \frac{1}{4}ab\log\text{nat}\left(\frac{c+\sqrt{c^2-a^2}}{c-\sqrt{c^2-a^2}}\right).$$

Es wird also

$$x = \frac{2(c^2-a^2)^{\frac{3}{2}}}{3c\sqrt{c^2-a^2} - \frac{3}{4}a^2\log\text{nat}\left(\frac{c+\sqrt{c^2-a^2}}{c-\sqrt{c^2-a^2}}\right)}, \quad y = o,$$

oder, wenn man $DB = d$ also $d = \frac{b}{a}\sqrt{c^2-a^2}$ setzt,

$$x = \frac{2a^3d^3}{3b^2acd - \frac{3}{4}a^2b^3\log\text{nat}\left(\frac{\frac{c}{a}+\frac{d}{b}}{\frac{c}{a}-\frac{d}{b}}\right)}.$$

5) Schwerpunkt eines Parabelsegments. Es sei (Fig. 34) ACB das Segment, D die Mitte der Sehne AB, CDX parallel mit der Axe der Parabel die eine Coordinataxe, die Tangente CY ∓ AB die zweite, so ist die Gleichung der Parabel

$$y^2 = 2px, \quad y = \pm\sqrt{2px}.$$

Es wird nun, wenn CD gleich c gesetzt wird,

$$x = \frac{\int_o^c\left(\int_{-\sqrt{2px}}^{+\sqrt{2px}} dy\right)x\,dx}{\int_o^c\left(\int_{-\sqrt{2px}}^{+\sqrt{2px}} dy\right)dx}, \quad y = \frac{\int_o^c\left(\int_{-\sqrt{2px}}^{+\sqrt{2px}} y\,dy\right)dx}{\int_o^c\left(\int_{-\sqrt{2px}}^{+\sqrt{2px}} dy\right)dx}$$

Es ist aber

$$\int_o^c\left(\int_{-\sqrt{2px}}^{+\sqrt{2px}} dy\right)x\,dx = 2\int_o^c\sqrt{2px}\,x\,dx = \frac{4c^2\sqrt{2pc}}{5},$$

$$\int_o^c\left(\int_{-\sqrt{2px}}^{+\sqrt{2px}} y\,dy\right)dx = o,\quad \int_o^c\left(\int_{-\sqrt{2px}}^{+\sqrt{2px}} dy\right)dx = \int_o^c\sqrt{2px}\,dx = \tfrac{2}{3}c\sqrt{2pc},$$

und folglich wird

$$x = \tfrac{6}{5}c,\quad y = o.$$

6) **Schwerpunkt eines Segments der Kettenlinie.** Es sei (Fig. 35) A der tiefste Punkt einer Kettenlinie, AB vertical, CD horizontal, AX und AY die beiden Coordinatenaxen, so ist die Gleichung der Kettenlinie (§. 30)

$$y = -\frac{X}{k} + \tfrac{1}{2}\frac{X}{k}\left(e^{\frac{kx}{X}} + e^{-\frac{kx}{X}}\right).$$

Es wird nun, wenn CD $\#$ AX, AB = c, CB = DB = d,

$$x = \frac{\int_o^c\left(\int_{-x}^{+x} x\,dx\right)dy}{\int_{-d}^{+d}\left(\int_o^y dy\right)dx},\quad y = \frac{\int_{-d}^{+d}\left(\int_o^y y\,dy\right)dx}{\int_{-d}^{+d}\left(\int_o^y dy\right)dx}$$

Es ist aber

$$\int_o^c\left(\int_{-x}^{+x} x\,dx\right)dy = o,$$

$$\int_{-d}^{+d}\left(\int_o^y y\,dy\right)dx = \tfrac{1}{2}\int_{-d}^{+d}\left[\frac{X^2}{k^2} - \frac{X^2}{k^2}\left(e^{\frac{kx}{X}} + e^{-\frac{kx}{X}}\right) + \tfrac{1}{4}\frac{X^2}{k^2}\left(e^{\frac{2kx}{X}} + 2 + e^{-\frac{2kx}{X}}\right)\right]dx$$

$$= \tfrac{3}{2}\frac{X^2 d}{k^2} + \frac{X}{2k}\left(c - \frac{3X}{k}\right)\sqrt{c^2 + \frac{2Xc}{k}},$$

$$\int_{-d}^{+d}\left(\int_o^y dy\right)dx = \int_{-d}^{+d}\left[-\frac{X}{k} + \tfrac{1}{2}\frac{X}{k}\left(e^{\frac{kx}{X}} + e^{-\frac{kx}{X}}\right)\right]dx$$

$$= -\frac{2Xd}{k} + \frac{2X}{k}\sqrt{c^2 + \frac{2Xc}{k}},$$

und folglich

$$x = o, \quad y = \frac{\frac{3}{2}\frac{X}{k}d + \frac{1}{2}\left(c - \frac{3X}{k}\right)\sqrt{c^2 + \frac{2Xc}{k}}}{-2d + 2\sqrt{c^2 + \frac{2Xc}{k}}}.$$

7) Schwerpunkt einer cycloidischen Fläche. Fig. 29. Es sei DG = x, GF = y. Man sucht den Schwerpunkt von DGF. Die Gleichung der Cycloide ist

$$y = r\,\mathrm{arc.}\left(\cos = \frac{r-x}{r}\right) + \sqrt{2rx - x^2}.$$

Setzt man hier $\cos\psi = \frac{r-x}{r}$, so wird

$$y = r(\psi + \sin\psi), \quad x = r(1 - \cos\psi),$$

$$x = \frac{\int_o^x\left(\int_o^y dy\right)xdx}{\int_o^x\left(\int_o^y dy\right)dx}, \quad y = \frac{\int_o^x\left(\int_o^y ydy\right)dx}{\int_o^x\left(\int_o^y dy\right)dx}.$$

Es ist jetzt

$$\int_o^x\left(\int_o^y dy\right)xdx = \int_o^x xydx = \tfrac{1}{2}x^2y - \tfrac{1}{2}\int_o^y x^2dy$$

$$= \tfrac{1}{2}x^2y - \tfrac{1}{2}r^3\int_o^\psi(1 - \cos\psi)\sin^2\psi d\psi$$

$$= \tfrac{1}{2}x^2y - \tfrac{1}{2}r^3(\tfrac{1}{2}\psi - \tfrac{1}{4}\sin 2\psi - \tfrac{1}{3}\sin^3\psi),$$

$$\int_o^x\left(\int_o^y ydy\right)dx = \tfrac{1}{2}\int_o^x y^2dx = \tfrac{1}{2}y^2x - \int_o^y yxdy$$

$$= \tfrac{1}{2}y^2x - r^3\int_o^\psi(\psi + \sin\psi)\sin^2\psi d\psi$$

$$= \tfrac{1}{2}y^2x - r^3[\tfrac{1}{4}\psi(\psi - \sin 2\psi) + \tfrac{19}{24} - \tfrac{3}{4}\cos\psi$$
$$- \tfrac{1}{8}\cos 2\psi + \tfrac{1}{12}\cos 3\psi].$$

$$\int_o^x\left(\int_o^y dy\right)dx = \int_o^x ydx = xy - \int_o^y xdy = xy - r^2\int_o^\psi \sin^2\psi d\psi$$

$$= xy - \tfrac{1}{2}r^2(\psi - \tfrac{1}{2}\sin 2\psi),$$

und folglich wird

$$x = \frac{\tfrac{1}{2}x^2y - \tfrac{1}{2}r^3(\tfrac{1}{2}\psi - \tfrac{1}{4}\sin 2\psi - \tfrac{1}{3}\sin^3\psi)}{xy - \tfrac{1}{2}r^2(\psi - \tfrac{1}{2}\sin 2\psi)},$$

$$y = \frac{\frac{1}{2}y^2 x - r^3[\frac{1}{4}\psi(\psi - \sin 2\psi) + \frac{19}{24} - \frac{3}{4}\cos\psi - \frac{1}{8}\cos 2\psi + \frac{1}{12}\cos 3\psi]}{xy - \frac{1}{2}r^2(\psi - \frac{1}{2}\sin 2\psi)}.$$

Für den Schwerpunkt der halben Cycloidenfläche hat man $x = 2r$, $y = \pi r$, $\psi = \pi$, daher

$$x = \tfrac{7}{6}r, \quad y = \left(1 - \frac{16}{9\pi^2}\right)\frac{\pi r}{2},$$

und für die ganze Cycloidenfläche

$$x = \frac{7r}{6}, \quad y = o.$$

§. 77.

Schwerpunkt einer Umdrehungsfläche. Nimmt man als Umdrehungsaxe die x Axe an, bezeichnet durch α den Rotationswinkel von der y Axe gerechnet, und durch r den Abstand eines Punktes der Umdrehungsfläche von der x Axe, so ist

$$z = r\sin\alpha, \quad y = r\cos\alpha, \quad \text{und } r = f(x),$$

die Gleichung der beschreibenden Curve. Es wird also

$$\frac{dM}{\varrho} = r\sqrt{1 + (d_r x)^2}\, dr\, d\alpha,$$

$$x = \frac{\iint r x \sqrt{1 + (d_r x)^2}\, dr d\alpha}{\iint r\sqrt{1 + (d_r x)^2}\, dr d\alpha}, \quad y = \frac{\iint r^2 \cos\alpha \sqrt{1 + (d_r x)^2}\, dr d\alpha}{\iint r\sqrt{1 + (d_r x)^2}\, dr d\alpha},$$

$$z = \frac{\iint r^2 \sin\alpha \sqrt{1 + (d_r x)^2}\, dr d\alpha}{\iint r\sqrt{1 + (d_r x)^2}\, dr d\alpha}.$$

Ist die Umdrehungsfläche durch zwei auf der x Axe senkrechte Ebenen $x = x_0$ und $x = x$ begrenzt, denen die Werthe $r = r_0$, $r = r$ entsprechen, und durch zwei durch die x Axe gelegte Ebenen, welche den Winkel α mit einander bilden und wovon die eine als mit der xy Ebene zusammenfallend angenommen werden kann, so sind α und r von einander unabhängig und man hat

$$x = \frac{\int_{r_0}^{r} r x dr \sqrt{1 + (d_r x)^2}}{\int_{r_0}^{r} r dr \sqrt{1 + (d_r x)^2}} = \frac{\int_{x_0}^{x} r x dx \sqrt{1 + (d_x r)^2}}{\int_{x_0}^{x} r dx \sqrt{1 + (d_x r)^2}}.$$

$$y = \frac{\sin\alpha \int_{r_0}^{r} r^2 \sqrt{1 + (d_r x)^2}\, dr}{\alpha \int_{r_0}^{r} r dr \sqrt{1 + (d_r x)^2}} = \frac{\sin\alpha \int_{x_0}^{x} r^2 dx \sqrt{1 + (d_x r)^2}}{\alpha \int_{x_0}^{x} r^2 dx \sqrt{1 + (d_x r)^2}},$$

$$z = \frac{(1 - \cos\alpha) \int_{r_0}^{r} r^2 dr \sqrt{1 + (d_r x)^2}}{\alpha \int_{r_0}^{r} r dr \sqrt{1 + (d_r x)^2}} = \frac{(1 - \cos\alpha) \int_{x_0}^{x} r^2 dx \sqrt{1 + (d_x r)^2}}{\alpha \int_{x_0}^{x} r dx \sqrt{1 + (d_x r)^2}}.$$

Ist $\alpha = 2\pi$, so wird $y = o$ und $z = o$.

Beispiele.

1) **Schwerpunkt der Oberfläche eines keilförmigen Kugelsectors.** Es ist, wenn der Mittelpunkt als Anfangspunkt der Coordinaten angenommen wird und R den Kugelhalbmesser bezeichnet,

$$r = \sqrt{R^2 - x^2}, \quad d_x r = -\frac{x}{r}, \text{ folglich}$$

$$x = \frac{\int_{-R}^{+R} r x dx \sqrt{1 + \frac{x^2}{r^2}}}{\int_{-R}^{+R} r dx \sqrt{1 + \frac{x^2}{r^2}}} = \frac{R \int_{-R}^{+R} x dx}{R \int_{-R}^{+R} dx} = o,$$

$$y = \frac{\sin\alpha \int_{-R}^{+R} r^2 dx \sqrt{1 + \frac{x^2}{r^2}}}{\alpha \int_{-R}^{+R} r dx \sqrt{1 + \frac{x^2}{r^2}}} = \frac{\sin\alpha \int_{-R}^{+R} \sqrt{R^2 - x^2}\, dx}{\alpha \int_{-R}^{+R} dx} = \frac{\pi R \sin\alpha}{4\alpha},$$

$$z = \frac{(1 - \cos\alpha) \int_{-R}^{+R} r^2 dx \sqrt{1 + \frac{x^2}{r^2}}}{\alpha \int_{-R}^{+R} r dx \sqrt{1 + \frac{x^2}{r^2}}} = \frac{\pi R (1 - \cos\alpha)}{4\alpha}.$$

2) Schwerpunkt einer Zone, deren Höhe gleich h und deren Radius gleich R. Es ist alsdann

$$r = \sqrt{R^2 - x^2}, \quad d_x r = -\frac{x}{r}, \quad \alpha = 2\pi, \text{ folglich}$$

$$\mathfrak{x} = \frac{\int_x^{x+h} rxdx\sqrt{1 + \frac{x^2}{r^2}}}{\int_x^{x+h} rdx\sqrt{1 + \frac{x^2}{r^2}}} = \frac{\int_x^{x+h} xdx}{\int_x^{x+h} dx} = x + \tfrac{1}{2}h, \quad \mathfrak{y} = o, \quad \mathfrak{z} = o,$$

d. h. der Schwerpunkt einer Zone liegt in der Mitte ihrer Höhe.

3) Schwerpunkt eines sphärischen Dreiecks. Es sei (Fig. 36) ABC ein sphärisches Dreieck; der Mittelpunkt D werde als Anfangspunkt des Coordinatensystems, DA als x Axe, der Bogen AEY sei senkrecht auf die Seite BC gelegt und seine Ebene als die xy Ebene des Coordinatensystems angenommen. Die Formel für die Ordinate des Schwerpunkts parallel mit der x Axe ist alsdann

$$\mathfrak{x} = \frac{\iint rx\sqrt{1 + (d_r x)^2}\, drd\alpha}{\iint r\sqrt{1 + (d_r x)^2}\, drd\alpha},$$

und es ist hier

$$x = \sqrt{R^2 - r^2}, \quad d_r x = -\frac{r}{x},$$

$$\sqrt{1 + (d_r x)^2} = \frac{R}{\sqrt{R^2 - r^2}}, \quad x\sqrt{1 + (d_r x)^2} = R.$$

Die Integration in Bezug auf r muss von $r = o$ bis $r = R.\sin AF$ genommen werden. Setzt man der Kürze wegen $EF = \varphi$, $EB = \varphi_0$, $EC = \varphi_1$, $\angle AFE = \psi$, $\angle ABE = \psi_0$, $\angle ACE = \psi_1$, $\angle FAE = \alpha$, $\angle BAE = \alpha_0$, $\angle CAE = \alpha_1$, und bemerkt, dass

$$\tan\alpha = \tan FAE = \frac{\tan\varphi}{\sin AE}, \quad \cos^2\alpha = \frac{\sin^2 AE}{\sin^2 AE + \tan^2\varphi};$$

$$\cos AF = \frac{\cos AE \cos\alpha}{\sqrt{1 - \cos^2 AE \sin^2\alpha}}, \quad \cos AE \sin\alpha = \cos\psi,$$

$$\frac{d\alpha}{\cos^2\alpha} = \frac{d\varphi}{\cos^2\varphi \sin AE}, \quad d\alpha = \frac{d\varphi \sin AE}{1 - \cos^2 AE \cos^2\varphi} = \frac{d\varphi \sin AE}{\sin^2 AF},$$

$$d\psi = -\cos AF\, d\alpha,$$

so wird

$$x = \frac{\int_{\varphi_0}^{\varphi_1}\left(\int_0^{R \sin AF} rdr\right)\frac{d\varphi \sin AE}{\sin^2 AF}}{\int_{\alpha_0}^{\alpha_1}\left(\int_0^{R \sin AF}\frac{rdr}{\sqrt{R^2-r^2}}\right)d\alpha} = \frac{\frac{1}{2}R \sin AE \int_{\varphi_0}^{\varphi_1} d\varphi}{\int_{\alpha_0}^{\alpha_1}(1-\cos AF)d\alpha}$$

$$= \frac{\frac{1}{2}R \sin AE(\varphi_1-\varphi_0)}{\int_{\alpha_0}^{\alpha_1} d\alpha + \int_{\psi_0}^{\psi_1} d\psi} = \frac{\frac{1}{2}R \sin AE(\varphi_1-\varphi_0)}{\alpha_1-\alpha_0+\psi_1-\psi_0}.$$

Es ist aber $\varphi_1 - \varphi_0 = BC$, $\alpha_1 - \alpha_0 = \angle A$, $\psi_1 = \angle C$, $\psi_0 = \pi - B$, wenn A, B, C die Winkel des gegebenen Dreiecks bezeichnen. Es wird folglich

$$x = \frac{\frac{1}{2}R \,.\, \sin AE \,.\, BC}{A+B+C-\pi} = \frac{\frac{1}{2}R \,.\, \sin AC \,.\, \sin C \,.\, BC}{A+B+C-\pi},$$

wo x der Abstand der Projection des Schwerpunktes auf der Linie DA vom Mittelpunkte ist. Bezeichnet man durch y' und z' die Abstände der Projectionen des Schwerpunktes auf den Linien DB und DC vom Mittelpunkte, so wird

$$y' = \frac{\frac{1}{2}R \,.\, \sin BA \,.\, \sin A \,.\, AC}{A+B+C-\pi}, \quad z' = \frac{\frac{1}{2}R \,.\, \sin BC \,.\, \sin B \,.\, AB}{A+B+C-\pi}.$$

Wenn man durch die auf diese Weise bestimmten Projectionen des Schwerpunkts auf die Halbmesser DA, DB, DC senkrechte Ebenen legt, so wird ihr gemeinschaftlicher Durchschnitt der Schwerpunkt des gegebenen Dreiecks sein.

Bezeichnet man durch ϱ den Abstand des Schwerpunkts vom Mittelpunkte und durch λ, μ, ν die Winkel, welche ϱ mit den drei Halbmessern DA, DB, DC bildet (Fig. 37), und setzt man der Kürze willen im sphärischen Dreieck AB = c, BC = a, AB = b, so wird

$$\varrho \cos \lambda = \frac{\frac{1}{2}R\, a \sin b \sin C}{A+B+C-\pi}, \quad \varrho \cos \mu = \frac{\frac{1}{2}R\, b \sin c \sin A}{A+B+C-\pi},$$

$$\varrho \cos \nu = \frac{\frac{1}{2}R\, c \sin a \sin B}{A+B+C-\pi}.$$

Es ist jetzt aus der analytischen Geometrie bekannt, dass

$$\cos^2\lambda \sin^2 a + \cos^2\mu \sin^2 b + \cos^2\nu \sin^2 c - 2\cos\mu\cos\nu \sin b \sin c \cos A$$
$$- 2\cos\lambda\cos\nu \sin a \sin c \cos B - 2\cos\lambda\cos\mu \sin a \sin b \cos C$$
$$= 1 - (\cos^2 a + \cos^2 b + \cos^2 c) + 2\cos a \cos b \cos c.$$

Substituirt man hier die vorigen Werthe von $\cos\lambda$, $\cos\mu$, $\cos\nu$, und bemerkt, dass $\sin a \sin B = \sin b \sin A$ u. s. w., so findet man

$$\varrho^2 = \frac{\frac{1}{4}R^2 \sin^2 b \sin^2 c \sin^2 A[a^2 + b^2 + c^2 - 2(bc\cos A + ac\cos B + ab\cos C)]}{(A+B+C-\pi)^2[1-(\cos^2 a + \cos^2 b + \cos^2 c) + 2\cos a\cos b\cos c]}.$$

Setzt man der Kürze wegen

$$L^2 = \frac{a^2 + b^2 + c^2 - 2(bc\cos A + ac\cos B + ab\cos C)}{1-(\cos^2 a + \cos^2 b + \cos^2 c) + 2\cos a\cos b\cos c},$$

so wird

$$\varrho = \frac{\frac{1}{2}LR\sin b\sin c\sin A}{A+B+C-\pi},$$

$$\cos\lambda = \frac{a}{L\sin a},\quad \cos\mu = \frac{b}{L\sin b},\quad \cos\nu = \frac{c}{L\sin c}.$$

§. 78.

Zwischen der Lage des Schwerpunktes einer Ebene und dem Inhalt des Umdrehungskörpers, welchen sie durch eine vollständige Umdrehung um eine in der Ebene liegende Axe beschreibt, findet folgende Relation statt: *Der Umdrehungskörper ist gleich dem Product des Inhalts der beschreibenden Ebene mit dem Umkreise des vom Schwerpunkte der Ebene beschriebenen Kreises.*

Nimmt man nämlich die y Axe als Umdrehungsaxe an, bezeichnet durch x und y die Coordinaten des Schwerpunktes der Ebene und durch E die Ebene, so ist der Umdrehungskörper gleich

$$2\pi\iint x\,dx\,dy = 2\pi\frac{\iint x\,dx\,dy}{\iint dx\,dy}\iint dx\,dy = 2\pi x E.$$

Beispiele.

1) Den Inhalt des von einem Kreise beschriebenen Ringes findet man hierdurch, wenn r der Halbmesser des beschreibenden Kreises, a der Abstand des Mittelpunktes von der Umdrehungsaxe ist, gleich $2\pi a \,.\, \pi r^2 = 2\pi^2 r^2 a$.

2) Den Abstand des Schwerpunktes einer halben Ellipse, welche durch die kleine Axe abgeschnitten ist, findet man aus der Gleichung

$$\frac{4}{3}\pi a^2 b = 2\pi x \cdot \frac{\pi ab}{2}, \text{ folglich } x = \frac{4a}{3\pi},$$

ganz wie im dritten Beispiel des §. 75.

§. 79.

Bei einem Körper ist

$$\frac{dM}{\varrho} = dx\,dy\,dz,$$

und daher werden die Coordinaten des Schwerpunktes eines gleichartigen Körpers

$$x = \frac{\iiint x\,dx\,dy\,dz}{\iiint dx\,dy\,dz}, \quad y = \frac{\iiint y\,dx\,dy\,dz}{\iiint dx\,dy\,dz}, \quad z = \frac{\iiint z\,dx\,dy\,dz}{\iiint dx\,dy\,dz}.$$

Diese Formeln gelten auch für schiefe Coordinaten; denn bezeichnet man durch x', y', z' die schiefen, durch x, y, z die rechtwinkligen Coordinaten und nimmt an, die x und x' Axe fallen zusammen und die y' Axe falle in die xy Ebene, und bezeichnet durch (xx') und (zz') die Winkel, welche die x und x' und die z und z' Axen mit einander bilden, so wird

$$z = z' \cos(zz'), \quad \frac{dM}{\varrho} = dx'\,dy'\,dz' \sin(xx')\cos(zz'),$$

daher

$$z = \frac{\iiint z'\,dx'\,dy'\,dz' \sin(xx')\cos^2(zz')}{\iiint dx'\,dy'\,dz' \sin(xx')\cos(zz')} = \cos(zz')\frac{\iiint z'\,dx'\,dy'\,dz'}{\iiint dx'\,dy'\,dz'},$$

und folglich

$$z' = \frac{\iiint z'\,dx'\,dy'\,dz'}{\iiint dx'\,dy'\,dz'},$$

und ebenso für die beiden andern Coordinaten x' und y'.

Beispiele.

1) Schwerpunkt einer dreiseitigen parallel abgestumpften Pyramide. Es sei (Fig. 38) ABCNOP die gegebene abgestumpfte Pyramide, E die Mitte der Seite AB, der Scheitel D der Anfangspunkt des schiefen Coordinatensystems, DCZ die z Axe, DX ∦ CE die x Axe, DY ∦ AB die y Axe. Bemerkt man jetzt, dass $KL = LM = \frac{EB}{EC}x$, $HF = \frac{EC}{DC}z$, so wird

$$x = \frac{\displaystyle\int_{DP}^{DC}\left[\int_{o}^{\frac{EC}{DC}z} x\left(\int_{-\frac{EB}{EC}x}^{+\frac{EB}{EC}x} dy\right) dx\right] dz}{\displaystyle\int_{DP}^{DC}\left[\int_{o}^{\frac{EC}{DC}z}\left(\int_{-\frac{EB}{EC}x}^{+\frac{EB}{EC}x} dy\right) dx\right] dz} = \frac{\frac{1}{6}EB\,.\,EC^2\,.\,\frac{DC^4-DP^4}{DC^3}}{\frac{1}{3}EB\,.\,EC\,.\,\frac{DC^3-DP^3}{DC^2}}$$

$$= \frac{1}{2}\frac{EC}{DC}\,.\,\frac{DC^4-DP^4}{DC^3-DP^3},$$

$$y = \frac{\displaystyle\int_{DP}^{DC}\left[\int_{o}^{\frac{EC}{DC}z}\left(\int_{-\frac{EB}{EC}x}^{+\frac{EB}{EC}x} y\,dy\right) dx\right] dz}{\displaystyle\int_{DP}^{DC}\left[\int_{o}^{\frac{EC}{DC}z}\left(\int_{-\frac{EB}{EC}x}^{+\frac{EB}{EC}x} dy\right) dx\right] dz} = o,$$

$$z = \frac{\displaystyle\int_{DP}^{DC} z\left[\int_{o}^{\frac{EC}{DC}z}\left(\int_{-\frac{EB}{EC}x}^{+\frac{EB}{EC}x} dy\right) dx\right] dz}{\displaystyle\int_{DP}^{DC}\left[\int_{o}^{\frac{EC}{DC}z}\left(\int_{-\frac{EB}{EC}x}^{+\frac{EB}{EC}x} dy\right) dx\right] dz} = \frac{\frac{1}{4}EB\,.\,EC\,.\,\frac{DC^4-DP^4}{DC^2}}{\frac{1}{3}EB\,.\,EC\,.\,\frac{DC^3-DP^3}{DC^2}}$$

$$= \frac{3}{4}\,\frac{DC^4-DP^4}{DC^3-DP^3}.$$

Es ist folglich

$$x : z = \tfrac{2}{3}EC : DC,$$

d. h. der Schwerpunkt der abgestumpften Pyramide liegt in der durch die Schwerpunkte beider Grundflächen gezogenen Linie DRQ. Es wird

$$\frac{DC-z}{z-DP} = \frac{DC^4-4DC\,.\,DP^3+3DP^4}{3DC^4-4DC^3\,.\,DP+DP^4} = \frac{DC^2+2DC\,.\,DP+3DP^2}{3DC^2+2DC\,.\,DP+DP^2},$$

oder, wenn man die beiden Grundflächen mit G und g bezeichnet,

$$\frac{DC-z}{z-DP} = \frac{G+2\sqrt{Gg}+3g}{3G+2\sqrt{Gg}+g}.$$

2) Schwerpunkt einer ganzen dreieckigen Pyramide (Fig. 39). Wenn DP = o oder die Pyramide nicht abgestumpft ist, so wird $x = \frac{1}{2}$EC, $z = \frac{3}{4}$DC. Zieht man eine Linie von D zum Schwerpunkt F der Fläche ABC und theilt diese in vier gleiche Theile, so liegt der Schwerpunkt der Pyramide in dem der Grundfläche nächsten Theilungspunkte. Er liegt also, wo die geraden Linien von einem Scheitel der Pyramide zum Schwerpunkte der entgegengesetzten Seitenfläche der Pyramide einander schneiden; er liegt auch, wo die geraden Linien vom Halbirungspunkte einer Seite zu demjenigen der entgegengesetzten Seite einander schneiden. Er fällt auch mit dem Schwerpunkte von vier gleich grossen Massen, deren Schwerpunkte respective die vier Spitzen der Pyramide sind, zusammen. Es ist auch zu bemerken, dass die vier Pyramiden, deren Grundflächen die vier Seitenflächen der gegebenen Pyramide sind, und deren gemeinschaftlicher Scheitel der Schwerpunkt O der ganzen Pyramide ist, gleich gross werden.

3) Schwerpunkt eines Ellipsoidensegments. Die Gleichung des Ellipsoides nach schiefen conjugirten Axen ist

$$\frac{x^2}{a^2} + \frac{y^2}{b^2} + \frac{z^2}{c^2} = 1.$$

Man sucht den Schwerpunkt eines von zwei mit der xy Ebene parallelen Schnitten, $z = z_0$ und $z = z_1$, begrenzten Abschnitts des Ellipsoides. Es ist alsdann

$$x = \frac{\int_{z_0}^{z_1}\left[\int_{-\frac{b}{c}\sqrt{c^2-z^2}}^{+\frac{b}{c}\sqrt{c^2-z^2}}\left(\int_{-\frac{a}{bc}\sqrt{b^2c^2-b^2z^2-c^2y^2}}^{+\frac{a}{bc}\sqrt{b^2c^2-b^2z^2-c^2y^2}} x\,dx\right)dy\right]dz}{\int_{z_0}^{z_1}\left[\int_{-\frac{b}{c}\sqrt{c^2-z^2}}^{+\frac{b}{c}\sqrt{c^2-z^2}}\left(\int_{-\frac{a}{bc}\sqrt{b^2c^2-b^2z^2-c^2y^2}}^{+\frac{a}{bc}\sqrt{b^2c^2-b^2z^2-c^2y^2}} dx\right)dy\right]dz} = o,$$

$$y = \frac{\int_{z_0}^{z_1}\left[\int_{-\frac{b}{c}\sqrt{c^2-z^2}}^{+\frac{b}{c}\sqrt{c^2-z^2}}\left(\int_{-\frac{a}{bc}\sqrt{b^2c^2-b^2z^2-c^2y^2}}^{+\frac{a}{bc}\sqrt{b^2c^2-b^2z^2-c^2y^2}} dx\right) y\,dy\right] dz}{\int_{z_0}^{z_1}\left[\int_{-\frac{b}{c}\sqrt{c^2-z^2}}^{+\frac{b}{c}\sqrt{c^2-z^2}}\left(\int_{-\frac{a}{bc}\sqrt{b^2c^2-b^2z^2-c^2y^2}}^{+\frac{a}{bc}\sqrt{b^2c^2-b^2z^2-c^2y^2}} dx\right) dy\right] dz} = 0,$$

$$z = \frac{\int_{z_0}^{z_1}\left[\int_{-\frac{b}{c}\sqrt{c^2-z^2}}^{+\frac{b}{c}\sqrt{c^2-z^2}}\left(\int_{-\frac{a}{bc}\sqrt{b^2c^2-b^2z^2-c^2y^2}}^{+\frac{a}{bc}\sqrt{b^2c^2-b^2z^2-c^2y^2}} dx\right) dy\right] z\,dz}{\int_{z_0}^{z_1}\left[\int_{-\frac{b}{c}\sqrt{c^2-z^2}}^{+\frac{b}{c}\sqrt{c^2-z^2}}\left(\int_{-\frac{a}{bc}\sqrt{b^2c^2-b^2z^2-c^2y^2}}^{+\frac{a}{bc}\sqrt{b^2c^2-b^2z^2-c^2y^2}} dx\right) dy\right] dz}$$

$$= \frac{\frac{\pi ab}{4c^2}\left[(c^2 - z_0^2)^2 - (c^2 - z_1^2)^2\right]}{\frac{\pi ab}{c^2}\left[(c^2 - \frac{1}{3}z_1^2)z_1 - (c^2 - \frac{1}{3}z_0^2)z_0\right]} = \frac{1}{2}\,\frac{c^2(z_1^2 - z_0^2) - \frac{1}{2}(z_1^4 - z_0^4)}{c^2(z_1 - z_0) - \frac{1}{3}(z_1^3 - z_0^3)}.$$

Für das halbe Ellipsoid ist

$$z = \tfrac{3}{8}c.$$

Dieselbe Formel gilt auch für einen Kugelabschnitt, dessen Halbmesser gleich c ist.

§. 80.

Schwerpunkt eines Umdrehungskörpers. Nimmt man bei einem Umdrehungskörper die Umdrehungsaxe als x Axe an, bezeichnet durch α den Rotationswinkel von der y zur z Axe gerechnet, und durch r den Abstand eines Punktes von der Umdrehungsaxe, so ist

$$\frac{dM}{\varrho} = r\,dr\,dx\,d\alpha, \quad y = r\cos\alpha, \quad z = r\sin\alpha, \text{ und folglich}$$

$$x = \frac{\iiint r x\,dr\,dx\,d\alpha}{\iiint r\,dr\,dx\,d\alpha}, \quad y = \frac{\iiint r^2\cos\alpha\,dr\,dx\,d\alpha}{\iiint r\,dr\,dx\,d\alpha}, \quad z = \frac{\iiint r^2\sin\alpha\,dr\,dx\,d\alpha}{\iiint r\,dr\,dx\,d\alpha}.$$

Ist der Umdrehungskörper durch zwei auf der x Axe senkrechte Ebenen, $x = x_0$ und $x = x_1$, und durch zwei durch die x Axe gelegte Ebenen, welche den Winkel α mit einander bilden und deren eine mit der xy Ebene zusammenfällt, begrenzt, so sind α, r und x unabhängig, und folglich wird

$$x = \frac{\int_{x_0}^{x_1}\left(\int r\,dr\right)x\,dx}{\int_{x}^{x_1}\left(\int r\,dr\right)dx}, \quad y = \frac{\sin\alpha\int_{x_0}^{x_1}\left(\int r^2\,dr\right)dx}{\alpha\int_{x_0}^{x_1}\left(\int r\,dr\right)dx},$$

$$z = \frac{(1-\cos\alpha)\int_{x_0}^{x_1}\left(\int r^2\,dr\right)dx}{\alpha\int_{x_0}^{x}\left(\int r\,dr\right)dx};$$

wenn $\alpha = 2\pi$, werden $y = o$ und $z = o$.

Beispiel.

Schwerpunkt eines keilförmigen Kugelsegments. Es ist die Integration in Bezug auf r von $r = o$ bis $r = \sqrt{R^2 - x^2}$, in Bezug auf x von $x = -R$ bis $x = +R$ auszuführen. Es wird alsdann

$$x = \frac{\frac{1}{2}\int_{-R}^{+R}(R^2 - x^2)\,x\,dx}{\frac{1}{2}\int_{-R}^{+R}(R^2 - x^2)\,dx} = o,$$

$$y = \frac{\frac{1}{3}\sin\alpha\int_{-R}^{+R}(R^2 - x^2)^{\frac{3}{2}}\,dx}{\frac{1}{2}\alpha\int_{-R}^{+R}(R^2 - x^2)\,dx} = \tfrac{3}{16}\pi R\,\frac{\sin\alpha}{\alpha},$$

$$z = \frac{\frac{1}{3}(1-\cos\alpha)\int_{-R}^{+R}(R^2 - x^2)^{\frac{3}{2}}\,dx}{\frac{1}{2}\alpha\int_{-R}^{+R}(R^2 - x^2)\,dx} = \tfrac{3}{16}\pi R\,\frac{1-\cos\alpha}{\alpha}.$$

Bezeichnet man durch $\mathfrak{r}$ den Abstand vom Anfangspunkte des Coordinatensystems, folglich $\mathfrak{r}^2 = r^2 + x^2$, so kann man auch setzen

$$\frac{dM}{\varrho} = \frac{\mathfrak{r}}{x} dr \,.\, r d\alpha \,.\, d\mathfrak{r} = \frac{r\mathfrak{r}\, dr\, d\alpha\, d\mathfrak{r}}{\sqrt{\mathfrak{r}^2 - r^2}}$$

und man hat alsdann

$$x = \frac{\iiint r\mathfrak{r}\, dr\, d\alpha\, d\mathfrak{r}}{\iiint \frac{r\mathfrak{r}\, dr\, d\alpha\, d\mathfrak{r}}{\sqrt{\mathfrak{r}^2 - r^2}}}.$$

Beispiel.

Schwerpunkt einer dreieckigen sphärischen Pyramide. Benutzt man hier wieder die Fig. 36 und die im dritten Beispiel des §. 77 gegebenen Bezeichnungen, so wird

$$x = \frac{\int_0^R \left[\int_{\varphi_0}^{\varphi_1} \left(\int_0^{\mathfrak{r} \sin AF} r dr\right) \frac{d\varphi \sin AE}{\sin^2 AF}\right] d\mathfrak{r}}{\int_0^R \left[\int_{\alpha_0}^{\alpha_1} \left(\int_0^{\mathfrak{r} \sin AF} \frac{r dr}{\sqrt{\mathfrak{r}^2 - r^2}}\right) d\alpha\right] d\mathfrak{r}} = \frac{\frac{1}{2} \sin AC \sin C \,.\, BC \int_0^R \mathfrak{r}^3 d\mathfrak{r}}{(A + B + C - \pi) \int_0^R \mathfrak{r}^2 d\mathfrak{r}}$$

$$= \frac{\frac{3}{8} R \,.\, \sin b \,.\, \sin C \,.\, a}{A + B + C - \pi}.$$

Bezeichnet man durch ϱ den Abstand des Schwerpunktes vom Mittelpunkte und durch λ, μ, ν die Winkel, welche ϱ mit den drei Seiten der Pyramide DA, DB, DC bildet, und setzt wie vorher

$$L^2 = \frac{a^2 + b^2 + c^2 - 2(bc \cos A + ac \cos B + ab \cos C)}{1 - (\cos^2 a + \cos^2 b + \cos^2 c) + 2 \cos a \cos b \cos c},$$

so wird

$$\varrho = \frac{\frac{3}{8} L \,.\, R \,.\, \sin b \,.\, \sin c \,.\, \sin A}{A + B + C - \pi},$$

$$\cos \lambda = \frac{a}{L \,.\, \sin a}, \quad \cos \mu = \frac{b}{L \,.\, \sin b}, \quad \cos \nu = \frac{c}{L \,.\, \sin c}.$$

§. 81.

Was die Bedingungen des Gleichgewichts schwerer Körper betrifft, so muss, wenn sie in einem Punkte befestigt sind, dieser Punkt und der Schwerpunkt in derselben verticalen Linie liegen; wenn die Körper eine feste Axe haben, muss der Schwerpunkt in die durch diese

Axe gelegte verticale Ebene fallen; wenn der Körper sich auf eine feste Ebene stützt, muss diese horizontal sein und die durch den Schwerpunkt gezogene verticale Linie in das durch die Berührungspunkte bestimmte grösstmögliche Polygon fallen; wenn der Körper sich auf zwei Ebenen stützt, muss die Durchschnittslinie der beiden Ebenen horizontal sein, und wenn der Körper jede Ebene nur in einem Punkte berührt, muss der Durchschnitt der in diesen beiden Berührungspunkten auf den Ebenen senkrecht gezogenen Geraden in einer durch den Schwerpunkt gezogenen verticalen Linie fallen. Alle diese Sätze gehen unmittelbar aus den §§. 24, 25 und 26 hervor, wenn man bemerkt, dass ein schwerer Körper immer nur als von einer im Schwerpuukte wirkenden Kraft angegriffen gedacht werden kann, und bei §. 26, wenn der Körper sich auf eine oder mehrere Ebenen stützt, bemerkt, dass diese im Schwerpunkt angebrachte Schwere des Körpers das Resultat aller in den Berührungspunkten gegen die festen Ebenen wirkenden Drucke sein soll. Es sei (Fig. 40) MN die feste Ebene, A, B, C, D, E, F die Berührungspunkte, G die Projection des Schwerpunktes, so muss, weil der Druck in jedem Berührungspunkte gegen die Ebene wirkt, G auf dieselbe Seite der Geraden AB fallen, wie die übrigen Berührungspunkte; ebenso in Bezug auf die Linien BC, CE, EF, AF, also in dem Polygon ABCEF. Sind (Fig. 41) BC und BD zwei feste Ebenen, E und F die Berührungspunkte, so übt der Körper einen Druck in der Richtung der auf BC senkrechten Linie GE und einen in der Richtung der auf BD senkrechten Linie FG aus. Diese beiden Linien müssen dann einander schneiden und ihr Durchschnitt vertical über dem Schwerpunkte H fallen, weil sie sonst keine durch H gehende verticale Resultante haben können. Die durch die Linien GE, GH, GF gelegte verticale Ebene wird auf die beiden Ebenen BC und BD senkrecht stehen, also auch auf ihren Durchschnitt AB, und diese Linie wird daher horizontal sein müssen.

Cap. VIII.

Anwendung der Theorie der Centrallinie auf schwere magnetische Körper.

§. 82.

Der Magnetismus bringt an jedem Elemente eines für diese Kraft empfindsamen Körpers ein Kräftepaar hervor. Die Lage der Arme jedes dieser Kräftepaare ist von der Vertheilung des Magnetismus im Körper abhängig; die Kräfte der Paare dagegen sind alle parallel und ihre Richtung wird die Richtung der magnetischen Kraft genannt. Sie wird durch den Winkel bestimmt, welchen sie mit einer horizontalen Ebene, und durch den Winkel, welchen eine durch die Richtung der Kraft gelegte verticale Ebene, der magnetische Meridian, mit dem astronomischen Meridian bildet. Der erstere Winkel wird die Inclination, der letztere die Declination genannt. Beide sind auf derselben Stelle der Erde veränderlich, zum Theil regelmässig nach verschiedenen Perioden, zum Theil unregelmässig. Wir werden sie hier ohne Rücksicht auf diese Variationen als unveränderlich betrachten.

An einem schweren magnetischen Körper wirken zwei Systeme paralleler Kräfte; diese sind immer einer Ebene, derjenigen des magnetischen Meridians, parallel und haben nach §. 57 immer eine Centrallinie. Nimmt man den Schwerpunkt des Körpers als Anfangspunkt des Coordinatensystems an und bezeichnet durch Σ die Summationen, welche sich auf die Kräfte der Schwere beziehen, durch Σ' die, welche sich auf die magnetischen Kräfte beziehen, durch P die Kraft eines an einem Elemente wirkenden magnetischen Paares, durch α, β, γ die Winkel, welche dieses mit den drei Coordinatenaxen bildet, so wird

$$\Sigma Xx = o, \quad \Sigma Xy = o, \quad \Sigma Xz = o,$$
$$\Sigma Yx = o, \quad \Sigma Yy = o, \quad \Sigma Yz = o,$$
$$\Sigma Zx = o, \quad \Sigma Zy = o, \quad \Sigma Zz = o,$$

weil die Coordinaten des Schwerpunkts gleich Null sind, und

$$\Sigma' Yx \Sigma' Xy - \Sigma' Xx \Sigma' Yy$$
$$= \cos\beta\, \Sigma' Px \,.\, \cos\alpha\, \Sigma' Py - \cos\alpha\, \Sigma' Px \,.\, \cos\beta\, \Sigma' Py = o,$$
$$\Sigma' Yx \Sigma' Xz - \Sigma' Xx \Sigma' Yz$$
$$= \cos\beta\, \Sigma' Px \,.\, \cos\alpha\, \Sigma' Pz - \cos\alpha\, \Sigma' Px \,.\, \cos\beta\, \Sigma' Pz = o.$$

Diese Werthe in die Gleichungen des §. 57 substituirt geben als die Gleichung der Centrallinie

$$y = \frac{\Sigma Y \Sigma' Xy - \Sigma X \Sigma' Yy}{\Sigma Y \Sigma' Xx - \Sigma X \Sigma' Yx} \cdot x = \frac{\Sigma' Py}{\Sigma' Px} \cdot x,$$
$$z = \frac{\Sigma Y \Sigma' Xz - \Sigma X \Sigma' Yz}{\Sigma Y \Sigma' Xx - \Sigma X \Sigma' Yx} \cdot x = \frac{\Sigma' Pz}{\Sigma' Px} \cdot x.$$

Die Centrallinie geht also durch den Schwerpunkt des Körpers. Ihre Richtung, welche von der Lage des Schwerpunkts unabhängig ist, und daher durch Zufügen von unmagnetischen Theilen unverändert bleibt, kann durch Beobachtung gefunden werden, wenn der Schwerpunkt des Körpers und die Richtung der magnetischen Kraft gegeben sind. Wird nämlich der Körper in seinem Schwerpunkte frei drehbar befestigt und im Gleichgewicht gebracht, so muss das magnetische Resultantenpaar Null werden, d. h. die Centrallinie fällt in dieser Stellung mit der durch den Schwerpunkt gezogenen Richtung der magnetischen Kraft zusammen.

§. 83.

Wird der Körper so gedreht, dass die Centrallinie in der durch die Richtung der magnetischen Kraft und die Richtung der Schwere gelegte Ebene, d. h. in den magnetischen Meridian fällt, so haben die Kräfte, wenn der Körper nur um eine auf dieser Ebene senkrechte Axe gedreht wird, einen Centralpunkt in Bezug auf diese Axe. In der That sind nun, wenn man fortwährend den Schwerpunkt zum Anfangspunkt des Coordinatensystems wählt und die z Axe der Umdrehungsaxe parallel annimmt, weil die z Axe alsdann auf die Richtung der Schwere und auf die Richtung der magnetischen Kraft senkrecht ist, alle $Z = o$, und weil sie auf der Centrallinie senkrecht ist, $\Sigma' Pz = o$, wie aus der Gleichung der Centrallinie (§. 82) hervorgeht. Hierdurch werden die Bedingungen des §. 65

erfüllt. Die Coordinaten des Mittelpunkts werden nach demselben Paragraphen, weil $\Sigma X = o$ und $\beta = \frac{\pi}{2} - \alpha$,

$$x = \frac{\cos\alpha\, \Sigma' Px + \sin\alpha\, \Sigma' Py}{\Sigma X}, \quad y = \frac{\cos\alpha\, \Sigma' Py - \sin\alpha\, \Sigma' Px}{\Sigma X},$$

$$z = o,$$

wo ΣX die Schwere des Körpers bezeichnet und die Grösse

$$\cos\alpha\, \Sigma' Py - \sin\alpha\, \Sigma' Px = \Sigma' Xy - \Sigma' Yx$$

das Moment des magnetischen Resultantenpaares in der jetzigen Stellung ist.

Bezeichnet man durch I die Inclination der magnetischen Kraft, durch M das Moment des magnetischen Resultantenpaares, wenn der Körper in eine solche Stellung gebracht ist, dass die Centrallinie auf der Richtung der magnetischen Kraft senkrecht steht und das Paar also das grösstmögliche Moment hat, durch I' den Winkel, welchen die Centrallinie jetzt mit der horizontalen y Axe bildet oder die Inclination der Mittellinie, und durch S die Schwere des Körpers, so ist

$$\Sigma' Py = M \cos I', \quad \Sigma' Px = M \sin I', \quad \alpha = \frac{\pi}{2} - I, \quad S = \Sigma X,$$

und es werden daher die Coordinaten des Centralpunktes

$$x = \frac{M \cos(I - I')}{S}, \quad y = \frac{M \sin(I - I')}{S},$$

folglich

$$\frac{y}{x} = \operatorname{tang}(I - I').$$

I — I' ist aber der Winkel, welchen die Richtung der Centrallinie oder der Arm des magnetischen Resultantenpaares mit der Richtung der magnetischen Kraft bildet, und dieser ist gleich dem Winkel, welchen die Linie vom Schwerpunkt zum Centralpunkt aller Kräfte mit der x Axe oder mit der Richtung der Schwere bildet.

§. 84.

Wenn ein magnetischer und schwerer Körper in einem Punkt befestigt ist, so muss, damit Gleichgewicht stattfinde, der Körper eine solche Stellung haben, dass der Schwerpunkt in die durch den festen Punkt gehende Verticale liegt und die Centrallinie parallel mit der Richtung der magnetischen Kraft ist.

Hat der magnetische Körper eine feste Axe und steht diese auf der Centrallinie und auf der Richtung der Schwere senkrecht, so wird die Lage des Gleichgewichts auf folgende Weise gefunden. Man nehme als Anfangspunkt der Coordinaten den Punkt O (Fig. 42), wo die durch die Centrallinie gelegte verticale Ebene die feste Axe schneidet, diese letzte Axe als z Axe, die x Axe vertical, die y Axe horizontal in der durch die Centrallinie gehende verticale Ebene an; man bezeichne ferner durch μ den Winkel, welchen die xy Ebene mit dem magnetischen Meridian bildet, durch r den Abstand OB des Schwerpunkts vom Anfangspunkte O des Coordinatensystems, durch ψ den Winkel ABO, welchen die Linie mit der Centrallinie bildet, durch ξ und η die Ordinaten $\div$ BD, EB und $\div$ DB des Schwerpunktes B, parallel mit der x und y Axe. Nach §. 71 soll man jetzt, um die Lage des Gleichgewichts zu finden, alle Kräfte auf die xy-Ebene projiciren, wodurch die Kraft S in B unverändert bleibt, von den magnetischen Kräften aber nur die der x und y Axe parallelen Componenten auf die xy Ebene projicirt behalten werden. Der Centralpunkt dieser in der xy Ebene liegenden Kräfte soll dann in der Lage des Gleichgewichts in die x Axe fallen, oder, wenn y ihre der y Axe parallele Ordinate bezeichnet, so muss $y = o$ sein. Es ist aber nach §. 65, wenn man bemerkt, dass

$$\Sigma Y = o, \quad \Sigma' Y = o, \quad \Sigma X = S, \quad \Sigma' X = o,$$

$$\Sigma Xy = S\eta, \quad \Sigma Yx = o, \quad \Sigma Xx = S\xi, \quad \Sigma Yy = o,$$

$$\Sigma' Xx = \cos\alpha\, \Sigma' Px = M \cos\alpha \sin I' = M \sin I \sin I',$$

$$\Sigma' Xy = \cos\alpha\, \Sigma' Py = M \cos\alpha \cos I' = M \sin I \cos I',$$

$$\Sigma' Yy = \cos\beta\, \Sigma' Py = M \cos\beta \cos I' = M \cos\mu \cos I \cos I',$$

$$\Sigma' Yx = \cos\beta\, \Sigma' Px = M \cos\beta \sin I' = M \cos\mu \cos I \sin I',$$

$$x = \frac{S\xi + M(\sin I \sin I' + \cos\mu \cos I \cos I')}{S},$$

$$y = \frac{S\eta + M(\sin I \cos I' - \cos\mu \cos I \sin I')}{S},$$

also wird die Bedingungsgleichung des Gleichgewichts $y = o$, oder

$$S\eta + M(\sin I \cos I' - \cos\mu \cos I \sin I') = o;$$

es ist aber

$$\eta = -r \,.\, \cos(\psi - I'),$$

folglich wird

$$M(\sin I \cos I' - \cos\mu \cos I \sin I') - Sr \cos(\psi - I') = o,$$

und hieraus

$$\operatorname{tang} I' = \frac{M \sin I - Sr \cos\psi}{M \cos\mu \cos I + Sr \sin\psi},$$

$$M = \frac{Sr \cos(\psi - I')}{\sin I \cos I' - \cos\mu \cos I \sin I'},\quad \eta = \frac{M(\cos\mu \cos I \sin I' - \sin I \cos I')}{S}.$$

Wenn $\mu = o$ ist, oder wenn die Drehungsebene des Körpers mit dem magnetischen Meridian zusammenfällt, wird

$$\operatorname{tang} I' = \frac{M \sin I - Sr \cos\psi}{M \cos I + Sr \sin\psi},\quad M = \frac{Sr \cos(\psi - I')}{\sin(I - I')},\quad \eta = \frac{M \sin(I - I')}{S}.$$

Geht die feste Axe durch den Centralpunkt oder ist auch $x = o$, so ist der Körper astatisch. Man hat alsdann ausser den vorigen Gleichungen, welche von $y = o$ hergeleitet wurden, noch

$$S\xi + M(\sin I \sin I' + \cos\mu \cos I \cos I') = o.$$

Es ist aber

$$\xi = r \,.\, \sin(\psi - I'),$$

daher

$$M(\sin I \sin I' + \cos\mu \cos I \cos I') + Sr \sin(\psi - I') = o.$$

Aus dieser und der vorhergehenden Gleichung

$$M(\sin I \cos I' - \cos\mu \cos I \sin I') - Sr \cos(\psi - I') = o$$

findet man nun

$$\operatorname{tang}(\psi - I') = -\frac{\sin I \sin I' + \cos\mu \cos I \cos I'}{\sin I \cos I' - \cos\mu \cos I \sin I'},$$

$$r^2 = \frac{M^2}{S^2}(\sin^2 I + \cos^2\mu \cos^2 I),$$

durch welche Gleichungen die Lage des Schwerpunkts bestimmt ist, Verrückt man durch Zufügen von unmagnetischen Theilen den Schwerpunkt bis er in den eben bestimmten Punkt fällt, so wird der Körper um die gegebene Axe astatisch sein. Wenn $\mu = o$, werden die Bedingungsgleichungen

$$\operatorname{tang}(\psi - I') = \operatorname{cotang}(I' - I),$$

oder

$$\psi = \frac{\pi}{2} + I,\quad r = \frac{M}{S}.$$

Geht die feste Umdrehungsaxe durch den Schwerpunkt des Körpers, so wird $r = o$ und die Bedingungsgleichung des Gleichgewichts

$$\tang I' = \frac{\tang I}{\cos \mu},$$

folglich von M unabhängig. Ist ausserdem $\mu = \frac{\pi}{2}$, so wird auch $I' = \frac{\pi}{2}$, oder die Centrallinie wird vertical stehen; ist $\mu = o$, so wird $I' = I$.

Bezeichnet man durch D die Declination der magnetischen Kraft und durch a das astronomische Azimuth der Centrallinie, so wird

$$\mu = a - D$$

und im Zustande des Gleichgewichts, wenn die feste Axe durch den Schwerpunkt geht,

$$\tang I' = \frac{\tang I}{\cos(a - D)}.$$

Hat man für einen andern Werth des Azimuths $= a'$ statt I' den Winkel I'', so ist auch

$$\tang I'' = \frac{\tang I}{\cos(a' - D)},$$

und hieraus findet man dann

$$\tang D = -\frac{\cos a' \tang I'' - \cos a \tang I'}{\sin a' \tang I'' - \sin a \tang I'},$$

$$\tang I = \tang I' \cos(a - D) = \tang I'' \cos(a' - D).$$

Cap. IX.

Dynamik. Gesetze der Bewegungen eines Systems von mit einander verbundenen Punkten, deren Verbindung durch von der Zeit unabhängige Gleichungen ausgedrückt werden können.

§. 84.

Wenn auf ein System von mit einander verbundenen Punkten, deren Verbindungen durch von der Zeit unabhängige Gleichungen ausgedrückt werden, mehrere Kräfte wirken, so werden in den verschiedenen Punkten dieses Systems gewisse Spannungen oder Drucke stattfinden. Die Kräfte, welche an jedem Punkte angebracht, wo eine solche Spannung oder Druck stattfindet, dieselbe Spannung oder

Druck hervorbringen würden, wurden in §. 11 die Kräfte der Verbindung genannt; man kann sich die Verbindungen der verschiedenen Punkte ganz aufgehoben denken und statt deren die Kräfte der Verbindung wirkend, so wird hierdurch die Bewegung oder das Gleichgewicht des Körpers in nichts geändert.

Die Kräfte, welche die Bewegung des oben beschriebenen Systems bestimmen, wurden im §. 11 gegebene Kräfte genannt.

Man nennt endlich totale Kräfte diejenigen, die, wenn sie allein wirkten und die Verbindung zwischen den Punkten aufgehoben wäre, dieselbe Bewegung hervorbringen würden, wie die gegebenen Kräfte während der stattfindenden Verbindung.

Setzt man jetzt statt der Verbindungen die Kräfte der Verbindungen, so kann man, wie oben bemerkt, die Verbindungen der Punkte ganz aufheben und es geht aus den obigen Definitionen unmittelbar folgender Satz hervor:

In jedem Punkte des Systems muss die totale Kraft die Resultante der gegebenen Kräfte und der Kräfte der Verbindungen sein.

Die Kräfte der Verbindungen können allein keine Bewegung hervorbringen und müssen daher im ganzen Systeme, wenn die stattfindende Verbindung fortdauert, einander im Gleichgewicht halten. Deswegen können *die gegebenen Kräfte durch die totalen Kräfte ersetzt werden*, oder: *die gegebenen Kräfte und die totalen Kräfte, wenn diese in entgegengesetzter Richtung der wirklichen Bewegung genommen werden, halten einander im Gleichgewicht.*

Dieser Satz wird das Princip d'Alemberts genannt.

Die gegebenen Kräfte werden bewegende Kräfte genannt, wenn sie mit der Richtung der Bewegung einen spitzen, widerstrebende, wenn sie mit derselben einen stumpfen Winkel bilden.

§. 85.

Um die totale Kraft durch die stattfindende Bewegung bestimmen zu können, muss man eine auf einen Punkt wirkende Kraft durch die Bewegung dieses Punktes und seiner Masse ausdrücken können. Dieses geschieht mit Hülfe des zweiten Grundgesetzes der

Wirkungsweise der Kräfte, §. 4. das Gesetz der Proportionalität der Kräfte und der Variationen der Geschwindigkeiten.

Bezeichnet man durch K eine unveränderliche Kraft, welche am Ende der ersten Secunde einem materiellen Punkte, dessen Gewicht gleich P ist, die Geschwindigkeit V mittheilt, und folglich auch, weil sie unveränderlich ist, in jeder folgenden Secunde die erhaltene Geschwindigkeit mit V vermehrt, so ist wegen des angeführten Gesetzes $K : P = V : g$,

also $$K = \frac{P}{g} \cdot V = M . V,$$

wo M die Masse des materiellen Punktes ist.

Zwei unveränderliche Kräfte verhalten sich zu einander wie die Produkte der Geschwindigkeiten, welche sie in demselben Zeitraume den Körpern mittheilen können, in die Massen oder Produkte dieser Körper.

Dieses Produkt MV wird die Quantität der Bewegung, oder auch das Bewegungsmoment des Körpers genannt, und ist der unveränderlichen Kraft gleich, welche die Bewegung hervorbringen konnte.

Wenn dagegen die Kraft K veränderlich ist, so kann sie doch während eines Zeitelementes dt als constant betrachtet werden. Bezeichnet man durch dV die Zunahme der Geschwindigkeit in diesem Zeitelemente und bemerkt, dass die Zunahme der Geschwindigkeit, welche die unveränderliche Kraft der Schwere dem Körper in diesem Zeitelemente mitgetheilt haben würde, diesem Zeitelemente proportional gleich gdt ist, so wird

$$K : P = dV : gdt,$$

folglich $$K = \frac{P}{g} \cdot d_t V = M d_t V.$$

Bezeichnet man durch e die von dem in der Richtung der Kraft K bewegten Körper beschriebene gerade Linie, so ist

$$V = d_t e,$$

also auch $$K = \frac{P}{g} \cdot d_t^2 e = M d_t^2 e.$$

§. 86.

Wenn man eine Kraft R, welche auf einen Punkt (x, y, z) wirkt, in drei Kräfte X, Y, Z parallel mit drei auf einander senkrechten Coordinatenaxen zerlegt, so wird, wenn man in der vorhergehenden Formel statt K successive X, Y, Z, und statt c successive x, y, z setzt,

$$X = \frac{P}{g} \cdot d_t^2 x, \quad Y = \frac{P}{g} \cdot d_t^2 y, \quad Z = \frac{P}{g} \cdot d_t^2 z.$$

Bezeichnet man durch s die von einem Punkte beschriebene krumme Linie, so wird die Tangente im Punkte (x, y, z) mit den Coordinatenaxen Winkel bilden, deren Cosinus gleich $d_s x$, $d_s y$, $d_s z$ sind. Die Componente der Kraft R längs der Tangente, oder die Tangentialkraft des Punktes, wird (§. 10)

$$X d_s x + Y d_s y + Z d_s z,$$

oder, wenn man die Werthe von X, Y, Z substituirt und bemerkt, dass $ds^2 = dx^2 + dy^2 + dz^2$, und daher auch $ds\,d^2 s = dx\,d^2 x + dy\,d^2 y + dz\,d^2 z$, gleich

$$\frac{P}{g}(d_t^2 x\,d_s x + d_t^2 y\,d_s y + d_t^2 z\,d_s z) = \frac{P}{g} \cdot d_t^2 s.$$

Die Normale im Punkte (x, y, z) bildet mit den drei Coordinatenaxen Winkel, deren Cosinus gleich $r d_s^2 x$, $r d_s^2 y$, $r d_s^2 z$ sind, wo r den zum Punkte (x, y, z) gehörigen Krümmungshalbmesser der vom Punkte beschriebenen krummen Linie bezeichnet. Die Componente der Kraft R längs der Normale, welche die Centrifugalkraft genannt wird, weil sie den Punkt vom Krümmungsmittelpunkte zu entfernen sucht, wird also

$$\begin{aligned} X r d_s^2 x + Y r d_s^2 y + Z r d_s^2 z &= \frac{Pr}{g}(d_t^2 x\,d_s^2 x + d_t^2 y\,d_s^2 y + d_t^2 z\,d_s^2 z) \\ &= \frac{Pr}{g}(d_t s)^2 [(d_s^2 x)^2 + (d_s^2 y)^2 + (d_s^2 z)^2] \\ &= \frac{Pr}{g}(d_t s)^2 \cdot \frac{1}{r^2} - \frac{P}{g} \cdot \frac{(d_t s)^2}{r} \\ &= \frac{P}{g} \cdot \frac{v^2}{r}, \end{aligned}$$

wo v die Geschwindigkeit des Punktes bezeichnet.

Die zwei Kräfte, die Tangentialkraft, gleich $\frac{P}{g} \cdot d_t^2 s$, und die Centrifugalkraft, gleich $\frac{P}{g} \cdot \frac{v^2}{r}$, stellen die Kraft R vollständig dar. Die Summe ihrer Componenten längs jeder der drei Coordinatenaxen ist nämlich der Componente von R längs derselben Axe gleich. Man hat in der That

$$\frac{P}{g} d_t^2 s \cdot d_s x + \frac{P}{g} \cdot \frac{(d_t s)^2}{r} \cdot r d_s^2 x = \frac{P}{g} [d_t^2 s \cdot d_s x + d_s^2 x \cdot (d_t s)^2]$$
$$= \frac{P}{g} d_t (d_s x \cdot d_t s) = \frac{P}{g} d_t (d_t x) = \frac{P}{g} d_t^2 x = X,$$

und ebenso längs jeder der beiden anderen Axen; R ist folglich die Resultante dieser zwei Kräfte.

Wenn die Bahn eine gerade Linie ist, wird $\frac{1}{r} = o$, und daher die Centrifugalkraft gleich Null.

§. 87.

Durch die in den §§. 14 und 15 entwickelten Bedingungsgleichungen des Gleichgewichts können, wie wir in den Cap. III. und IV. gesehen haben, alle Probleme des Gleichgewichts gelöst werden. Wendet man diese Gleichungen auf das im §. 84 entwickelte d'Alembertsche Princip des Gleichgewichts der gegebenen und der in entgegengesetzter Richtung genommenen totalen Kräfte an, so können auch alle Probleme der Bewegung durch Gleichungen ausgedrückt werden.

Bezeichnet man durch $p_1, p_2, p_3, \ldots$ das Gewicht der Punkte des gegebenen Systems, durch $m_1, m_2, m_3, \ldots$ ihre Massen, so ist wegen §. 85 die auf dem Punkte (x_r, y_r, z_r) wirkende totale Kraft, längs der drei Coordinatenaxen zerlegt,

$$\frac{p_r}{g} d_t^2 x_r, \quad \frac{p_r}{g} d_t^2 y_r, \quad \frac{p_r}{g} d_t^2 z_r.$$

Die Kräfte X_r, Y_r, Z_r, welche auf diesem Punkte wirken, müssen nun nach dem d'Alembertschen Princip, wenn die Verbindungen

$$u_1 = o, \quad u_2 = o, \ldots . \; u_p = o$$

stattfinden, mit jenen totalen Kräften, wenn ihre Zeichen verändert werden, im Gleichgewichte sein, d. h. die auf dem Punkte (x_1, y_1, z_1) wirkenden Kräfte

$$X_1 - \frac{p_1}{g} d_t^2 x_1, \quad Y_1 - \frac{p_1}{g} d_t^2 y_1, \quad Z_1 - \frac{p_1}{g} d_t^2 z_1,$$

die auf dem Punkte (x_2, y_2, z_2) wirkenden Kräfte

$$X_2 - \frac{p_2}{g} d_t^2 x_2, \quad Y_2 - \frac{p_2}{g} d_t^2 y_2, \quad Z_2 - \frac{p_2}{g} d_t^2 z_2 \text{ u. s. w.}$$

müssen im Gleichgewichte sein. Diese Kräfte werden auch deswegen die verlorenen Kräfte des Systems genannt. Die Gleichungen des Gleichgewichts des §. 14 werden aber nun

$$X_1 - \frac{p_1}{g} d_t^2 x_1 = a_1 d_{x_1} u_1 + a_2 d_{x_1} u_2 + \dots a_p d_{x_1} u_p,$$

$$Y_1 - \frac{p_1}{g} d_t^2 y_1 = a_1 d_{y_1} u_1 + a_2 d_{y_1} u_2 + \dots a_p d_{y_1} u_p,$$

$$Z_1 - \frac{p_1}{g} d_t^2 z_1 = a_1 d_{z_1} u_1 + a_2 d_{z_1} u_2 + \dots a_p d_{z_1} u_p,$$

$$X_2 - \frac{p_2}{g} d_t^2 x_2 = a_1 d_{x_2} u_1 + a_2 d_{x_2} u_2 + \dots a_p d_{x_2} u_p,$$

. . . .

$$Z_n - \frac{p_n}{g} d_t z_n = a_1 d_{z_n} u_1 + a_2 d_{z_n} u_2 + \dots a_p d_{z_n} u_p.$$

Eliminirt man zwischen diesen 3n Gleichungen die p willkürlichen Coëfficienten $a_1, a_2, \dots a_p$, so erhält man $3n - p$ Gleichungen, welche eben die Bedingungsgleichungen der Bewegung sind.

Die Spannung oder der Druck in jedem Punkte des gegebenen Systems wird auf dieselbe Weise wie im §. 14 berechnet werden müssen, wenn man nur statt der gegebenen Kräfte $X_1, Y_1, Z_1, X_2,$ .... die verlorenen Kräfte

$$X_1 - \frac{p_1}{g} d_t^2 x_1, \quad Y_1 - \frac{p_1}{g} d_t^2 y_1, \quad Z_1 - \frac{p_1}{g} d_t^2 z_1, \quad X_2 - \frac{p_2}{g} d_t^2 x_2, \dots$$

welche letzteren jetzt im Gleichgewichte sind, substituirt.

§. 88.

Die Tension der dem Punkte (x, y, z) gehörigen totalen Kraft, d. h. die längs der Tangente des beschriebenen Bogens wirkende Componente derselben, ist nach §. 86, wenn man durch e den vom Punkte beschriebenen Bogen bezeichnet, gleich $\frac{p}{g} d_t^2 c$, und die virtuelle Arbeit dieser Kraft (§. 19) $\frac{p}{g}d_t^2e \cdot d_te$. Wendet man das d'Alembertsche Princip auf das Gesetz der virtuellen Geschwindigkeiten an, so erhält man (§. 19)

$$\Sigma Td_ts - \Sigma T'd_ts' - \Sigma\frac{p}{g}d_t^2e \cdot d_te = o,$$

oder

$$\Sigma Td_ts - \Sigma T'd_ts' = \Sigma\frac{p}{g}d_t^2e \cdot d_te,$$

wo T und T' die Tensionen der bewegenden und widerstehenden Kräfte und s und s' die von ihren Angriffspunkten beschriebenen Bogen bezeichnen. Es sei nun v die Geschwindigkeit eines Punktes des Systems, so ist $d_te = v$, $d_t^2e \cdot d_te = vd_tv$, und die obige Gleichung wird daher

$$\Sigma Td_ts - \Sigma T'd_ts' = \Sigma\frac{p}{g}vd_tv.$$

Multiplicirt man diese Gleichungen mit dt, integrirt in Bezug auf t von o bis t, und bezeichnet durch v_0 den dem Zeitpunkte t = o entsprechenden Werth der Geschwindigkeit v, so erhält man

$$\int_0^t \Sigma Td_ts \cdot dt - \int_0^t \Sigma T'd_ts' \cdot dt = \Sigma\frac{pv^2}{2g} - \Sigma\frac{pv_0^2}{2g} = \Sigma\frac{mv^2}{2} - \Sigma\frac{mv_0^2}{2}.$$

Der Ausdruck $\frac{mv^2}{2}$ oder die Hälfte der Masse eines Punktes mit dem Quadrate seiner Geschwindigkeit multiplicirt, wird die lebendige Kraft des Punktes genannt. Das Integral $\int_0^t Td_tsdt$ wird die dynamische Arbeit der Kraft, deren Tension T ist, während der Zeit t genannt. Die obige Gleichung kann auch folgender Weise ausgesprochen werden:

In einem bewegten System von Punkten ist die Differenz zwischen der Summe der dynamischen Arbeiten der bewegenden Kräfte und der Summe der dynamischen Arbeiten der widerstehenden Kräfte während eines gewissen Zeitraumes dem Zuwachs der lebendigen Kraft des Systems in diesem Zeitraume gleich.

Dies wird der Satz der lebendigen Kraft genannt, und die obige Gleichung die Gleichung der lebendigen Kraft.

Diese Gleichung kann statt einer der aus den Gleichungen des vorigen Paragraphen durch Elimination der Coëfficienten a_1, a_2, ... a_p gebildeten 3n—p Gleichungen gesetzt werden, und wenn 3n — p = 1, braucht man nur diese Gleichung, welche alsdann das ganze Gesetz der Bewegung ausdrückt, anzuwenden.

Bei der Anwendung der Gleichung der lebendigen Kraft muss berücksichtigt werden, dass die materiellen Theilchen, welche zu dem beim Anfange des Zeitraumes vorhanden gewesenen System gehören, auch zu dem beim Ende des Zeitraumes vorhanden gewesenen gerechnet werden. Ist z. B. ein Fluidum ein Theil des Systems, so muss man bei der Anwendung der Gleichung der lebendigen Kraft dieselben Theile des Fluidums am Anfange wie am Ende des Zeitraumes betrachten, nicht die, welche in diesen Augenblicken denselben Platz einnehmen.

Aus der Gleichung der lebendigen Kraft geht hervor, dass diese Kraft in einem gegebenen Zeitraume unverändert bleibt, wenn während dieses Zeitraumes auf das System keine weder bewegenden noch widerstehenden Kräfte wirken. Dies wird der Satz der Beibehaltung der lebendigen Kraft genannt. Es folgt hieraus, dass die lebendige Kraft durch keine Maschine vergrössert werden kann, und, wenn keine widerstehenden Kräfte, wie Friction, Adhäsion u. s. w. stattfänden, auch nicht vermindert werden könnte.

§. 89.

Kennt man die lebendige Kraft eines Systems von materiellen Punkten, wenn man nur ihre Bewegung relativ zum Schwerpunkte des Systems betrachtet, und man auch die Bewegung dieses Schwerpunktes kennt, so kann man hieraus die absolute lebendige Kraft des Systems leicht finden. Ziehen wir nämlich durch den Schwerpunkt drei Coordinataxen, welche immer parallel mit einem gegebenen festen System von Coordinaten bleiben, und nennt man x', y', z' die Coordinaten eines Punktes relativ zu diesem beweglichen Axensysteme, x, y, z die Coordinaten desselben Punktes relativ zum festen Axensysteme, und $\mathfrak{x}, \mathfrak{y}, \mathfrak{z}$ die Coordinaten des Schwerpunkts, so ist

$$\mathrm{x} = \mathfrak{x} + \mathrm{x}', \quad \mathrm{y} = \mathfrak{y} + \mathrm{y}', \quad \mathrm{z} = \mathfrak{z} + \mathrm{z}',$$

und daher

$$d_t\mathrm{x} = d_t\mathfrak{x} + d_t\mathrm{x}', \quad d_t\mathrm{y} = d_t\mathfrak{y} + d_t\mathrm{y}', \quad d_t\mathrm{z} = d_t\mathfrak{z} + d_t\mathrm{z}'.$$

Die lebendige Kraft eines Punktes wird nun

$$\begin{aligned}\frac{\mathrm{p}v^2}{2g} = \frac{\mathrm{p}}{2g}(d_t s)^2 &= \frac{\mathrm{p}}{2g}[(d_t\mathrm{x})^2 + (d_t\mathrm{y})^2 + (d_t\mathrm{z})^2] \\ &= \frac{\mathrm{p}}{2g}[(d_t\mathfrak{x} + d_t\mathrm{x}')^2 + (d_t\mathfrak{y} + d_t\mathrm{y}')^2 + (d_t\mathfrak{z} + d_t\mathrm{z}')^2] \\ &= \frac{\mathrm{p}}{2g}[(d_t\mathfrak{x})^2 + (d_t\mathfrak{y})^2 + (d_t\mathfrak{z})^2] \\ &\quad + \frac{\mathrm{p}}{g}[d_t\mathfrak{x}\, d_t\mathrm{x}' + d_t\mathfrak{y}\, d_t\mathrm{y}' + d_t\mathfrak{z}\, d_t\mathrm{z}'] \\ &\quad + \frac{\mathrm{p}}{2g}[(d_t\mathrm{x}')^2 + (d_t\mathrm{y}')^2 + (d_t\mathrm{z}')^2].\end{aligned}$$

Die lebendige Kraft des ganzen Systems wird also

$$[(d_t\mathfrak{x})^2 + (d_t\mathfrak{y})^2 + (d_t\mathfrak{z})^2]\Sigma\frac{\mathrm{p}}{2g} + \frac{d_t\mathfrak{x}}{g}\Sigma \mathrm{p}\, d_t\mathrm{x}' + \frac{d_t\mathfrak{y}}{g}\Sigma \mathrm{p}\, d_t\mathrm{y}' + \frac{d_t\mathfrak{z}}{g}\Sigma \mathrm{p}\, d_t\mathrm{z}'$$
$$+ \Sigma\frac{\mathrm{p}}{2g}[(d_t\mathrm{x}')^2 + (d_t\mathrm{y}')^2 + (d_t\mathrm{z}')^2].$$

Weil aber der Schwerpunkt der Anfangspunkt des beweglichen Coordinatensystems ist, folglich alle seine Coordinaten relativ zu diesem Systeme Null, so wird $\Sigma \mathrm{p}\, d_t\mathrm{x}' = 0$, $\Sigma \mathrm{p}\, d_t\mathrm{y}' = 0$, $\Sigma \mathrm{p}\, d_t\mathrm{z}' = 0$. Substituirt man diese Werthe und bezeichnet durch $\mathrm{P} = \Sigma \mathrm{p}$ das Gewicht des ganzen Systems, so wird die lebendige Kraft

$$\frac{\mathrm{P}}{2g}[(d_t\mathfrak{x})^2 + (d_t\mathfrak{y})^2 + (d_t\mathfrak{z})^2] + \Sigma\frac{\mathrm{p}}{2g}[(d_t\mathrm{x}')^2 + (d_t\mathrm{y}')^2 + (d_t\mathrm{z}')^2].$$

Die lebendige Kraft des Systems ist gleich der Summe der lebendigen Kraft des Schwerpunkts, wenn das ganze System da concentrirt wäre, und der lebendigen Kraft des Systems, wenn nur die Bewegung relativ zum Schwerpunkte berücksichtigt wird. Hat das System keine relative Bewegung zu dem Coordinatensystem des Schwerpunkts, so wird das letzte Glied Null und die lebendige Kraft gleich derjenigen des Schwerpunktes sein.

§. 90.

Ist das gegebene System von Punkten ganz frei, so werden die Verbindungsgleichungen $u_1 = 0$, $u_2 = 0$, ... nur Functionen der gegenseitigen Entfernungen der Punkte sein. Es seien diese durch r, r', r'' ... bezeichnet, und daher

$$u_p = f_p(r, r', r'' \ldots),$$

wo
$$r^2 = (x_1 - x_2)^2 + (y_1 - y_2)^2 + (z_1 - z_2)^2,$$
$$r'^2 = (x_1 - x_3)^2 + (y_1 - y_3)^2 + (z_1 - z_3)^2,$$
$$r''^2 = (x_2 - x_3)^2 + (y_2 - y_3)^2 + (z_2 - z_3)^2. \text{ u. s. w.}$$

Es wird alsdann

$$d_{x_1} r + d_{x_2} r = o, \quad d_{x_1} r' + d_{x_3} r' = o, \quad d_{x_2} r'' + d_{x_3} r'' = o.$$
$$d_{x_3} r = o, \quad d_{x_2} r' = o, \quad d_{x_1} r'' = o, \text{ u. s. w.;}$$

ferner
$$d_{x_1} u_1 = d_r u_1 . d_{x_1} r + d_{r'} u_1 . d_{x_1} r' + d_{r''} u_1 . d_{x_1} r'' + \ldots$$
$$d_{x_2} u_1 = d_r u_1 . d_{x_2} r + d_{r'} u_1 . d_{x_2} r' + d_{r''} u_1 . d_{x_2} r'' + \ldots$$
$$\ldots\ldots\ldots\ldots\ldots\ldots\ldots\ldots\ldots\ldots$$

und alsdann durch Addition

$$\Sigma d_x u_1 = o, \text{ und ebenso } \Sigma d_x u_2 = o, \ \Sigma d_x u_3 = o, \ldots$$
$$\Sigma d_y u_1 = o, \ \Sigma d_y u_2 = o, \ldots \ \Sigma d_z u_1 = o, \ \Sigma d_z u_2 = o, \ldots$$

Die Bewegungsgleichungen des §. 87 geben nun durch Addition

$$\Sigma X = \Sigma \frac{p}{g} d_t^2 x, \quad \Sigma Y = \Sigma \frac{p}{g} d_t^2 y, \quad \Sigma Z = \Sigma \frac{p}{g} d_t^2 z.$$

Bezeichnet man jetzt durch x, y, z die Coordinaten des Schwerpunktes, so wird

$$\Sigma \frac{p}{g} d_t^2 x = \frac{P}{g} d_t^2 x, \quad \Sigma \frac{p}{g} d_t^2 y = \frac{P}{g} d_t^2 y, \quad \Sigma \frac{p}{g} d_t^2 z = \frac{P}{g} d_t^2 z.$$

Es wird folglich

$$\frac{P}{g} d_t^2 x = \Sigma X, \quad \frac{P}{g} d_t^2 y = \Sigma Y, \quad \frac{P}{g} d_t^2 z = \Sigma Z,$$

d. h. *Bei einem ganz freien System von Punkten bewegt sich der Schwerpunkt wie wenn alle Massen in ihm vereinigt und alle Kräfte an ihm angebracht wären.*

Man erhält ferner

$$y_1 d_{x_1} u_1 - x_1 d_{y_1} u_1 = d_r u_1 (y_1 d_{x_1} r - x_1 d_{y_1} r)$$
$$+ d_{r'} u_1 (y_1 d_{x_1} r' - x_1 d_{y_1} r') + \ldots$$
$$y_2 d_{x_2} u_1 - x_2 d_{y_2} u_1 = d_r u_1 (y_2 d_{x_2} r - x_2 d_{y_2} r)$$
$$+ d_{r'} u_1 (y_2 d_{x_2} r' - x_2 d_{y_2} r') + \ldots$$
$$\ldots\ldots\ldots\ldots\ldots\ldots\ldots\ldots\ldots\ldots$$

Es ist aber

$$y_1 d_{x_1} r - x_1 d_{y_1} r + y_2 d_{x_2} r - x_2 d_{y_2} r = (y_1 - y_2) d_{x_1} r - (x_1 - x_2) d_{y_1} r$$

$$= \frac{(y_1 - y_2)(x_1 - x_2) - (x_1 - x_2)(y_1 - y_2)}{r_1} = o,$$

$$y_2 d_{x_3} r - x_3 d_{y_3} r = o, \quad d_{x_3} r = o, \quad d_{y_3} r = o, \text{ u. s. w.}$$

Ebenso findet man

$$y_1 d_{x_1} r' - x_1 d_{y_1} r' + y_3 d_{x_3} r' - x_3 d_{y_3} r' = o, \quad y_2 d_{x_2} r' - x_2 d_{y_2} r' = o, \ldots$$

Folglich erhält man durch Addition der vorstehenden Gleichungen

$$\Sigma(y d_x u_1 - x d_y u_1) = o, \text{ und ebenso } \Sigma(y d_x u_2 - x d_y u_2) = o, \ldots$$

$$\Sigma(z d_y u_1 - y d_z u_1) = o, \quad \Sigma(z d_y u_2 - y d_z u_2) = o, \ldots$$

$$\Sigma(x d_z u_1 - z d_x u_1) = o, \quad \Sigma(x d_z u_2 - z d_x u_2) = o, \ldots$$

Die Bewegungsgleichungen des §. 87 geben nun

$$\Sigma(Xy - Yx) = \Sigma \frac{p}{g}(y d_t^2 x - x d_t^2 y), \quad \Sigma(Yz - Zy) = \Sigma \frac{p}{g}(z d_t^2 y - y d_t^2 z),$$

$$\Sigma(Zx - Xz) = \Sigma \frac{p}{g}(x d_t^2 z - z d_t^2 x),$$

oder

$$\Sigma(Xy - Yx) = d_t \Sigma \frac{p}{g}(y d_t x - x d_t y),$$

$$\Sigma(Yz - Zy) = d_t \Sigma \frac{p}{g}(z d_t y - y d_t z),$$

$$\Sigma(Zx - Xz) = d_t \Sigma \frac{p}{g}(x d_t z - z d_t x).$$

Die Ausdrücke $\Sigma(Xy - Yx)$, $\Sigma(Yz - Zy)$, $\Sigma(Zx - Xz)$ sind die Summen der Momente der gegebenen Kräfte in Bezug auf die drei Coordinatenaxen; $\frac{p}{g} d_t x$, $\frac{p}{g} d_t y$, $\frac{p}{g} d_t z$ sind die Componenten der Bewegungsmomente des Punktes (x, y, z), und die Ausdrücke $\frac{p}{g}(y d_t x - x d_t y)$, $\frac{p}{g}(z d_t y - y d_t z)$, $\frac{p}{g}(x d_t z - z d_t x)$ werden daher die Componenten des Paares dieses Bewegungsmomentes genannt. Die obigen Gleichungen enthalten folglich, dass die Aenderungen des zusammengesetzten Paares der Bewegungsmomente in Bezug auf den Anfangspunkt der Coordinaten nur durch die Momente der gegebenen Kräfte bedingt sind.

Es seien die Momente der gegebenen Kräfte gleich Null, oder sie heben einander gegenseitig auf, d. h. es sei $\Sigma(Xy - Yx) = o$, $\Sigma(Yz - Zy) = o$, $\Sigma(Zx - Xz) = o$, was z. B. stattfindet, wenn alle Kräfte gegen den Anfangspunkt der Coordinaten gerichtet sind, oder wenn alle die gegebenen Kräfte in gegenseitigen Anziehungen und Abstossungen zwischen den gegebenen Punkten bestehen, so erhält man durch Integration

$$\Sigma\frac{p}{g}(yd_t x - xd_t y) = c, \quad \Sigma\frac{p}{g}(zd_t y - yd_t z) = c', \quad \Sigma\frac{p}{g}(xd_t z - zd_t x) = c'',$$

d. h. das zusammengesetzte Paar der Bewegungsmomente bleibt nach Richtung und Grösse unveränderlich. Die Constanten c, c′, c″ drücken die Componente derselben nach den Coordinatenebenen aus.

Dieser Satz kann auch anders ausgedrückt werden. Es ist nämlich $yd_t x - xd_t y$ das Doppelte des Flächenraumes, welches die Projection auf der xy Ebene des vom Anfangspunkte der Coordinaten zum Punkte (x, y, z) gehenden Leitstrahls in einer Zeiteinheit beschreibt, und ähnliche Bedeutung haben die Ausdrücke $zd_t y - yd_t z$, $xd_t z - zd_t x$. *Es sind daher die Summen der Flächenräume, welche die Projectionen auf eine unveränderliche Ebene der vom Anfangspunkte des Coordinatensystems nach den Punkten des Systems gehenden Leitstrahlen in einem Zeitelemente überstreichen, jeder mit der Masse des entsprechenden Punktes multiplicirt, einander gleich, und die in einem endlichen Zeitraume überstrichenen Flächenräume, jeder mit der Masse des entsprechenden Punktes multiplicirt, sind folglich der Zeit proportional.*

Dies wird der Satz von der Erhaltung der Flächen genannt.

Die Werthe der übergestrichenen, mit der Masse der entsprechenden Punkte multiplicirten Flächenräume sind für die Zeiteinheit und in Bezug auf die xy, yz, xz Coordinatenebenen $\frac{1}{2}c$, $\frac{1}{2}c'$, $\frac{1}{2}c''$. Setzt man auf die z, x, y Axe dieser Grössen proportionale Linien ab, zieht die Diagonale des von diesen Linien gebildeten Parallelepipedons, so wird die Summe der von den Projectionen der Leitstrahlen in der Zeiteinheit überstrichenen Flächen, jede mit der Masse des entsprechenden Punktes multiplicirt, am grössten, wenn die Projectionsebene auf diese Diagonale senkrecht steht; ihr Werth wird nämlich $\frac{1}{2}\sqrt{c^2 + c'^2 + c''^2}$, dagegen auf jede andere Ebene, welche mit dieser einen Winkel ϑ bildet, $\frac{1}{2}\cos\vartheta\sqrt{c^2 + c'^2 + c''^2}$.

§. 91.

Bezeichnet man wie vorher durch U die im §. 18 definirte Kräftefunction, d. h. eine Function von $x_1, y_1, z_1, x_2, y_2, z_2, \ldots x_n, y_n, z_n$, deren partielle Differentialen

$$d_{x_1} U = X_1, \quad d_{y_1} U = Y_1, \quad d_{z_1} U = Z_1,$$
$$d_{x_2} U = X_2, \quad d_{y_2} U = Y_2, \quad d_{z_2} U = Z_2,$$
$$\cdots\cdots\cdots\cdots\cdots\cdots$$

so können die Gleichungen des §. 87 auch so geschrieben werden:

$$\frac{p_1}{g} d_t^2 x_1 = d_{x_1} U - a_1 d_{x_1} u - a_2 d_{x_1} u_2 - \ldots. - a_p d_{x_1} u_p,$$
$$\frac{p_1}{g} d_t^2 y_1 = d_{y_1} U - a_1 d_{y_1} u - a_2 d_{y_1} u_2 - \ldots. - a_p d_{y_1} u_p,$$
$$\cdots\cdots\cdots\cdots\cdots\cdots\cdots\cdots$$

Multiplicirt man jede dieser Gleichungen der Reihe nach mit $d_t x_1$, $d_t y_1$, $d_t z_1$, ... und addirt, so erhält man

$$\Sigma \frac{p}{g}(d_t^2 x . d_t x + d_t^2 y . d_t y + d_t^2 z . d_t z) = \Sigma(d_x U . d_t x + d_y U . d_t y + d_z U . d_t z)$$
$$- a_1 \Sigma(d_x u_1 . d_t x + d_y u_1 . d_t y + d_z u_1 . d_t z)$$
$$- a_2 \Sigma(d_x u_2 . d_t x + d_y u_2 . d_t y + d_z u_2 . d_t z)$$
$$\cdots\cdots\cdots\cdots\cdots\cdots\cdots\cdots$$
$$- a_p \Sigma(d_x u_p . d_t x + d_y u_p . d_t y + d_z u_p . d_t z) = d_t U,$$

weil $u_1, u_2, \ldots$ von der Zeit t unabhängig sind und folglich ihre Differentialen in Bezug auf t gleich Null. Integrirt man und bezeichnet durch U_0 den der Zeit $t = o$ entsprechenden Werth von U, so wird

$$U - U_0 = \frac{1}{2}\Sigma\frac{p}{g}[(d_t x)^2 + (d_t y)^2 + (d_t z)^2] = \Sigma\frac{mv^2}{2} - \Sigma\frac{mv_0^2}{2},$$

d. h. der Zuwachs der Kräftefunction ist dem Zuwachs der lebendigen Kraft gleich.

Weil $d_t U = \Sigma(X d_t x + Y d_t y + Z d_t z)$, so wird, wenn keine Kräftefunction stattfindet, d. h. wenn $\Sigma(X d_t x + Y d_t y + Z d_t z)$ kein genaues Differential ist, doch immer

$$\Sigma(X d_t x + Y d_t y + Z d_t z) = \Sigma m v d_t v.$$

CAP. X.

Gesetze der Bewegung eines festen Körpers.

a) Bewegung des Schwerpunkts eines freien festen Körpers oder eines materiellen Punktes.

§. 92.

Um die Gesetze der Bewegung eines festen Körpers kennen zu lernen, muss man erstens die Bewegung irgend eines Punktes O und zweitens die relative Bewegung aller übrigen Punkte in Beziehung auf O, d. h. die Drehung des Körpers um O, kennen lernen. Wenn ein Punkt des Körpers fest ist, so fällt, indem man diesen für O nimmt, der erste Theil der Aufgabe weg; ist aber der Körper frei, so ist es am vortheilhaftesten für O den Schwerpunkt des Körpers zu nehmen, weil alsdann nach §. 90 die Bewegung des Körpers eben so erfolgt, als ob die ganze Masse des Körpers in ihm vereinigt wäre und alle Kräfte unmittelbar auf ihn wirkten. Wir werden daher erst die Bewegung eines solchen materiellen Punktes betrachten.

Es sei p das Gewicht des Punktes, $\frac{p}{g} = m$ seine Masse, x, y, z seine Coordinaten und X, Y, Z die Componenten längs drei im Raume festen Coordinatenaxen der auf dem gegebenen Punkte wirkenden Kräfte. Die verlorenen Kräfte $X - m d_t^2 x$, $Y - m d_t^2 y$, $Z - m d_t^2 z$ sollen dann nach §. 87 im Gleichgewicht sein, und die Gleichungen des Gleichgewichts dieser auf einen Punkt wirkenden Kräfte werden

$$X - m d_t^2 x = o, \quad Y - m d_t^2 y = o, \quad Z - m d_t^2 z = o,$$

daher

$$X = m d_t^2 x, \quad Y = m d_t^2 y, \quad Z = m d_t^2 z.$$

Wenn nun hier X, Y, Z als Functionen der Coordinaten x, y, z und etwa noch der Zeit t gegeben sind, so kann man durch Integration dieser drei Differentialgleichungen drei Gleichungen zwischen x, y, z, t erlangen, und folglich die Coordinaten des Punktes als Functionen der Zeit t bestimmen. Um die durch diese Integration erhaltenen 6 Constanten zu finden, muss man die Coordinaten und die Componenten der Geschwindigkeit des Punktes für einen gegebenen Augenblick kennen.

§. 93.

Wir werden als erstes Beispiel die Bewegung eines geworfenen materiellen Punktes im leeren Raume betrachten, wenn die Schwere sowohl der Grösse als der Richtung nach unveränderlich betrachtet wird. Es sei die z Axe vertical und positiv nach oben. Man hat alsdann

$$X = o, \quad Y = o, \quad Z = \div p = \div mg,$$

und die Bewegungsgleichungen des Punktes werden nun

$$d_t^2 x = o, \quad d_t^2 y = o, \quad d_t^2 z = -g.$$

Es sei die Anfangsgeschwindigkeit u, ihre Neigung gegen den Horizont α, und sie finde in der Ebene xz statt; der Punkt befinde sich ferner ursprünglich im Anfangspunkte der Coordinaten. Es ist dann für $t = o$,

$$x = o, \quad y = o, \quad z = o, \quad d_t x = u \cos\alpha, \quad d_t y = o, \quad d_t z = u \sin\alpha.$$

Es wird alsdann durch Integration der obigen Differentialgleichungen

$$d_t x = u \cos\alpha, \quad d_t y = o, \quad d_t z = u \sin\alpha - gt,$$

$$x = u \cos\alpha\, t, \quad y = o, \quad z = u \sin\alpha\, t - \tfrac{1}{2} g t^2.$$

Die Bewegung findet folglich fortwährend in der xz Ebene statt. Durch Elimination von t erhält man

$$2u^2 \cos^2\alpha\, z = 2u^2 \sin\alpha \cos\alpha\, x - gx^2,$$

oder

$$\left(x - \frac{u^2 \sin 2\alpha}{2g}\right)^2 = \frac{2u^2 \cos^2\alpha}{g}\left(\frac{u^2 \sin^2\alpha}{2g} - z\right),$$

was die Gleichung einer Parabel ist, deren Scheitel durch die Coordinaten

$$x' = \frac{u^2 \sin 2\alpha}{2g}, \quad z' = \frac{u^2 \sin^2\alpha}{2g}$$

bestimmt ist, deren Axe, die z Axe, vertical und deren Parameter $\frac{u^2 \cos^2 \alpha}{g}$ ist.

Der Abstand vom Anfangspunkt des Wurfes bis die Bahn wieder die horizontale x Axe schneidet, wird die Werfweite genannt. Setzt man in der obigen Gleichung der Bahn $z = o$, so findet man ausser $x = o$, noch $x = \frac{u^2 \sin 2\alpha}{g}$, was die Werfweite im leeren Raume ist. Diese Werfweite wird ein Maximum, wenn $\alpha = 45^\circ$, gleich $\frac{u^2}{g}$. Die grösste erreichte Höhe wird in diesem Falle $z' = \frac{u^2}{4g}$ und folglich die Werfweite dem Vierfachen der erreichten grössten Höhe gleich. Der Brennpunkt der Parabel wird in diesem Falle in der x Axe in der Mitte der Werfweite fallen.

§. 94.

Es sei die ursprüngliche Geschwindigkeit $u = o$, so wird

$$x = o, \quad z = \div \tfrac{1}{2} g t^2, \quad d_t x = o, \quad d_t z = \div g t,$$

d. h. der Punkt fällt vertical herunter mit einer der Zeit proportionalen Geschwindigkeit $v = gt$, und durchfällt im Zeitraume t eine Höhe $h = \frac{1}{2} g t^2 = \frac{v^2}{2g}$. Die Höhe $h = \frac{v^2}{2g}$ wird die zur Geschwindigkeit v gehörige Fallhöhe genannt.

§. 95.

Ist die ursprüngliche Geschwindigkeit u nicht gleich Null, findet aber in der verticalen Richtung der Schwere statt, so ist $\alpha = \div 90^\circ$, folglich

$$x = o, \quad z = ut + \tfrac{1}{2} g t^2, \quad d_t x = o, \quad d_t z = u + gt,$$

d. h. der Punkt fällt vertical herunter mit einer Geschwindigkeit $v = u + gt$, und durchläuft in der Zeit t die Höhe $h = ut + \frac{1}{2} g t^2 = \frac{v^2}{2g} + \frac{u^2}{2g}$.

Wird der Körper aufwärts mit einer Geschwindigkeit u' hinaufgeworfen, so ist $u = -u'$, also $v = gt - u$, $h = \frac{v^2}{2g} - \frac{u^2}{2g}$.

Wenn $v = o$, d. h. wenn der Körper seinen höchsten Punkt erreicht hat, wird er die Höhe $-h = \frac{u^2}{2g}$ erreicht haben, d. h. die zur ursprünglichen Geschwindigkeit gehörige Fallhöhe. Im Anfangspunkte heruntergefallen, wird er folglich wieder die ursprüngliche Geschwindigkeit in entgegengesetzter Richtung erlangt haben.

§. 96.

Bewegt sich ein schwerer Körper in einem widerstehenden Medium, so wird ausser der Schwere noch die widerstehende Kraft des Mediums zu berücksichtigen sein. Diese wird in der Richtung der Bewegung dieser gerade entgegengesetzt wirken. Wir betrachten hier nur die Bewegung des Schwerpunkts des Körpers und werden daher annehmen, der Widerstand des Mediums sei von der relativen Bewegung des Körpers um seinen Schwerpunkt unabhängig. Dies wird der Fall sein, wenn entweder keine solche relative Bewegung stattfindet, oder wenn der Körper ein Umdrehungskörper ist und jene relative Bewegung fände immer nur um diese Umdrehungsaxe statt, welche wieder als mit der jedesmaligen Richtung der Bewegung zusammenfallend angenommen wird. Wir werden ferner die widerstehende Kraft dem Quadrat der Geschwindigkeit proportional annehmen, was, wenigstens annäherungsweise, mit dem Widerstand der Luft der Fall ist. Wir setzen diesen Widerstand gleich $nv^2 m = n(d_t s)^2 m$, und seine Componenten längs der x und z Axe gleich

$$-n(d_t s)^2 d_s x . m = -n d_t s . d_t x . m, \quad -n(d_t s)^2 d_s z . m = -n d_t s . d_t z . m,$$

wo fortwährend m die Masse des Körpers bezeichnet und die ursprüngliche Bewegung in der xz Ebene angenommen wird. Man hat alsdann

$$X = -n d_t s . d_t x . m, \quad Z = -gm - n d_t s . d_t z . m,$$

und die Bewegungsgleichungen des §. 92 geben

$$(1) \qquad d_t^2 x = -n d_t s . d_t x, \quad d_t^2 z = -g - n d_t s . d_t z.$$

Aus der ersten dieser Gleichungen findet man durch Integration

$$\log(d_t x) = -ns + a, \quad \text{oder} \quad d_t x = Ce^{-ns},$$

wo a und C Constanten bezeichnen. Wird wie vorher durch α die Neigung der ursprünglichen Geschwindigkeit gegen den Horizont, die x Axe, bezeichnet, so wird

$$u \,.\, \cos\alpha = C,$$

$$(2) \qquad d_t x = u \,.\, \cos\alpha \,.\, e^{-ns}.$$

Multiplicirt man die erste der Gleichungen (1) mit $d_x z$, so findet man

$$d_t^2 x \,.\, d_x z = -n d_t s \,.\, d_t x \,.\, d_x z = -n d_t s \,.\, d_t z.$$

Dieser Ausdruck in die zweite Differentialgleichung (1) substituirt, giebt alsdann

$$d_t^2 z = -g + d_t^2 x \,.\, d_x z.$$

Es ist aber $d_t z = d_x z \,.\, d_t x$, folglich

$$d_t^2 z = d_t(d_x z) d_t x + d_x z \,.\, d_t^2 x,$$

und es wird nun

$$(3) \qquad d_t(d_x z) \,.\, d_t x = -g.$$

Dividirt man diese Gleichung mit dem Quadrate der Gleichung (2), so erhält man

$$\frac{d_t(d_x z)}{d_t x} = -\frac{g e^{2ns}}{u^2 \cos^2\alpha}.$$

Es ist aber

$$d_t(d_x z) = d_x(d_x z) \,.\, d_t x,$$

$$(4) \qquad \frac{d_t(d_x z)}{d_t x} = d_x(d_x z) = d_s(d_x z) d_x s = d_s(d_x z)\sqrt{1 + (d_x z)^2},$$

und es wird also

$$d_s(d_x z)\sqrt{1 + (d_x z)^2} = \div \frac{g e^{2ns}}{u^2 \cos^2\alpha}.$$

Setzt man der Kürze willen

$$d_x z = \vartheta,$$

wo ϑ die Tangente des Winkels ist, welchen die Bahn im Punkte (x, z) mit der horizontalen x Axe bildet, so wird die obige Gleichung

$$\sqrt{1 + \vartheta^2} \,.\, d_s \vartheta = -\frac{g e^{2ns}}{u^2 \cos^2\alpha},$$

$$\int_{\tan\alpha}^{\vartheta} \sqrt{1 + \vartheta^2} \,.\, d\vartheta = -\int_0^s \frac{g e^{2ns}}{u^2 \cos^2\alpha},$$

oder, wenn die Integration ausgeführt wird,

$$\tfrac{1}{2}\vartheta\sqrt{1+\vartheta^2}+\tfrac{1}{2}\log\text{nat}(\vartheta+\sqrt{1+\vartheta^2})-\tfrac{1}{2}\text{tang}\,\alpha\sqrt{1+\text{tang}^2\,\alpha}$$
$$-\tfrac{1}{2}\log\text{nat}(\text{tang}\,\alpha+\sqrt{1+\text{tang}^2\,\alpha})=-\frac{ge^{2ns}}{2nu^2\cos^2\alpha}+\frac{g}{2nu^2\cos^2\alpha}.$$

Setzt man der Kürze willen

$$\frac{g}{nu^2\cos^2\alpha}+\text{tang}\,\alpha\sqrt{1+\text{tang}^2\,\alpha}+\log\text{nat}(\text{tang}\,\alpha+\sqrt{1+\text{tang}^2\,\alpha})$$
$$=\frac{g}{nu^2\cos^2\alpha}+\frac{\text{tang}\,\alpha}{\cos\alpha}+\log\text{nat}\,\text{tang}\left(\frac{\pi}{4}+\tfrac{1}{2}\alpha\right)=A,$$
$$\vartheta\sqrt{1+\vartheta^2}+\log\text{nat}(\vartheta+\sqrt{1+\vartheta^2})=\Theta,$$

so wird

$$(5)\qquad A-\vartheta=\frac{ge^{2ns}}{nu^2\cos^2\alpha}.$$

Es ist jetzt nach der Gleichung (4), wenn man die Verkürzung $d_x z=\vartheta$ berücksichtigt,

$$d_x\vartheta=\sqrt{1+\vartheta^2}\,.\,d_s\vartheta=-\frac{ge^{2us}}{u^2\cos^2\alpha},$$

und wegen der Gleichung (5)

$$d_x\vartheta=n(\Theta-A).$$

Hieraus erhält man alsdann

$$(6)\qquad x=\int_{\text{tang}\,\alpha}^{\vartheta}\frac{d\vartheta}{n(\Theta-A)},$$

$$(7)\qquad z=\int_{\text{tang}\,\alpha}^{\vartheta}\frac{\vartheta d\vartheta}{n(\Theta-A)}.$$

Die Gleichung (3) giebt ferner

$$d_t\vartheta\,.\,d_t x=-g,$$

oder $\quad (d_t\vartheta)^2\,.\,d_\vartheta x=-g, \quad d_t\vartheta=\div\sqrt{-\frac{g}{d_\vartheta x}},$

wo $d_t\vartheta$ negativ wird, weil ϑ abnimmt, wenn t zunimmt; folglich

$$t=\div\int_{\text{tang}\,\alpha}^{\vartheta}\sqrt{\div\frac{d_\vartheta x}{g}}\,d\vartheta,$$

oder

$$(8)\qquad t=\div\int_{\text{tang}\,\alpha}^{\vartheta}\frac{d\vartheta}{\sqrt{ng(A-\Theta)}}.$$

Es ist endlich

$$v = d_t s = d_t x \sqrt{1 + (d_x z)^2} = - \frac{g\sqrt{1+\vartheta^2}}{d_t \vartheta} = - g\sqrt{1+\vartheta^2}\, d_\vartheta t,$$

oder durch Substitution

$$(9) \qquad v = \sqrt{\frac{g(1+\vartheta^2)}{n(A-\Theta)}}.$$

Die vier Gleichungen (6), (7), (8) und (9) enthalten die vollkommene Lösung des gegebenen Problems. Könnte man in den Gleichungen (6) und (7) die Integration ausführen und die Grösse ϑ eliminiren, würde man eine Gleichung zwischen x und z, welche diejenige der beschriebenen Bahn wäre, erhalten. Jene Integrale können indessen nur annäherungsweise ausgedrückt werden.

§. 97.

Bei der Bewegung eines herausgeworfenen Körpers im luftleeren Raume war die Bahn eine Parabel, also der heraufsteigende Theil der Bahn dem heruntersteigenden gleich. Dies ist nicht der Fall bei der Bewegung in einem widerstehenden Medium. Es hat hier jeder der beiden Zweige eine Asymptote. Diejenige des heruntersteigenden Zweigs (Fig. 42) ist vertical und wird folgendermaassen gefunden. Nähert sich ϑ einer unendlich grossen Grösse, so wird der Ausdruck

$$\Theta = \vartheta\sqrt{1+\vartheta^2} + \log \text{nat}(\vartheta + \sqrt{1+\vartheta^2}).$$

sich dem ϑ^2 nähern, und weil A endlich ist, auch $\Theta - A$ sich ϑ^2 nähern. Die Gleichungen (6) und (7) geben alsdann

$$x = \int_{\tang \alpha}^{\infty} \frac{d\vartheta}{n(\Theta - A)}, \quad z = \int_{\tang \alpha}^{\infty} \frac{\vartheta d\vartheta}{n(\Theta - A)} = \infty,$$

wo x einen endlichen Werth erhält, weil für $\vartheta = \infty$,

$$\int \frac{d\vartheta}{n(\Theta - A)} = \int \frac{d\vartheta}{n\vartheta^2} = \text{Const} - \frac{1}{n\vartheta} = \text{Const},$$

z dagegen unendlich gross, weil für $\vartheta = \infty$,

$$\int \frac{\vartheta d\vartheta}{n(\Theta - A)} = \int \frac{d\vartheta}{n\vartheta} = \text{Const} + \frac{1}{n} \log \text{nat}\, \vartheta = \infty.$$

Der heruntersteigende Zweig hat also im Abstand $OD = \int_{\tan\alpha}^{\infty} \frac{d\vartheta}{n(\Theta - A)}$ eine verticale Asymptote NDF.

Der heraufsteigende Zweig hat auch eine Asymptote, wenn er rückwärts von O bis H verlängert gedacht wird. Es kann nämlich ϑ ein solcher Werth gegeben werden, dass $\Theta - A = o$, oder

$$\vartheta\sqrt{1+\vartheta^2} + \log nat(\vartheta + \sqrt{1+\vartheta^2})$$
$$= \frac{\tang \alpha}{\cos \alpha} + \log \tang\left(\frac{\pi}{4} + \tfrac{1}{2}\alpha\right) + \frac{g}{nu^2 \cos^2 \alpha},$$

und es wird dann

$$d\vartheta = -n\Theta dx = o$$

werden, oder die Bahn nähert sich einer geraden Linie, welche mit der x Axe einen Winkel α' bildet, wo $\vartheta = \tang \alpha'$ durch die obige Gleichung bestimmt wird.

Um den Punkt E zu finden, wo diese Asymptote die x Axe schneidet, setze man $OP = -x$, $P = y$, und ziehe die Linie MP' so, dass der Winkel $PP'M = \alpha'$. Es wird alsdann

$$OP' = -x + z \,.\, \mathrm{cotang}\, \alpha'.$$

Wenn jetzt der Punkt M unendlich fern fortgerückt wird, so nähert sich OP' der OE, wo EL die gesuchte Asymptote, parallel mit MP', ist; es wird dann

$$x = \int_{\tang \alpha}^{\tang \alpha'} \frac{d\vartheta}{n(\Theta - A)}, \quad z = \int_{\tang \alpha}^{\tang \alpha'} \frac{\vartheta d\vartheta}{n(\Theta - A)}.$$

Es wird folglich

$$OE = \int_{\tang \alpha}^{\tang \alpha'} \frac{(\vartheta\, \mathrm{cotang}\, \alpha' - 1)\, d\vartheta}{n(\Theta - A)},$$

welches Integral einen endlichen Werth hat.

§. 98.

Nach der Formel (9) des §. 96 ist die Geschwindigkeit

$$v = \sqrt{\frac{g(1+\vartheta^2)}{n(A - \Theta)}}, \quad \text{oder} \quad v^2 = \frac{g(1+\vartheta^2)}{n(A - \Theta)}.$$

Sucht man den Punkt der Bahn, wo die Geschwindigkeit ein Minimum ist, so wird für diesen Punkt

$$2 v d_{\vartheta} v = \frac{2g\vartheta(A-\Theta) + g d_{\vartheta}\Theta(1+\vartheta^2)}{n^2(A-\Theta)} = o,$$

daher

$$2\vartheta(A-\Theta) + (1+\vartheta^2) d_{\vartheta}\Theta = o,$$

oder, wenn der Werth von $d_{\vartheta}\Theta$ substituirt wird,

$$\vartheta(A-\Theta) + (1+\vartheta^2)\sqrt{1+\vartheta^2} = o,$$

oder $\frac{\tang \alpha}{\cos \alpha} - \log \operatorname{nat} \tang\left(\frac{\pi}{4} + \frac{1}{2}\alpha\right) + \frac{g}{nu^2 \cos^2 \alpha}$

$$= \log \operatorname{nat}(\vartheta + \sqrt{1+\vartheta^2}) - \frac{\sqrt{1+\vartheta^2}}{\vartheta},$$

aus welcher Gleichung ϑ durch Approximation gefunden werden kann.

Wenn der Körper sich immer weiter in den heruntersteigenden Zweig der Bahn bewegt, so wird ϑ sich $-\infty$ nähern, und der hierzu gehörige Grenzwerth von v wird

$$v = \sqrt{\frac{g}{u}}.$$

§. 99.

Es sei $\alpha = -90°$, d. h. der Körper vertical heruntergeworfen. Es wird alsdann

$$x = o, \quad d_t x = o,$$

d. h. der Körper fällt vertical herunter; folglich ferner

$$s = \div z, \quad d_t s = \div d_t z, \quad d_t^2 z = \div g + n(d_t z)^2,$$

oder, wenn $d_t z = -v$ gesetzt wird,

$$d_t v = +g - nv^2,$$

und alsdann

$$(1) \qquad t = \int_u^v \frac{dv}{g - nv^2} = \frac{1}{2\sqrt{gn}} \log \operatorname{nat}\left[\frac{1+\sqrt{\frac{n}{g}}v}{1-\sqrt{\frac{n}{g}}v} \cdot \frac{1-\sqrt{\frac{n}{g}}u}{1+\sqrt{\frac{n}{g}}u}\right].$$

Setzt man $u = o$, so wird

$$t = \frac{1}{2\sqrt{gn}} \log \operatorname{nat}\left[\frac{1+\sqrt{\frac{n}{g}}v}{1-\sqrt{\frac{n}{g}}v}\right]$$

die Zeit angeben, während welcher der Körper fallen muss, um die

Geschwindigkeit v zu erhalten. Bezeichnet man jetzt durch t' den der Geschwindigkeit u entsprechenden Werth von t, also

$$t' = \frac{1}{2\sqrt{gn}} \log \text{nat} \left[\frac{1 + \sqrt{\frac{n}{g}}u}{1 - \sqrt{\frac{n}{g}}u} \right],$$

so wird die Gleichung (1)

$$t + t' = \frac{1}{2\sqrt{gn}} \cdot \log \left[\frac{1 + \sqrt{\frac{n}{g}}v}{1 - \sqrt{\frac{n}{g}}v} \right],$$

und hieraus

$$(2) \qquad v = \sqrt{\frac{g}{n}} \cdot \frac{e^{\sqrt{gn}(t+t')} - e^{-\sqrt{gn}(t+t')}}{e^{\sqrt{gn}(t+t')} + e^{-\sqrt{gn}(t+t')}}.$$

Die durchfallene Höhe $-z = h$ wird gefunden

$$(3) \qquad h = \int_0^t v dt = \int_u^v \frac{v dv}{g - nv^2} = \frac{1}{2n} \log \text{nat} \left(\frac{g - nu^2}{g - nv^2} \right),$$

oder durch die Zeit t ausgedrückt

$$(4) \qquad h = \int_0^t v dt = \sqrt{\frac{g}{n}} \int_0^t \frac{e^{\sqrt{gn}(t+t')} - e^{-\sqrt{gn}(t+t')}}{e^{\sqrt{gn}(t+t')} + e^{-\sqrt{gn}(t+t')}} \cdot dt$$

$$= \frac{1}{u} \log \left(\frac{e^{\sqrt{gn}(t+t')} + e^{-\sqrt{gn}(t+t')}}{2} \right).$$

Hieraus findet man ferner

$$2e^{nh} = e^{\sqrt{gn}(t+t')} - e^{-\sqrt{gn}(t+t')}, \quad e^{\sqrt{gn}(t+t')} = e^{nb} + \sqrt{e^{2nb} - 1},$$

$$(5) \qquad t = -t' + \frac{1}{\sqrt{gn}} \cdot \log \text{nat} \left(e^{nh} + \sqrt{e^{2nh} - 1} \right),$$

$$(6) \qquad v = \sqrt{\frac{g}{n}} - \frac{\sqrt{g}}{\sqrt{ne^{nh}(e^{nh} + \sqrt{e^{2nh} - 1})}}.$$

Der Grenzwerth von v wird also $v = \sqrt{\frac{g}{n}}$.

§. 100.

Es sei $\alpha = 90°$, d. h. der Körper vertical aufwärts geworfen. Es wird alsdann

$$v = d_t s = d_t z, \quad d_t^2 = -g - n(d_t s)^2, \quad \text{oder} \quad d_t v = -(g + nv^2);$$

und hieraus

$$(1) \qquad t = -\int_u^v \frac{dv}{g + nv^2} = \frac{1}{\sqrt{gn}} \text{arc.}\left(\text{tang} = \sqrt{\frac{n}{g}} u\right)$$

$$- \frac{1}{\sqrt{gn}} \text{arc.}\left(\text{tang} = \sqrt{\frac{n}{g}} v\right).$$

$$(2) \qquad v = \sqrt{\frac{g}{n}} \cdot \frac{\sqrt{\frac{n}{g}} \cdot u - \text{tang}(\sqrt{gn}\, t)}{1 + \sqrt{\frac{n}{g}} \cdot u \cdot \text{tang}(\sqrt{gn}\, t)}.$$

Ferner

$$(3) \qquad z = \int_0^t v dt = -\int_u^v \frac{v dv}{g + nv^2} = \frac{1}{2n} \log \text{nat}\left(\frac{g + nu^2}{g + nv^2}\right),$$

oder

$$z = \int_0^t v dt = \sqrt{\frac{g}{n}} \int_0^t \frac{\sqrt{\frac{n}{g}} \cdot u - \text{tang}(\sqrt{gn}\, t)}{1 + \sqrt{\frac{n}{g}} \cdot u \cdot \text{tang}(\sqrt{gn}\, t)} \cdot dt$$

$$= \sqrt{\frac{g}{n}} \int_0^t \frac{\sqrt{\frac{n}{g}} \cos(\sqrt{gn}\, t) - \sin(\sqrt{gn}\, t)}{\cos(\sqrt{gn}\, t) + \sqrt{\frac{n}{g}} \sin(\sqrt{gn}\, t)} \cdot dt;$$

$$(4) \qquad z = \frac{1}{n} \log \text{nat}\left[\cos(\sqrt{gn}\, t) + \sqrt{\frac{n}{g}} \sin(\sqrt{gn}\, t)\right].$$

Bezeichnet man durch H die grösste Höhe wozu der Körper steigen kann, und die hierzu angewandte Zeit durch T, so ist $v = o$, also

$$(5) \qquad H = \frac{1}{2n} \log \text{nat}\left(1 + \frac{n}{g} u^2\right),$$

$$(6) \qquad T = \frac{1}{\sqrt{gn}} \text{arc.}\left(\text{tang} = \sqrt{\frac{n}{g}} u\right).$$

Nachdem der Körper den höchsten Punkt erreicht hat, fällt er wieder herunter und befolgt dann die im vorigen Paragraphen entwickelten Gesetze. Bezeichnet man durch T' die Zeit, welche er braucht, um wieder zum Anfangspunkte zu gelangen, und durch u' die alsdann erhaltene Geschwindigkeit, so findet man diese Grössen, wenn man in den Formeln (5) und (6) des vorigen Paragraphen

$$u = o, \quad h = H = \frac{1}{2n} \log\left(1 + \frac{n}{g} u^2\right), \quad v = u', \quad t = T'.$$

setzt. Man findet alsdann

$$(7) \qquad T' = \frac{1}{\sqrt{gn}} \log \text{nat}\left[u\sqrt{\frac{n}{g}} + \sqrt{1 + u^2 \cdot \frac{n}{g}}\right],$$

$$(8) \qquad u' = \frac{u\sqrt{g}}{\sqrt{g + nu^2}}.$$

Es ist jetzt

$$\log \text{nat}(p + \sqrt{1+p^2}) = \log \text{nat}\left[\frac{1 + \frac{\sqrt{1+p^2}-1}{p}}{1 - \frac{\sqrt{1+p^2}-1}{p}}\right] > 2 \cdot \frac{\sqrt{1+p^2}-1}{p}$$

und

$$\text{arc.}\left(\text{tang} = p\right) = 2 \cdot \text{arc.}\left(\text{tang} = \frac{\sqrt{1+p^2}-1}{p}\right) < 2 \cdot \frac{\sqrt{1+p^2}-1}{p},$$

folglich ist

$$\log \text{nat}\left[u\sqrt{\frac{n}{g}} + \sqrt{1 + u^2 \frac{n}{g}}\right] > \text{arc.}\left[\text{tang} = u^2\sqrt{\frac{n}{g}}\right],$$

oder

$$(9) \qquad T' > T.$$

Ferner ist, weil n immer positiv,

$$\sqrt{g} < \sqrt{g + nu^2},$$

daher

$$(10) \qquad u' < u.$$

Der wieder heruntergefallene Körper hat also zum Fall eine längere Zeit gebraucht wie zum Aufsteigen, und eine kleinere Geschwindigkeit wieder erlangt, als er im Anfang hatte. Im leeren Raum dagegen war $T' = T$, $u' = u$.

b) Trägheitsmomente und Hauptaxen der Körper.

§. 101.

Wenn ein fester Körper um eine feste Axe bewegt wird, so wird jeder Theil nothwendig eine Geschwindigkeit annehmen, welche dem Abstand von der Axe proportional ist. Ist dieser Abstand die Einheit, so wird die Geschwindigkeit die **Winkelgeschwindigkeit** des Körpers genannt.

Bezeichnen wir durch dM ein Element der Masse des Körpers, durch r dessen Abstand von der Rotationsaxe, durch ω die Winkelgeschwindigkeit des Körpers, so wird die lebendige Kraft dieses Elementes $\frac{\omega^2 r^2 dM}{2}$ und die lebendige Kraft des ganzen Körpers

$$\Sigma \frac{mv^2}{2} = \frac{\omega^2}{2} \int r^2 dM,$$

oder gleich der lebendigen Kraft eines Körpers, dessen Masse gleich $\int r^2 dM$ und dessen Geschwindigkeit gleich der Winkelgeschwindigkeit ω wäre. Die Masse $\int r^2 dM$ wird das **Trägheitsmoment des Körpers in Bezug auf die gegebene Axe** genannt.

§. 102.

Kennt man das Trägheitsmoment des Körpers in Bezug auf eine durch den Schwerpunkt gehende Axe, so kann man hieraus leicht das Trägheitsmoment in Bezug auf eine zweite hiermit parallele Axe finden.

Nimmt man nämlich die durch den Schwerpunkt gehende Axe als z Axe an, und bezeichnet durch a und b die Coordinaten des Punktes, in dem die zweite mit der z Axe parallele Axe die xy Ebene schneidet, durch f den Abstand der beiden Axen, durch dM die Masse eines Elementes des Körpers, durch r seinen Abstand von der z Axe, durch r' seinen Abstand von der zweiten mit der z Axe parallelen Axe, durch $S = \int r^2 dM$ das Trägheitsmoment in Bezug auf die z Axe, durch $S' = \int r'^2 dM$ das Trägheitsmoment in Bezug auf die zweite Axe, so ist

$$r'^2 = (x-a)^2 + (y-b)^2 = x^2 + y^2 - 2ax - 2by + a^2 + b^2$$
$$= r^2 - 2ax - 2by + f^2,$$
$$\int r'^2 dM = \int r^2 dM - 2a\int x dM - 2b\int y dM + f^2\int dM.$$

Es ist aber der Schwerpunkt der Anfangspunkt der Coordinaten, also seine Coordinaten Null oder $\int x dM = o$, $\int y dM = o$, und es wird

$$S' = S + f^2 M,$$

d. h. das Trägheitsmoment in Bezug auf eine beliebige Axe ist gleich der Summe des Trägheitsmomentes in Bezug auf eine mit der ersten parallel durch den Schwerpunkt gehende Axe und dem Product der Masse im Quadrat des Abstandes beider Axen. Unter den Trägheitsmomenten in Bezug auf alle parallelen Axen ist daher das in Bezug auf die durch den Schwerpunkt gehende Axe das kleinste.

§. 103.

Weil das Trägheitsmoment eines Körpers in Bezug auf eine beliebige Axe immer eine endliche positive Grösse sein muss, so kann unter allen durch einen gegebenen Punkt O, welchen wir als Anfangspunkt des Coordinatensystems wählen wollen, gehende Axen eine so ausgewählt werden, dass das ihr zukommende Trägheitsmoment, welches wir mit A bezeichnen wollen, nicht kleiner ist als das irgend einer andern Axe zugehörige; wir werden diese als die x Axe annehmen. Unter den auf diesen senkrechten und durch O gehende Axen wähle man wieder eine, die y Axe, so, dass das ihr zugehörige Trägheitsmoment, welches wir mit B bezeichnen wollen, nicht kleiner sei als das für irgend einer auf der x Axe senkrechten Axe. Zu der dritten auf x und y senkrechten Axe gehöre das Trägheitsmoment C. Man hat alsdann

$$A = \int(y^2 + z^2)dM, \quad B = \int(x^2 + z^2)dM, \quad C = \int(x^2 + y^2)dM.$$
$$A = \text{oder} > B = \text{oder} > C.$$

Bezeichnet man durch D das Trägheitsmoment in Bezug auf eine vierte durch O gehende Axe, welche mit den Coordinatenaxen die Winkel α, β, γ bildet, und bezeichnet durch r den senkrechten Abstand des Elementes dM von dieser Axe, so ist, weil das Quadrat des Abstandes dieses Elementes von O gleich $x^2 + y^2 + z^2$ und die Projectionen dieses Abstandes auf jener vierten Axe gleich $x \cos\alpha + y \cos\beta + z \cos\gamma$ sind,

$$r^2 = x^2 + y^2 + z^2 - (x \cos\alpha + y \cos\beta + z \cos\gamma)^2$$
$$= (y^2 + z^2)\cos^2\alpha + (z^2 + x^2)\cos^2\beta + (x^2 + y^2)\cos^2\gamma$$
$$- 2yz \cos\beta \cos\gamma - 2xz \cos\alpha \cos\gamma - 2xy \cos\alpha \cos\beta.$$

Es wird folglich

$$D = \int r^2 dM = A \cos^2\alpha + B \cos^2\beta + C \cos^2\gamma$$
$$- 2 \cos\beta \cos\gamma \int yz dM - 2 \cos\alpha \cos\gamma \int xz dM - 2 \cos\alpha \cos\beta \int xy dM.$$

Es soll jetzt immer $D =$ oder $< A$ sein. Setzt man zuerst $\gamma = \frac{\pi}{2}$, also $\cos\gamma = o$ und $\cos\beta = \sin\alpha$, so wird

$$D = A \cos^2\alpha + B \sin^2\alpha - 2 \cos\alpha \sin\alpha \int xy dM = \text{oder} < A,$$

daher

$$A \sin^2\alpha = \text{oder} > B \sin^2\alpha - 2 \cos\alpha \sin\alpha \int xy dM$$

oder

$$A = \text{oder} > B - 2 \operatorname{cotang}\alpha \int xy dM.$$

Diese Bedingung soll für jeden Werth von α bestehen, was offenbar nur der Fall sein kann, wenn $\int xy dM = o$. Setzt man jetzt $\beta = \frac{\pi}{2}$, so findet man ebenso $A =$ oder $> C - 2 \operatorname{cotang}\alpha \int xz dM$ für alle Werthe von α, folglich $\int xz dM = o$. Setzt man endlich $\alpha = \frac{\pi}{2}$, d. h. D in der yz Ebene an, so muss $D =$ oder $< B$ sein, und man erhält nun

$$B = \text{oder} > C - 2 \operatorname{cotang}\beta \int yz dM$$

für alle Werthe von β, und daher $\int yz dM = o$. Wenn die x, y, z Axen die ihnen oben beigelegten Eigenschaften haben sollen, müssen nothwendig

$$\int xy dM = o, \quad \int xz dM = o, \quad \int yz dM = o,$$

und es wird alsdann

$$D = A \cos^2\alpha + B \cos^2\beta + C \cos^2\gamma.$$

Weil $A =$ oder $> B =$ oder $> C$, so wird auch

$$D = \text{oder} > C \cos^2\alpha + C \cos^2\beta + C \cos^2\gamma,$$

oder

$$D = \text{oder} > C,$$

d. h. das Trägheitsmoment in Bezug auf die z Axe ist nicht grösser als das für irgend eine andere Axe.

Sind die Trägheitsmomente A, B, C einander gleich, so wird auch $D = A$, folglich das Trägheitsmoment gleich sein in Bezug auf alle durch O gehende Axen. Sind zwei der Trägheitsmomente gleich, z. B. $A = B$, so wird $D = A \sin^2\gamma + C \cos^2\gamma$, und für $\gamma = \frac{\pi}{2}$, $D = A$, d. h. die Trägheitsmomente für alle in der xy Ebene durch O gehende Axen sind alsdann einander gleich.

§. 104.

Eine durch den Anfangspunkt O gehende Coordinatenaxe, z. B. die x Axe, heisst Hauptaxe, wenn die Integralen $\int xydM$ und $\int xzdM$ beide zugleich Null sind. Zieht man in die yz Ebene durch O eine willkürliche gerade Linie, deren mit der y Axe gebildeter Winkel gleich α sei, und bezeichnet die Ordinate eines Punktes auf diese Axe gerechnet durch v, so ist $v = y\cos\alpha + z\sin\alpha$, folglich $\int xvdM = \cos\alpha\int xydM + \sin\alpha\int xzdM = o$. Es kommt also auf die Wahl der auf x senkrechten Richtungen der y und z Axen nicht an, man hat doch immer $\int xydM = o$ und $\int xzdM = o$.

Aus dem vorigen Paragraphen geht hervor, dass jedem Punkte O wenigstens drei Hauptaxen zukommen, welche gegen einander senkrecht sind. Die eine derselben ist die Axe der grössten, eine andere die des kleinsten Trägheitsmomentes. Wir werden diese drei Hauptaxen, wie vorher, durch x, y, z und die zugehörigen Trägheitsmomente durch A, B, C bezeichnen und immer $A >$ oder $= B >$ oder $= C$ annehmen.

Wir werden jetzt untersuchen, unter welchen Umständen mehr als diese drei Hauptaxen möglich sind. Es sei u eine durch den Anfangspunkt O gehende Axe, v und w zwei ebenfalls durch O gehende auf u und unter einander senkrechte Axen. Man bezeichne durch α, β, γ die Winkel, welche die u Axe mit den x, y, z Axen bildet, durch α', β', γ' die Winkel, welche die v Axe, und durch α'', β'', γ'' die Winkel, welche die w Axe mit diesen drei Hauptaxen bildet. Die Bedingungen, dass die u Axe eine Hauptaxe wäre, sind $\int uv dM = o$, $\int uw dM = o$. Es sind jetzt

$$u = x\cos\alpha + y\cos\beta + z\cos\gamma,$$
$$v = x\cos\alpha' + y\cos\beta' + z\cos\gamma',$$
$$w = x\cos\alpha'' + y\cos\beta'' + z\cos\gamma'',$$

folglich wird, weil $\int xy dM = o$, $\int xz dM = o$, $\int yz dM = o$,

$$\int uv dM = \cos\alpha\cos\alpha'\int x^2 dM + \cos\beta\cos\beta'\int y^2 dM + \cos\gamma\cos\gamma'\int z^2 dM$$
$$\int uw dM = \cos\alpha\cos\alpha''\int x^2 dM + \cos\beta\cos\beta''\int y^2 dM + \cos\gamma\cos\gamma''\int z^2 dM.$$

Es ist aber

$$A = \int(y^2 + z^2)dM,\quad B = \int(x^2 + z^2)dM,\quad C = \int(x^2 + y^2)dM,$$

und daher wird

$$\int uv dM = \cos\alpha\cos\alpha'\left(\frac{B+C-A}{2}\right) + \cos\beta\cos\beta'\left(\frac{A+C-B}{2}\right) + \cos\gamma\cos\gamma'\left(\frac{A+B-C}{2}\right),$$
$$\int uw dM = \cos\alpha\cos\alpha''\left(\frac{B+C-A}{2}\right) + \cos\beta\cos\beta''\left(\frac{A+C-B}{2}\right) + \cos\gamma\cos\gamma''\left(\frac{A+B-C}{2}\right).$$

Weil die v und w Axe auf der u Axe senkrecht sind, ist ferner

$$\cos\alpha\cos\alpha' + \cos\beta\cos\beta' + \cos\gamma\cos\gamma' = o,$$
$$\cos\alpha\cos\alpha'' + \cos\beta\cos\beta'' + \cos\gamma\cos\gamma'' = o.$$

Durch Hülfe dieser Gleichungen findet man dann

$$(1)\quad \begin{aligned} \int uv dM &= \cos\alpha\cos\alpha'(C-A) + \cos\beta\cos\beta'(C-B) \\ &= \cos\alpha\cos\alpha'(B-A) + \cos\gamma\cos\gamma'(B-C) \\ &= \cos\beta\cos\beta'(A-B) + \cos\gamma\cos\gamma'(A-C), \\ \int uw dM &= \cos\alpha\cos\alpha''(C-A) + \cos\beta\cos\beta''(C-B) \\ &= \cos\alpha\cos\alpha''(B-A) + \cos\gamma\cos\gamma''(B-C) \\ &= \cos\beta\cos\beta''(A-B) + \cos\gamma\cos\gamma''(A-C). \end{aligned}$$

Soll jetzt die u Axe eine Hauptaxe sein, so muss $\int uv dM = o$ und $\int uw dM = o$. Es sind alsdann nur drei Fälle möglich:

1) Die Momente A, B, C sind alle einander gleich. Alsdann wird für jeden Werth von α, β, γ, d. h. für jede Richtung der u Axe, $\int uv dM = o$ und $\int uw dM = o$, und daher die u Axe eine Haupt-

axe sein. *Es ist folglich alsdann jede durch O gehende Axe eine Hauptaxe.*

2) Zwei der Momente A, B, C sind einander gleich. Es sei z. B. $A = B$, so wird damit $\int uvdM = o$, $\int uwdM = o$, $\cos\gamma \cos\gamma' = o$, $\cos\gamma \cos\gamma'' = o$, also, weil die u Axe von der z Axe verschieden ist und daher nicht zugleich $\gamma' = \frac{\pi}{2}$, $\gamma'' = \frac{\pi}{2}$, $\cos\gamma = o$ sein müssen oder $\gamma = \frac{\pi}{2}$, d. h. die u Axe muss in der xy Ebene liegen. Ebenso muss, wenn $A = C$, die u Axe in der xz Ebene, wenn $B = C$, in der yz Ebene liegen. *Sind die Trägheitsmomente in Bezug auf zwei der gegebenen Hauptaxen gleich, so ist jede in der Ebene dieser Axen durch O gehende Axe eine Hauptaxe, ausser dieser Ebene aber keine.*

3) Die Momente A, B, C sind alle ungleich. Man erhält dann aus den Gleichungen (1), wenn man $\int uvdM = o$, $\int uwdM = o$ setzt und z. B. $C - B$ eliminirt,

$$\cos\alpha \cos\beta(\cos\alpha' \cos\beta'' - \cos\alpha'' \cos\beta') = o.$$

Weil die u, v, w Axen auf einander senkrecht stehen, wird

$$\cos\gamma = \cos\alpha' \cos\beta'' - \cos\alpha'' \cos\beta'$$

und die obige Gleichung wird nun

$$\cos\alpha \cos\beta \cos\gamma = o.$$

Es müsste also, wenn u eine Hauptaxe sein sollte, entweder $\cos\alpha = o$, oder $\cos\beta = o$, oder $\cos\gamma = o$ sein. Wäre $\cos\alpha = o$, so erhält man, weil die Gleichungen (1) gleich Null sein sollen und $C - B$ nicht gleich Null ist,

$$\cos\beta \cos\beta' = o, \quad \cos\gamma \cos\gamma' = o, \quad \cos\beta \cos\beta'' = o, \quad \cos\gamma \cos\gamma'' = o.$$

Es kann aber jetzt nicht zugleich $\cos\beta' = o$ und $\cos\beta'' = o$, oder $\cos\gamma' = o$ und $\cos\gamma'' = o$ sein, weil die u Axe alsdann mit der y Axe oder z Axe zusammenfallen würde, folglich muss

$$\cos\beta = o \quad \text{und} \quad \cos\gamma = o.$$

Dies ist indessen unmöglich, weil $\cos^2\alpha + \cos^2\beta + \cos^2\gamma = 1$, und daher nicht alle drei Cosinus gleich Null sein können. Ebenso findet man, dass $\cos\beta$ oder $\cos\gamma$ nicht gleich Null sein können. Die

Bedingungen $\int uvdM$ und $\int uwdM$ können, wenn A, B, C verschieden sind, nie stattfinden, oder *es giebt alsdann keine vierte durch O gehende Hauptaxe.*

Es giebt für jeden Punkt immer drei auf einander senkrechte Hauptaxen; wenn die Trägheitsmomente in Bezug auf diese Axen alle ungleich sind, giebt es keine Hauptaxen; wenn die Momente in Bezug auf zwei dieser Axen gleich sind, so kann das System der Hauptaxen beliebig um die dritte Axe gedreht werden, und die Momente werden auch hierdurch nicht geändert; wenn endlich alle drei Trägheitsmomente gleich sind, kann man dem System der Hauptaxen jede Lage geben und die Momente werden doch immer dieselbe Grösse behalten.

§. 105.

Wir werden jetzt die Lage der drei auf einander rechtwinkligen Hauptaxen bestimmen. Es seien x, y, z drei gegebene senkrechte Coordinatenaxen, u, v, w die drei gesuchten durch denselben Anfangspunkt gehenden und ebenfalls auf einander senkrechten Hauptaxen. Es sei ferner

$$\int x^2 dM = L, \quad \int y^2 dM = M, \quad \int z^2 dM = N,$$
$$\int yz dM = l, \quad \int xz dM = m, \quad \int xy dM = n.$$

Diese Grössen sind von der Gestalt des Körpers und von der Vertheilung der Massen in ihm bestimmt. Bezeichnen wir durch α, β, γ die Winkel, welche die u Axe, durch α', β', γ' die, welche die v Axe, und durch α'', β'', γ'' die, welche die w Axe mit den drei Coordinatenaxen bilden. Es sei ferner

$$\int u^2 dM = U, \quad \int v^2 dM = V, \quad \int w^2 dM = W,$$

und man hat alsdann, weil u, v, w Hauptaxen sind,

$$\int vw dM = o, \quad \int uw dM = o, \quad \int uv dM = o.$$

Es ist jetzt

$$u = x \cos\alpha + y \cos\beta + z \cos\gamma, \quad x = u \cos\alpha + v \cos\alpha' + w \cos\alpha''.$$

Es wird nun

$$ux = x(x \cos\alpha + y \cos\beta + z \cos\gamma) = u(u \cos\alpha + v \cos\alpha' + w \cos\alpha''),$$

und, weil $\int uv dM = o$, $\int uw dM = o$,

$$\cos\alpha \int x^2 dM + \cos\beta \int xy dM + \cos\gamma \int xz dM = \cos\alpha \int u^2 dM,$$

oder

$$(1)\quad \begin{aligned} (L - U)\cos\alpha + n\cos\beta + m\cos\gamma &= o, \text{ und ebenso} \\ n\cos\alpha + (M - U)\cos\beta + l\cos\gamma &= o, \\ m\cos\alpha + l\cos\beta + (N - U)\cos\gamma &= o. \end{aligned}$$

Eliminirt man aus diesen Gleichungen $\cos\alpha$, $\cos\beta$, $\cos\gamma$, so erhält man

$$(2)\quad \begin{aligned} (L - U)(M - U)(N - U) - l^2(L - U) - m^2(M - U) \\ - n^2(N - U) + 2lmn = o. \end{aligned}$$

Hätte man in diese Entwickelung v und w statt u eingeführt, so würde man zwei ganz ähnliche Gleichungen mit V und W statt U erhalten haben. Die Grössen U, V, W sind folglich die drei Wurzeln der Gleichung (2) in Bezug auf U aufgelöst. Da die drei Hauptaxen, wie vorher bewiesen, nothwendig stattfinden müssen, so müssen auch die drei Wurzeln jener Gleichung alle reelle bestimmte Werthe der Cosinus α, β, γ u. s. w sein, was übrigens auch leicht bewiesen werden kann. Setzt man nämlich der Kürze willen

$$\begin{aligned} L\cos\alpha + m\cos\beta + n\cos\gamma &= E, \\ n\cos\alpha + M\cos\beta + l\cos\gamma &= F, \\ m\cos\alpha + l\cos\beta + N\cos\gamma &= G, \end{aligned}$$

und bezeichnet durch U, V, W die drei Wurzeln der Gleichung (2), und durch E_1, F_1, G_1, E_2, F_2, G_2, E_3, F_3, G_3 die entsprechenden aus den Gleichungen (1) hervorgehenden Werthe von E, F, G, so wird

$$(3)\quad \begin{aligned} E_1 &= U\cos\alpha, & E_2 &= V\cos\alpha', & E_3 &= W\cos\alpha'', \\ F_1 &= U\cos\beta, & F_2 &= V\cos\beta', & F_3 &= W\cos\beta'', \\ G_1 &= U\cos\gamma, & G_2 &= V\cos\gamma', & G_3 &= W\cos\gamma''. \end{aligned}$$

Wäre nun eine der drei Wurzeln der Gleichung (2), z. B. U, imaginär, so müsste, weil alle Coëfficienten der Gleichung (2) reell sind, eine andere Wurzel, z. B. V, dem Werthe von U conjugirt sein. Dann müssen aber auch $\cos\alpha$ und $\cos\alpha'$, $\cos\beta$ und $\cos\beta'$, $\cos\gamma$ und $\cos\gamma'$ imaginäre conjugirte Ausdrücke sein. Es sei also

$$\begin{aligned} \cos\alpha &= a + \mathfrak{a}\sqrt{-1}, & \cos\alpha' &= a - \mathfrak{a}\sqrt{-1}, \\ \cos\beta &= b + \mathfrak{b}\sqrt{-1}, & \cos\beta' &= b - \mathfrak{b}\sqrt{-1}, \\ \cos\gamma &= c + \mathfrak{c}\sqrt{-1}, & \cos\gamma' &= c - \mathfrak{c}\sqrt{-1}. \end{aligned}$$

Nun erhält man aus den Gleichungen (3)

$$\frac{E_1 \cos\alpha' + F_1 \cos\beta' + G_1 \cos\gamma'}{U} = \frac{E_2 \cos\alpha + F_2 \cos\beta + G_2 \cos\gamma}{V}$$
$$= \cos\alpha \cos\alpha' + \cos\beta \cos\beta' + \cos\gamma \cos\gamma'.$$

In diesen Brüchen sind nun die Nenner ungleich, die Zähler aber gleich, nämlich jeder gleich

$$L\cos\alpha\cos\alpha' + M\cos\beta\cos\beta' + N\cos\gamma\cos\gamma' + l(\cos\beta\cos\gamma' + \cos\beta'\cos\gamma)$$
$$+ m(\cos\alpha\cos\gamma' + \cos\alpha'\cos\gamma) + n(\cos\beta\cos\gamma' + \cos\beta'\cos\gamma).$$

Die Zähler müssen also gleich Null sein und folglich auch

$$\cos\alpha\cos\alpha' + \cos\beta\cos\beta' + \cos\gamma\cos\gamma' = 0.$$

Dies ist aber unmöglich, wenn die Grössen imaginäre conjugirte Werthe hätten, indem man alsdann die unmögliche Gleichung

$$a^2 + b^2 + c^2 + \mathfrak{a}^2 + \mathfrak{b}^2 + \mathfrak{c}^2 = 0$$

erhalten würde. Die Gleichung (2) muss daher nothwendig drei reelle Wurzeln haben, und es können folglich auch immer reelle Werthe der Cosinus $\alpha, \beta, \gamma, \alpha', \beta', \gamma', \alpha'', \beta'', \gamma''$, welche den Gleichungen (1) entsprechen, gefunden werden.

Aus den Gleichungen (1) erhält man ferner, wenn U, V, W der Gleichung (2) genügen,

$$\cos\alpha[mn - l(L-U)] = \cos\beta[ln - m(M-U)] = \cos\gamma[lm - n(N-U)],$$

und hieraus, weil $\cos^2\alpha + \cos^2\beta + \cos^2\gamma = 1$, wenn man der Kürze wegen

$$\frac{1}{\lambda^2} = \frac{1}{[mn - l(L-U)]^2} + \frac{1}{[ln - m(M-U)]^2} + \frac{1}{[lm - n(N-U)]^2} \text{ setzt,}$$

$$\cos\alpha = \frac{\lambda}{mn - l(L-U)},\quad \cos\beta = \frac{\lambda}{ln - m(M-U)},\quad \cos\gamma = \frac{\lambda}{lm - n(N-U)}.$$

Setzt man ferner

$$\frac{1}{\mu^2} = \frac{1}{[mn - l(L-V)]^2} + \frac{1}{[ln - m(M-V)]^2} + \frac{1}{[lm - n(N-V)]^2},$$

so erhält man ebenso

$$\cos\alpha' = \frac{\mu}{mn - l(L-V)},\quad \cos\beta' = \frac{\mu}{ln - m(M-V)},\quad \cos\gamma' = \frac{\mu}{lm - n(N-V)}.$$

Setzt man endlich

$$\frac{1}{\nu^2} = \frac{1}{[mn - l(L-W)]^2} + \frac{1}{[ln - m(M-W)]^2} + \frac{1}{[lm - n(N-W)]^2},$$

so erhält man

$$\cos\alpha'' = \frac{\nu}{mn - l(L-W)},\quad \cos\beta'' = \frac{\nu}{ln - m(M-W)},\quad \cos\gamma'' = \frac{\nu}{lm - n(N-W)}.$$

Die Trägheitsmomente in Bezug auf die drei Hauptaxen, welche wir mit A, B, C bezeichnet haben, findet man

$$A = \int(v^2 + w^2)dM = V + W,\quad B = U + W,\quad C = U + V.$$

§. 106.

Wenn im Körper ein Punkt (ξ, η, ζ) sich befindet, welcher die Eigenschaft hat, dass die Trägheitsmomente in Bezug auf alle durch diesen Punkt gehende Hauptaxen gleich sind, so kann dieser Punkt folgender Weise gefunden werden.

Es sei der Anfangspunkt des Coordinatensystems x, y, z im Schwerpunkte gewählt, so dass $\int x dM = o$, $\int y dM = o$, $\int z dM = o$, und es sei ferner als Coordinatenaxe die dem Schwerpunkte zugehörige Hauptaxe gewählt, so dass also auch $\int yz dM = o$, $\int xz dM = o$, $\int xy dM = o$. Denkt man sich jetzt durch den gesuchten Punkt drei mit den x, y, z Axen parallele Axen u, v, w gezogen, so wird

$$u = x - \xi,\quad v = y - \eta,\quad w = z - \zeta.$$

Damit jetzt u, v, w Hauptaxen seien, muss folglich

$$\int uv dM = \int(x-\xi)(y-\eta)dM = \xi\eta\int dM = o,$$
$$\int uw dM = \int(x-\xi)(z-\zeta)dM = \xi\zeta\int dM = o,$$
$$\int vw dM = \int(y-\eta)(z-\zeta)dM = \eta\zeta\int dM = o,$$

und daher auch

$$\xi\eta = o,\quad \xi\zeta = o,\quad \eta\zeta = o,$$

d. h. der Punkt (ξ, η, ζ) muss in einer der drei durch den Schwerpunkt gehenden Hauptaxen liegen. Die Trägheitsmomente P, Q, R in Bezug auf die u, v, w Axen werden, wenn man die in Bezug auf die x, y, z Axen mit A, B, C bezeichnet, nach §. 102

$$P = A + M(\eta^2 + \zeta^2),\quad Q = B + M(\xi^2 + \zeta^2),\quad R = C + M(\xi^2 + \eta^2).$$

Soll jetzt $P = Q = R$ sein, so muss

$$A - M\xi^2 = B - M\eta^2 = C - M\zeta^2$$

sein. Wenn jetzt $\xi = o$, $\eta = o$ wäre, oder wenn der gesuchte Punkt (ξ, η, ζ) in der z Axe liegen sollte, so müssen $A = B$ und $C > A$

sein. Es ist dann $\zeta = \pm\sqrt{\frac{C-A}{M}}$, und es würde also nun zwei in der z Axe liegende Punkte geben, welche die verlangte Eigenschaft hätten. Sollte der Punkt (ξ, η, ζ) in der y Axe liegen, so muss $A = C$ und $B > A$ sein; sollte er endlich in der x Axe liegen, so muss $B = C$ und $A > B$ sein. Damit im Körper ein Punkt sich befindet, welcher die Eigenschaft besitzt, dass alle durch diesen Punkt gehende Axen Hauptaxen in Bezug auf diesen Punkt sind, müssen die Momente in Bezug auf zwei der durch den Schwerpunkt gehende Hauptaxen gleich sein, und das Moment in Bezug auf die dritte Hauptaxe grösser als jene sein. Es giebt alsdann zwei in dieser dritten Axe in gleichen Entfernungen vom Schwerpunkte liegende Punkte, welche die gesuchte Eigenschaft haben. Sind die Momente in Bezug auf jede durch den Schwerpunkt gehende Axe gleich, so giebt es im Körper keinen andern Punkt, welcher diese Eigenschaft besitzt.

§. 107.

Jede durch den Schwerpunkt gehende Hauptaxe ist auch eine Hauptaxe in Bezug auf jeden anderen in ihr liegenden Punkt. Es seien x, y, z die durch den Schwerpunkt gehenden drei Hauptaxen und O ein Punkt in der x Axe, dessen Abstand vom Schwerpunkt gleich a sei. Man ziehe durch O zwei andere mit y und z parallele Axen und bezeichne diese drei durch O gehende Axen, wovon die erste mit der x Axe zusammenfällt, durch u, v, w. Es ist alsdann $u = x - a$, $v = y$, $w = z$, und folglich

$$\int uv\,dM = \int xy\,dM - a\int y\,dM,\quad \int uw\,dM = \int xz\,dM - a\int z\,dM.$$

Es ist aber $\int xy\,dM = o$ und $\int xz\,dM = o$, weil die x Axe eine Hauptaxe ist, und $\int y\,dM = o$, $\int z\,dM = o$, weil die x Axe durch den Schwerpunkt des Körpers geht. Es wird also $\int uv\,dM = o$, $\int uw\,dM = o$, oder die x Axe ist auch eine Hauptaxe in Bezug auf den Punkt O.

§. 108.

Bezeichnet man durch ϱ die Dichtigkeit des Körpers, so wird $dM = \varrho\, dx\, dy\, dz$, und folglich, wenn man die Trägheitsmomente in Bezug auf die drei Coordinatenaxen durch A, B, C bezeichnet

$$A = \iiint(y^2 + z^2)\varrho\, dx\, dy\, dz, \quad B = \iiint(x^2 + z^2)\varrho\, dx\, dy\, dz,$$
$$C = \iiint(x^2 + y^2)\varrho\, dx\, dy\, dz.$$

Hat der Körper überall dieselbe Dichtigkeit, so ist ϱ constant, und setzt man der Kürze wegen

$$\iiint x^2\, dx\, dy\, dz = L, \quad \int y^2\, dx\, dy\, dz = M, \quad \int z^2\, dx\, dy\, dz = N,$$

so wird $A = \varrho(M + N)$, $B = \varrho(L + N)$, $C = \varrho(L + M)$.

Beispiele.

1) Der Körper sei ein gerades Prisma oder Cylinder von beliebigen Querschnitten. Der Schwerpunkt sei der Anfangspunkt, die x Axe die Längenaxe des Prismas und die Länge des Prismas 2a, so wird, wenn die Integrationen in Bezug auf x von $-a$ bis $+a$ ausgeführt werden,

$$L = \tfrac{2}{3}a^3 \iint dy\, dz, \quad M = 2a\int y^2\, dy\, dz, \quad N = 2a\int z^2\, dy\, dz.$$

Die x Axe wird alsdann immer eine Hauptaxe, weil $\int_{-a}^{+a} x\, dx = o$, und folglich $\int xy\, dx\, dy\, dz$ und $\int xz\, dx\, dy\, dz$ beide gleich Null sind. Der Querschnitt des Prismas sei jetzt ein Rechteck, 2b und 2c die Seiten desselben und der y und z Axe parallel, so wird

$$\iint dy\, dz = 4bc, \quad \iint y^2\, dy\, dz = \tfrac{4}{3}b^3c, \quad \iint z^2\, dy\, dz = \tfrac{4}{3}bc^3,$$

und daher $\quad L = \tfrac{8}{3}a^3bc, \quad M = \tfrac{8}{3}ab^3c, \quad N = \tfrac{8}{3}abc^3.$

Das Volumen des Prismas ist 8abc, seine Masse also $8\varrho abc$. Wird diese mit m bezeichnet, so wird

$$A = \tfrac{1}{3}(b^2 + c^2)m, \quad B = \tfrac{1}{3}(a^2 + c^2)m, \quad C = \tfrac{1}{3}(a^2 + b^2)m.$$

Die y und z Axe wird hier, so wie die x Axe, Hauptaxe werden, weil $\int_{-b}^{+b} y\, dy = o$, $\int_{-c}^{+c} z\, dz = o$. Wenn $a > b > c$ ist, so wird auch $C > B > A$ sein, wenn $a = b$, wird auch $A = B$ sein.

Ist der Querschnitt des Cylinders elliptisch, die y und z Coordinatenaxe der Axe der Ellipse parallel und b und c die Hälfte der Länge dieser Axen, so wird $y = \pm b\sqrt{1 - \frac{z^2}{c^2}}$, und folglich

$$\iint dy\,dz = 2b\int_{-c}^{+c}\sqrt{1 - \frac{z^2}{c^2}}\,dz = 2bc\cdot\frac{\pi}{2} = bc\pi,$$

$$\iint y^2\,dy\,dz = \frac{2b^3}{3}\int_{-c}^{+c}\left(1 - \frac{z^2}{c^2}\right)^{\frac{3}{2}} dz = \tfrac{2}{3}b^3c\int_{-\frac{\pi}{2}}^{\frac{\pi}{2}}\cos^4\varphi\,d\varphi = \tfrac{4}{3}b^3c\int_0^{\frac{\pi}{2}}\cos^4\varphi\,d\varphi,$$

wenn $z = c\sin\varphi$ gesetzt wird. Es ist aber

$$\int\cos^4\varphi\,d\varphi = \int\left(\frac{\cos 4\varphi}{8} + \frac{\cos 2\varphi}{2} + \frac{3}{8}\right)d\varphi = \frac{\sin 4\varphi}{32} + \frac{\sin 2\varphi}{4} + \frac{3}{8}\varphi,$$

$\int_0^{\frac{\pi}{2}}\cos^4\varphi\,d\varphi = \frac{3}{8}\cdot\frac{\pi}{2} = \frac{3\pi}{16}$, folglich ist $\iint y^2 dydz = \frac{1}{4}b^3c\pi$ und ebenso $\iint z^2\,dy\,dz = \frac{1}{4}bc^3\pi$. Hieraus findet man

$$L = \tfrac{2}{3}a^3bc\pi,\quad M = \tfrac{1}{2}ab^3c\pi,\quad N = \tfrac{1}{2}abc^3\pi.$$

Das Volumen des Prismas ist $2abc\pi$, die Masse $2\varrho abc\pi$. Bezeichnet man diese durch m, so findet man

$$A = \tfrac{1}{4}(b^2 + c^2)m,\quad B = (\tfrac{1}{4}c^2 + \tfrac{1}{3}a^2)m,\quad C = (\tfrac{1}{4}b^2 + \tfrac{1}{3}a^2)m.$$

Die x, y, z Axen sind hier auch Hauptaxen.

2) Der Körper sei ein Ellipsoid, dessen aufeinander senkrechte Halbaxen a, b, c seien und mit den Coordinatenaxen zusammenfallen. Die Gleichung ihrer Oberfläche ist dann $\frac{x^2}{a^2} + \frac{y^2}{b^2} + \frac{z^2}{c^2} = 1$. Es wird nun

$$L = \iiint x^2\,dx\,dy\,dz = 2c\int_{-a}^{+a} x^2\left(\int_{-\frac{b}{a}\sqrt{a^2-x^2}}^{+\frac{b}{a}\sqrt{a^2-x^2}}\sqrt{1 - \frac{x^2}{a^2} - \frac{y^2}{b^2}}\,dy\right)dx.$$

Es ist aber, wenn man der Kürze wegen $\frac{b}{a}\sqrt{a^2 - x^2} = r$ setzt,

$$\int_{-\frac{b}{a}\sqrt{a^2-x^2}}^{+\frac{b}{a}\sqrt{a^2-x^2}}\sqrt{1 - \frac{x^2}{a^2} - \frac{y^2}{b^2}}\,dy = \frac{1}{b}\int_{-r}^{+r}\sqrt{r^2 - y^2}\,dy = \frac{\pi r^2}{2b} = \frac{\pi b(a^2 - x^2)}{2a^2},$$

und folglich $L = \frac{\pi bc}{a^2}\int_{-a}^{+a} x^2(a^2 - x^2)dx = \frac{4}{15}\pi a^3 bc.$

Ebenso findet man

$$M = \frac{4}{15}\pi ab^3 c, \quad N = \frac{4}{15}\pi abc^3.$$

Setzt man jetzt die Masse des Ellipsoids $\frac{4}{3}abc = m$, so wird

$$A = \frac{1}{5}m(b^2 + c^2), \quad B = \frac{1}{5}m(a^2 + c^2), \quad C = \frac{1}{5}m(a^2 + b^2).$$

Die drei Axen sind hier Hauptaxen, und wenn $a > b > c$, so wird $C > B > A$. Wenn $a = b = c$, der Körper also eine Kugel ist, werden alle drei Momente gleich, und es ist das Trägheitsmoment einer Kugel in Bezug auf jede durch den Mittelpunkt gehende Axe $= \frac{2}{5}ma^2$, wo a den Halbmesser bezeichnet.

§. 109.

Das allgemeine dreifache Integral des Trägheitsmomentes eines Körpers kann in mehreren besonderen Fällen auf ein einfaches Integral reducirt werden. Dies ist der Fall, wenn der Körper von gleichförmiger Dichtigkeit ist, von einer Umdrehungsfläche begrenzt wird und man das Trägheitsmoment sucht in Bezug auf eine Axe, welche entweder mit der Axe der Umdrehungsfläche zusammenfällt oder darauf senkrecht steht.

Man denke sich den Körper durch Ebenen in Elemente getheilt, welche auf der Axe der Umdrehungsfläche senkrecht stehen, und suche das Trägheitsmoment jedes dieser Elemente. Im ersten Falle, wenn die Axe, in Bezug auf welche das Trägheitsmoment gesucht wird, mit derjenigen der Umdrehungsfläche zusammenfällt, hat man $dM = 2\pi\varrho r dr dx$,

und folglich das Trägheitsmoment des Körpers, wenn $y = f(x)$ die Gleichung der Generatrice der Umdrehungsfläche ist,

$$A = 2\pi\int\int_0^y \varrho r^3 dr dx = \frac{\pi\varrho}{2}\int y^4 dx.$$

Im zweiten Falle, wenn man das Trägheitsmoment in Bezug auf eine Axe, die x Axe, welche senkrecht auf derjenigen der Umdrehungsfläche, der y Axe, ist, sucht, so ziehe man durch den Mittelpunkt des durch zwei auf der y Axe senkrechte Ebenen hervorgebrachten Elementarcylinders eine mit der x Axe parallele Axe, und suche erst das Trägheitsmoment des Elementarcylinders in Bezug auf diese Axe. Es sei (Fig. 43) ABCEA der Elementarcylinder, D sein Mittelpunkt, AF parallel der x Axe. Bezeichnet man durch φ den Winkel BDC, durch λ den Radius vector Dm, so ist die Masse eines Elementes dM des Cylinders ABCEA gleich dM $= \varrho\lambda d\lambda dy d\varphi$, sein Abstand r von AF ... $r = \lambda \sin\varphi$, und daher das Trägheitsmoment des Cylinders ABCEA in Bezug auf AF gleich

$$\varrho dy \int_0^{2\pi} \int_0^x \lambda^3 \sin^2\varphi \, d\lambda d\varphi = \pi\varrho dy \int_0^x \lambda^3 d\lambda = \tfrac{1}{4}\pi\varrho x^4 dy.$$

Die Masse des Cylinders ABCEA ist ferner gleich $\pi\varrho\lambda^2 dy$. Sein Moment in Bezug auf die x Axe wird nun

$$\pi\varrho x^2 y^2 dy + \tfrac{1}{4}\pi\varrho x^4 dy.$$

Wenn $x = f(y)$ die Gleichung der Generatrice ist, wird folglich

$$A = \pi\varrho\int(x^2 y^2 + \tfrac{1}{4}x^4)dy$$

das gesuchte Trägheitsmoment des Körpers in Bezug auf die x Axe.

Beispiele.

1) Man suche das Trägheitsmoment eines geraden abgestumpften Kegels in Bezug auf seine Axe.

Es seien (Fig. 44) die beiden Halbmesser $OC = a$, $BA = b$, die Höhe $BE = h$, $\tang ODC = t$. Es ist alsdann

$$y = b + tx, \quad dx = \frac{dy}{t},$$

$$A = \frac{\pi\varrho}{2}\int_0^b y^4 dx = \frac{\pi\varrho}{2t}\int_b^a y^4 dy = \frac{\pi\varrho}{10t}(a^5 - b^5).$$

Es ist ferner die Masse M des Kegels

$$M = \pi\varrho\int_0^b y^2 dx = \frac{\pi\varrho}{t}\int_b^a y^2 dy = \frac{\pi\varrho}{3t}(a^3 - b^3).$$

folglich

$$A = \tfrac{3}{10} M\left(\frac{a^5 - b^5}{a^3 - b^3}\right).$$

2) Man suche das Trägheitsmoment eines abgestumpften geraden Kegels in Bezug auf eine auf seiner Axe senkrechte Linie.

Es sei (Fig. 45) Ox die Axe, in Bezug auf welche das Moment der Trägheit gesucht wird. Es sei, wie im vorigen Beispiele, OC $= a$, BA $= b$, BO $= h$, tang ODC $= t$. Es ist alsdann

$$y = a - tx, \quad dy = -t dx, \quad x = \frac{a-y}{t},$$

$$A = \pi\varrho \int_0^a (x^2 y^2 + \tfrac{1}{4}x^4) dy = -\pi\varrho t \int_a^b [x^2(a-tx)^2 + \tfrac{1}{4}x^4] dx$$

$$= \pi\varrho t \int_b^a [a^2 x^2 - 2atx + (t^2 + \tfrac{1}{4})x^4] dx$$

$$= \pi\varrho t \left(\frac{4t^2+1}{20}(a^5 - b^5) - \tfrac{1}{2}at(a^4 - b^4) + \tfrac{1}{3}a^2(a^3 - b^3) \right).$$

Es ist ferner die Masse M des Kegels

$$M = \frac{\pi\varrho}{3t}(a^3 - b^3),$$

folglich

$$A = 3t^2 M \left[\frac{4t^2+1}{20} \left(\frac{a^5 - b^5}{a^3 - b^3} \right) + \tfrac{1}{2}at \left(\frac{a^4 - b^4}{a^3 - b^3} \right) + \tfrac{1}{3}a^2 \right].$$

3) Man suche das Trägheitsmoment eines Kugelsegments in Bezug auf eine auf der abschneidenden Ebene senkrechte Axe.

Es sei (Fig. 46) ABCD das Kugelsegment, dessen Halbmesser CD $= r$. Die Höhe des Segments DE $= h$, und die x Axe parallel mit DC in einem Abstand OE $= l$. Es ist alsdann

$$EP = x, \quad PM^2 = [2r - (h-x)](h-x),$$

und das Trägheitsmoment in Bezug auf die Linie DC

$$A' = \frac{\pi\varrho}{2} \int_0^h [2r - (h-x)]^2 (h-x)^2 dx$$

$$= -\frac{\pi\varrho}{2} \int_0^h [4r^2(h-x)^2 - 4r(h-x)^3 + (h-x)^4] d(h-x)$$

$$= \pi\varrho(\tfrac{2}{3}r^2 h^3 - \tfrac{1}{2}rh^4 + \tfrac{1}{10}h^5).$$

Die Masse M des Segments ist

$$M = \pi\varrho \int_0^h [2r - (h-x)](h-x) dx = \pi\varrho(rh^2 - \tfrac{1}{3}h^3),$$

und es wird nun

$$A' = Mh \cdot \frac{\frac{2}{3}r^2 - \frac{1}{2}rh + \frac{1}{10}h^2}{r - \frac{1}{3}h}.$$

In Bezug auf die x Axe wird das Trägheitsmoment

$$A = M\left(h \cdot \frac{\frac{2}{3}r^2 - \frac{1}{2}rh + \frac{1}{10}h^2}{r - \frac{1}{3}h} + l^2\right).$$

c) Gesetze der relativen Bewegung eines festen Körpers in Bezug auf seinen Schwerpunkt.

§. 110.

Wie im §. 92 schon bemerkt, ist die Bewegung eines festen Körpers durch die Bewegung eines festen Punktes O im Körper und durch die relative Bewegung aller übrigen Punkte des Körpers in Bezug auf diesen Punkt bestimmt. Wir werden jetzt die Gesetze dieser relativen Bewegung untersuchen.

Denken wir uns jetzt drei im Raume feste Axen. Ziehen wir ferner durch den Punkt O drei damit parallele Axen, die x, y, z Axen, deren Richtung fest ist, und drei im Körper feste Axen, die u, v, w Axen, und bezeichnet durch (ux), (uy), (uz), (vx), (vy) .... die Winkel, welche die Axen mit einander bilden, durch x, y, z die Coordinaten irgend eines Punktes P des Körpers relativ zum ersten, durch u, v, w relativ zum zweiten Coordinatensystem, so wird

$$(1)\quad \begin{aligned} u &= x\cos(ux) + y\cos(uy) + z\cos(uz),\\ v &= x\cos(vx) + y\cos(vy) + z\cos(vz),\\ w &= x\cos(wx) + y\cos(wy) + z\cos(wz), \end{aligned}$$

$$(2)\quad \begin{aligned} x &= u\cos(ux) + v\cos(vx) + w\cos(wx),\\ y &= u\cos(uy) + v\cos(vy) + w\cos(wy),\\ z &= u\cos(uz) + v\cos(vz) + w\cos(wz), \end{aligned}$$

$$(3)\quad \begin{aligned} \cos^2(ux) + \cos^2(uy) + \cos^2(uz) &= 1,\\ \cos^2(vx) + \cos^2(vy) + \cos^2(vz) &= 1,\\ \cos^2(wx) + \cos^2(wy) + \cos^2(wz) &= 1, \end{aligned}$$

$$(4)\quad \begin{aligned} \cos^2(ux) + \cos^2(vx) + \cos^2(wx) &= 1,\\ \cos^2(uy) + \cos^2(vy) + \cos^2(wy) &= 1,\\ \cos^2(uz) + \cos^2(vz) + \cos^2(wz) &= 1, \end{aligned}$$

$$\begin{aligned}
&\cos(ux)\cos(vx) + \cos(uy)\cos(vy) + \cos(wz)\cos(vz) = o,\\
(5)\quad &\cos(ux)\cos(wx) + \cos(uy)\cos(wy) + \cos(uz)\cos(wz) = o,\\
&\cos(vx)\cos(wx) + \cos(vy)\cos(wy) + \cos(vz)\cos(wz) = o,
\end{aligned}$$

$$\begin{aligned}
&\cos(ux)\cos(uy) + \cos(vx)\cos(vy) + \cos(wx)\cos(wy) = o,\\
(6)\quad &\cos(ux)\cos(uz) + \cos(vx)\cos(vz) + \cos(wx)\cos(wz) = o,\\
&\cos(uy)\cos(uz) + \cos(vy)\cos(vz) + \cos(wy)\cos(wz) = o.
\end{aligned}$$

Es sind jetzt zur Zeit t die relativen Geschwindigkeiten des Punktes P gegen O, nach den drei Axen x, y, z zerlegt, $d_t x$, $d_t y$, $d_t z$, und parallel mit den Axen u, v, w zerlegt,

$$\begin{aligned}
&U = d_t x \cos(ux) + d_t y \cos(uy) + d_t z \cos(uz),\\
(7)\quad &V = d_t x \cos(vx) + d_t y \cos(vy) + d_t z \cos(vz),\\
&W = d_t x \cos(wx) + d_t y \cos(wy) + d_t z \cos(wz).
\end{aligned}$$

Differentiirt man die vorhergehenden Gleichungen (2), so erhält man, weil u, v, w constant sind,

$$\begin{aligned}
&d_t x = u d_t[\cos(ux)] + v d_t[\cos(vx)] + w d_t[\cos(wx)],\\
(8)\quad &d_t y = u d_t[\cos(uy)] + v d_t[\cos(vy)] + w d_t[\cos(wy)],\\
&d_t z = u d_t[\cos(uz)] + v d_t[\cos(vz)] + w d_t[\cos(wz)].
\end{aligned}$$

Substituirt man diese Werthe in die Gleichungen (7) und berücksichtigt die Differentialen der Gleichungen (3), so erhält man

$$\begin{aligned}
U = {} & v\{\cos(ux)d_t[\cos(vx)] + \cos(uy)d_t[\cos(vy)]\\
&\qquad + \cos(uz)d_t[\cos(vz)]\}\\
&+ w\{\cos(ux)d_t[\cos(wx)] + \cos(uy)d_t[\cos(wy)]\\
&\qquad + \cos(wz)d_t[\cos(wz)]\},\\
V = {} & u\{\cos(vx)d_t[\cos(ux)] + \cos(vy)d_t[\cos(uy)]\\
&\qquad + \cos(vz)d_t[\cos(uz)]\}\\
(9)\quad &+ w\{\cos(vx)d_t[\cos(wx)] + \cos(vy)d_t[\cos(wy)]\\
&\qquad + \cos(vz)d_t[\cos(wz)]\},\\
W = {} & u\{\cos(wx)d_t[\cos(ux)] + \cos(wy)d_t[\cos(uy)]\\
&\qquad + \cos(wz)d_t[\cos(uz)]\}\\
&+ v\{\cos(wx)d_t[\cos(vx)] + \cos(wy)d_t[\cos(vy)]\\
&\qquad + \cos(wz)d_t[\cos(vz)]\};
\end{aligned}$$

Differentiirt man jetzt die Gleichungen (5), so findet man

$$\begin{aligned}
(10)\quad &\{\cos(ux)d_t[\cos(vx)] + \cos(uy)d_t[\cos(vy)]\\
&\qquad + \cos(uz)d_t[\cos(vz)]\}
\end{aligned}$$

$$
(10)\quad
\begin{aligned}
&= \div \{\cos(vx)d_t[\cos(ux)] + \cos(vy)d_t[\cos(uy)] \\
&\qquad + \cos(vz)d_t[\cos(uz)]\} = r, \\
&\{\cos(wx)d_t[\cos(ux)] + \cos(wy)d_t[\cos(uy)] \\
&\qquad + \cos(wz)d_t[\cos(uz)]\} \\
&= \div \{\cos(ux)d_t[\cos(wx)] + \cos(uy)d_t[\cos(wy)] \\
&\qquad + \cos(uz)d_t[\cos(wz)]\} = q, \\
&\{\cos(vx)d_t[\cos(wx)] + \cos(vy)d_t[\cos(wy)] \\
&\qquad + \cos(vz)d_t[\cos(wz)]\} \\
&= \div \{\cos(wx)d_t[\cos(vx)] + \cos(wy)d_t[\cos(vy)] \\
&\qquad + \cos(wz)d_t[\cos(vz)]\} = p,
\end{aligned}
$$

wo die neuen Bezeichnungen r, q, p der Kürze willen eingeführt sind. Substituirt man diese Werthe in die Gleichungen (9), so findet man

$$(11)\qquad U = vr - uq, \quad V = wp - ur, \quad W = uq - vp.$$

Diese drei relative Geschwindigkeiten des Punktes P gegen O nach den drei Axen u, v, w werden Null sein für jeden Punkt einer durch O gehenden geraden Linie, deren Gleichung

$$(12)\qquad \frac{u}{p} = \frac{v}{q} = \frac{w}{r}$$

ist, und diese Gerade wird die augenblickliche Drehungsaxe des Körpers.

Es geht ferner aus den Gleichungen (11) hervor, dass die Geschwindigkeit aller in einer der Axe (12) parallelen geraden Linie liegenden Punkte gleich sind. Es sind nämlich die Gleichungen einer solchen Geraden $vr - uq = a$, $wp - ur = b$, $uq - vp = c$, wo a, b, c von den Coordinaten u, v, w unabhängige Grössen sind, welche die Bedingungsgleichung $ap + bq + cr = o$ erfüllen.

Die Gleichung einer auf der augenblicklichen Drehungsaxe (12) senkrechten Ebene ist $pu + qv + rw = o$. Betrachtet man in derselben einen Punkt, dessen Abstand von O die Einheit ist, daher $u^2 + v^2 + w^2 = 1$, so wird die relative Geschwindigkeit dieses Punktes gegen O die augenblickliche Winkelgeschwindigkeit der Drehung genannt; wir werden dieselbe durch Ω bezeichnen. Es ist alsdann

$$\Omega^2 = U^2 + V^2 + W^2.$$

Es ist aber

$$U^2 + V^2 + W^2 = (rv - qw)^2 + (pw - ru)^2 + (qu - pv)^2$$
$$= (p^2 + q^2 + r^2)(u^2 + v^2 + w^2) - (pu + qv + rw)^2$$
$$= p^2 + q^2 + r^2,$$

folglich wird

$$\Omega = \sqrt{p^2 + q^2 + r^2}.$$

Die Cosinus der Winkel, welche die augenblickliche Drehungsaxe (12) mit den drei Axen u, v, w bildet, sind

$$\frac{p}{\sqrt{p^2+q^2+r^2}}, \quad \frac{q}{\sqrt{p^2+q^2+r^2}}, \quad \frac{r}{\sqrt{p^2+q^2+r^2}},$$

und die Winkelgeschwindigkeit $\Omega = \sqrt{p^2 + q^2 + r^2}$ um die Axe (12) kann als aus drei Winkelgeschwindigkeiten um die drei Axen u, v, w, deren Grösse durch p, q, r dargestellt wird, zusammengesetzt gedacht werden.

§. 111.

Durch Differentiation der ersten der Gleichungen (3) des vorigen Paragraphen findet man

$$\cos(ux)d_t[\cos(ux)] + \cos(uy)d_t[\cos(uy)] + \cos(uz)d_t[\cos(uz)] = 0,$$

und aus den Gleichungen (10)

$$\cos(vx)d_t[\cos(ux)] + \cos(vy)d_t[\cos(uy)] + \cos(vz)d_t[\cos(uz)] = -r,$$
$$\cos(wx)d_t[\cos(ux)] + \cos(wy)d_t[\cos(uy)] + \cos(wz)d_t[\cos(uz)] = q.$$

Multiplicirt man diese drei Gleichungen der Reihe nach mit cos(ux), cos(vx), cos(wx), und addirt, so erhält man, mit Berücksichtigung der Gleichungen (4) und (6) des vorigen Paragraphen,

$$d_t[\cos(ux)] = q\cos(wx) - r\cos(vx), \text{ und ebenso}$$
$$d_t[\cos(uy)] = q\cos(wy) - r\cos(vy),$$
$$d_t[\cos(uz)] = q\cos(wz) - r\cos(vz).$$
$$d_t[\cos(vx)] = r\cos(ux) - p\cos(wx),$$
$$d_t[\cos(vy)] = r\cos(uy) - p\cos(wy),$$
$$d_t[\cos(vz)] = r\cos(uz) - p\cos(wz),$$
$$d_t[\cos(wx)] = p\cos(vx) - q\cos(ux),$$
$$d_t[\cos(wy)] = p\cos(vy) - q\cos(uy),$$
$$d_t[\cos(wz)] = p\cos(vz) - q\cos(wz).$$

Diese Werthe in die Gleichungen (8) substituirt geben

$$d_t x = u[q\cos(wx) - r\cos(vx)] + v[r\cos(ux) - p\cos(wx)]$$
$$+ w[p\cos(vx) - q\cos(ux)],$$
$$d_t y = u[q\cos(wy) - r\cos(vy)] + v[r\cos(uy) - p\cos(wy)]$$
$$+ w[p\cos(vy) - q\cos(uy)],$$
$$d_t z = u[q\cos(wz) - r\cos(vz)] + v[r\cos(uz) - p\cos(wz)]$$
$$+ w[p\cos(vz) - q\cos(wz)].$$

Hieraus können die Werthe der übergestrichenen mit der Masse der entsprechenden Punkte multiplicirten Flächenräume für eine Zeiteinheit gefunden werden. Die Projectionen dieser auf die drei Coordinatenebenen yz, xz, xy sind (§. 91)

$$\tfrac{1}{2}\int(zd_t y - yd_t z)dM,\quad \tfrac{1}{2}\int(xd_t z - zd_t x)dM,\quad \tfrac{1}{2}\int(yd_t x - xd_t y)dM.$$

Nehmen wir, um den Werth dieser Ausdrücke zu vereinfachen, an, die im Körper festen Axen u, v, w seien drei Hauptaxen in Bezug auf den Punkt O, so wird (§. 104)

$$\int vwdM = o,\quad \int uwdM = o,\quad \int uvdM = o.$$

Bezeichnet man ferner durch A, B, C die in Bezug auf diese drei Hauptaxen bezüglichen Trägheitsmomente, folglich

$$\int(v^2 + w^2)dM = A,\quad \int(u^2 + w^2)dM = B,\quad \int(u^2 + v^2)dM = C,$$

so wird durch Substitution der Werthe von x, y, z in die Gleichungen (2) des vorigen Paragraphen

$$\int(zd_t y - yd_t z)dM = Ap[\cos(wz)\cos(vy) - \cos(wy)\cos(vz)]$$
$$+ Bq[\cos(uz)\cos(wy) - \cos(wz)\cos(uy)]$$
$$+ Cr[\cos(uy)\cos(vz) - \cos(vy)\cos(uz)].$$

Es ist aber jetzt, weil die u, v, w Axen und ebenso die x, y, z Axen aufeinander senkrecht stehen,

$$\cos(ux) = \cos(wz)\cos(vy) - \cos(wy)\cos(vz),$$
$$\cos(vx) = \cos(uz)\cos(wy) - \cos(uy)\cos(wz),$$
$$\cos(wx) = \cos(vz)\cos(uy) - \cos(vy)\cos(uz).$$

(Diese Gleichungen, welche aus der analytischen Geometrie bekannt sind, können leicht aus den Gleichungen (1) bis (6) des vorigen Paragraphen entwickelt werden, ganz auf dieselbe Weise wie im §. 63 die Gleichung $\frac{\mathfrak{X}}{\mathfrak{R}} = \frac{Z}{R}\cdot\frac{\mathfrak{Y}'}{\mathfrak{R}'} - \frac{\mathfrak{Z}'Y}{\mathfrak{R}'R}$ gefunden wurde.)

Substituirt man diese Werthe, so erhält man

$$\int (z d_t y - y d_t z) dM = Ap \cos(ux) + Bq \cos(vx) + Cr \cos(wx),$$

und ebenso

$$\int (x d_t z - z d_t x) dM = Ap \cos(uy) + Bq \cos(vy) + Cr \cos(wy).$$

$$\int (y d_t x - x d_t y) dM = Ap \cos(uz) + Bq \cos(vz) + Cr \cos(wz).$$

§. 112.

Nach diesen Vorbereitungen lassen sich die Differentialgleichungen der Bewegung eines freien festen Körpers, auf welchen verschiedene Kräfte wirken, ohne Schwierigkeit aufstellen.

Die im §. 90 entwickelten allgemeinen Gleichungen der Bewegung eines festen Körpers sind

$$\Sigma \frac{p}{g} d_t^2 x' = \Sigma X, \quad \Sigma \frac{p}{g} d_t^2 y' = \Sigma Y, \quad \Sigma \frac{p}{g} d_t^2 z' = \Sigma Z,$$

$$\Sigma \frac{p}{g} (z' d_t^2 y' - y' d_t^2 z') = \Sigma (Yz' - Zy'),$$

$$\Sigma \frac{p}{g} (x' d_t^2 z' - z' d_t^2 y') = \Sigma (Zx' - Xz'),$$

$$\Sigma \frac{p}{g} (y' d_t^2 x' - x' d_t^2 y') = \Sigma (Xy' - Yx'),$$

wo $\frac{p}{g} = dm$ die Masse eines Elementes des Körpers bezeichnet, dessen Coordinaten x', y', z' sind. Nimmt man jetzt als den im §. 110 durch O bezeichneten Punkt den Schwerpunkt an, und bezeichnet durch ξ, η, ζ seine Coordinaten nach den im Raume festen Axen, durch x, y, z die Coordinaten eines beliebigen Punktes des Körpers nach den damit parallelen durch den Schwerpunkt gehenden Axen, so dass

$$x' = x + \xi, \quad y' = y + \eta, \quad z' = z + \zeta,$$

so wird, weil $\int x' dm = \xi m$,

$$\Sigma \frac{p}{g} d_t^2 x' = \int d_t^2 x' dm = d_t^2 \int x' dm = m d_t^2 \xi.$$

Die drei ersten Bewegungsgleichungen werden nun

(1) $\quad m d_t^2 \xi = \Sigma X, \quad m d_t^2 \eta = \Sigma Y, \quad m d_t^2 \zeta = \Sigma Z.$

Ferner ist, weil $\int z dm = o$, $\int y dm = o$,

$$\Sigma\frac{p}{g}(z'd_t^2y' - y'd_t^2z') = \int(z'd_t^2y' - y'd_t^2z')dm$$
$$= \int[(z+\zeta)(d_t^2y + d_t^2\eta) - (y+\eta)(d_t^2z + d_t^2\zeta)]dm$$
$$= \int(zd_t^2y - yd_t^2z)dm + m(\zeta d_t^2\eta - \eta d_t^2\zeta)$$
$$= d_t\int(zd_ty - yd_tz)dm + \zeta\Sigma Y - \eta\Sigma Z.$$

Ferner ist $\Sigma(Yz' - Zy') = \Sigma(Yz - Zy) + \zeta\Sigma Y - \eta\Sigma Z.$

Die drei letzten Gleichungen der Bewegung werden nun

$$(2)\quad \begin{aligned} d_t\int(zd_ty - yd_tz)dm &= \Sigma(Yz - Zy),\\ d_t\int(xd_tz - zd_tx)dm &= \Sigma(Zx - Xz),\\ d_t\int(yd_tx - xd_ty)dm &= \Sigma(Xy - Yx).\end{aligned}$$

Setzt man zur Abkürzung die Summen der Momente der gegebenen Kräfte in Bezug auf die drei durch den Schwerpunkt gehenden der Richtung nach festen Coordinatenaxen

$$\Sigma(Yz - Zy) = L,\quad \Sigma(Zx - Xz) = M,\quad \Sigma(Xy - Yx) = N,$$

und substituirt aus dem vorigen Paragraphen die Werthe der linken Seite der vorhergehenden Gleichungen, so werden diese die Form annehmen

$$(3)\quad \begin{aligned} d_t[Ap\cos(ux) + Bq\cos(vx) + Cr\cos(wx)] &= L,\\ d_t[Ap\cos(uy) + Bq\cos(vy) + Cr\cos(wy)] &= M,\\ d_t[Ap\cos(uz) + Bq\cos(vz) + Cr\cos(wz)] &= N.\end{aligned}$$

Multiplicirt man diese Gleichungen der Reihe nach mit cos(ux), cos(uy), cos(uz), addirt und bemerkt die Gleichungen (3), (5), (10) des vorigen Paragraphen, so wie die Differentialen der Gleichungen (3), so erhält man

$$Ad_tp + (B - C)qr = L\cos(ux) + M\cos(uy) + N\cos(uz),$$

und ebenso

$$(4)\quad \begin{aligned} Bd_tq + (C - A)rp &= L\cos(vx) + M\cos(vy) + N\cos(vz),\\ Cd_tr + (A - B)pq &= L\cos(wx) + M\cos(wy) + N\cos(wz).\end{aligned}$$

Die Gleichungen (1) und (4) bestimmen vollständig die Bewegungen des Körpers.

Betrachtet man die Bewegung eines schweren Körpers im leeren Raume und nimmt die z Axe vertical und positiv nach unten an, so wird

$$\Sigma X = o, \quad \Sigma Y = o, \quad \Sigma Z = gm, \quad L = o, \quad M = o, \quad N = o.$$

Die Gleichungen (1) und (4) geben mithin

$$d_t^2\xi = o, \quad d_t^2\eta = o, \quad d_t^2\zeta = g,$$

$$\begin{aligned} &Ad_tp + (B - C)qr = o, \\ (5) \qquad &Bd_tq + (C - A)rp = o, \\ &Cd_tr + (A - B)pq = o. \end{aligned}$$

Die Bewegung des Schwerpunkts und die Drehung des Körpers um denselben sind nun von einander ganz unabhängig. Der Schwerpunkt wird eine Parabel beschreiben und der Körper sich um den Schwerpunkt ebenso drehen, als wenn er unbeweglich wäre.

§. 113.

Hat der Körper einen festen Punkt, so nehme man diesen als den im §. 110 mit O bezeichneten Punkt an. Es seien fortwährend ξ, η, ζ die Coordinaten des Schwerpunktes, x, y, z die irgend eines andern Punktes des Körpers, und die x, y, z Axen jetzt nicht bloss der Richtung, sondern auch der Lage nach fest. Der Druck, welchen der feste Punkt O in jedem Augenblicke erleidet, sei durch Π bezeichnet und die Winkel, welche die Richtung dieses Drucks mit den drei Coordinatenaxen bildet, seien α, β, γ. Dieser Druck und seine Richtung ist durch folgende Gleichungen bestimmt

$$\Sigma X - \int d_t^2 x\, dm - \Pi \cos\alpha = o, \quad \Sigma Y - \int d_t^2 y\, dm - \Pi \cos\beta = o,$$

$$\Sigma Z - \int d_t^2 z\, dm - \Pi \cos\gamma = o,$$

oder wegen der Gleichungen $\int x dm = \xi m$, $\int y dm = \eta m$, $\int z dm = \zeta m$,

$$\Pi \cos\alpha = \Sigma X - m d_t^2 \xi, \quad \Pi \cos\beta = \Sigma Y - m d_t^2 \eta,$$

$$\Pi \cos\gamma = \Sigma Z - m d_t^2 \zeta.$$

Zur Bestimmung der Bewegung des Körpers dienen die Gleichungen (2) des vorigen Paragraphen

$$\begin{aligned} d_t \int (z d_t y - y d_t z) dm &= L, \\ d_t \int (x d_t z - z d_t x) dm &= M, \\ d_t \int (y d_t x - x d_t y) dm &= N, \end{aligned}$$

woraus wieder, wie im vorigen Paragraphen, die Gleichungen folgen:

$$\begin{aligned} &d_t[Ap\cos(ux) + Bq\cos(vx) + Cr\cos(wx)] = L,\\ (1)\quad &d_t[Ap\cos(uy) + Bq\cos(vy) + Cr\cos(wy)] = M,\\ &d_t[Ap\cos(uz) + Bq\cos(vz) + Cr\cos(wz)] = N,\end{aligned}$$

und hieraus ferner

$$\begin{aligned} &Ad_tp + (B - C)qr = L\cos(ux) + M\cos(uy) + N\cos(uz),\\ (2)\quad &Bd_tq + (C - A)rp = L\cos(vx) + M\cos(vy) + N\cos(vz),\\ &Cd_tr + (A - B)pq = L\cos(wx) + M\cos(wy) + N\cos(wz).\end{aligned}$$

§. 114.

Nimmt man an, die Momente der gegebenen Kräfte in Bezug auf den festen Punkt L, M, N seien Null, so erhält man aus den Gleichungen (2) des vorigen Paragraphen

$$\begin{aligned} &Ad_tp + (B - C)qr = o,\\ (1)\quad &Bd_tq + (C - A)rp = o,\\ &Cd_tr + (A - B)pq = o,\end{aligned}$$

und die Gleichungen (1) des vorigen Paragraphen geben durch Integration

$$\begin{aligned} &Ap\cos(ux) + Bq\cos(vx) + Cr\cos(wx) = h,\\ &Ap\cos(uy) + Bq\cos(vy) + Cr\cos(wy) = h',\\ &Ap\cos(uz) + Bq\cos(vz) + Cr\cos(wz) = h'',\end{aligned}$$

wo h, h', h'' constante Grössen sind und die Projection des zusammengesetzten Paares der Bewegungsmomente auf den Ebenen yz, xz, xy bezeichnen, wie aus dem §. 111 hervorgeht. Bezeichnet man die Intensität dieses Paares durch k, wo alsdann

$$(2)\qquad h^2 + h'^2 + h''^2 = k^2,$$

so findet man durch Quadriren und Addiren dieser Gleichungen

$$A^2p^2 + B^2q^2 + C^2r^2 = k^2.$$

Bezeichnet man durch ω die Geschwindigkeit des Punktes (x, y, z), so ist (§. 110)

$$\begin{aligned}\omega^2 = U^2 + V^2 + W^2 &= (rv - qw)^2 + (pw - ru)^2 + (qu - pv)^2\\ &= p^2(v^2 + w^2) + q^2(w^2 + u^2) + r^2(u^2 + v^2)\\ &\quad - 2qrvw - 2rpwu - 2pquv,\end{aligned}$$

folglich

$$(3)\qquad \int\omega^2 dm = Ap^2 + Bq^2 + Cr^2 = 2\mathfrak{T},$$

gleich der doppelten lebendigen Kraft des Körpers, welche wir durch

$\mathfrak{L}$ bezeichnen werden. Die lebendige Kraft des Körpers ist also constant.

Die Gleichung der angeblichen Drehungsaxe des Körpers ist

$$\frac{u}{p} = \frac{v}{q} = \frac{w}{r}.$$

Eliminirt man aus diesen Gleichungen in Verbindung mit den Gleichungen (2) und (3) die Grössen p, q, r, so erhält man die Kegelfläche, welche diese Axe während der Bewegung im Körper beschreibt. Es wird diese Gleichung

$$(4) \quad A(k^2 - 2A\mathfrak{L})u^2 + B(k^2 - 2B\mathfrak{L})v^2 + C(k^2 - 2C\mathfrak{L})w^2 = o,$$

folglich diejenige einer Kegelfläche zweiten Grades. Aus den Gleichungen (2) und (3) erhält man ferner

$$k^2 - 2A\mathfrak{L} = -Bq^2(A-B) - Cr^2(A-C),$$
$$k^2 - 2C\mathfrak{L} = -Cp^2(A-C) + Bq^2(B-C).$$

Weil jetzt $A =$ oder $> B =$ oder $> C$, so wird immer $k^2 =$ oder $< 2A\mathfrak{L}$, $k^2 =$ oder $> 2C\mathfrak{L}$. Nur wenn $A = B = C$, wird $k^2 = 2A\mathfrak{L}$. Die Axe des Kegels (4) ist diejenige des grössten Trägheitsmomentes, die u Axe, wenn $k^2 > 2B\mathfrak{L}$, und diejenige des kleinsten Trägheitsmomentes, die w Axe, wenn $k^2 < 2B\mathfrak{L}$. Wenn $A = B$ oder $B = C$, wird der obige Kegel ein gerader.

Fällt die augenblickliche Drehungsaxe mit einer der Hauptaxen, z. B. der w Axe, zusammen, so wird $p = o$ und $q = o$. Die Gleichungen (1) geben alsdann $d_t p = o$, $d_t q = o$, $d_t r = o$, d. h. die Umdrehungsaxe wird alsdann immer mit der Hauptaxe w zusammenfallen. Dies gilt aber von keiner Axe, die nicht eine Hauptaxe ist. Soll nämlich umgekehrt die augenblickliche Umdrehungsaxe immer dieselbe Richtung im Körper behalten, so wird $d_t p = o$, $d_t q = o$, $d_t r = o$ und die Gleichungen (1) geben alsdann

$$(B-C)qr = o, \quad (C-A)rp = o, \quad (A-B)pq = o.$$

Sind jetzt alle drei Trägheitsmomente ungleich, so müssen zwei der Grössen p, q, r gleich Null sein, d. h. die Axe muss mit einer der Hauptaxen zusammenfallen. Sind zwei der Momente gleich, z. B. $A = B$, so wird $r = o$ sein müssen, d. h. die augenblickliche Umdrehungsaxe muss auf die w Axe oder in die uv Ebene fallen; es ist aber alsdann auch jede in die uv Ebene fallende Axe eine Hauptaxe. Ist endlich $A = B = C$, so ist jede Axe eine Hauptaxe.

Die Cosinus, welche die Axe des zusammengesetzten Paares der Bewegungsmomente mit den x, y, z Axen bildet, sind $\frac{h}{k}, \frac{h'}{k}, \frac{h''}{k}$; daher die Cosinus der Winkel, welche sie mit den u, v, w Axen bildet,

$$\frac{h\cos(ux) + h'\cos(uy) + h''\cos(uz)}{k}, \quad \frac{h\cos(vx) + h'\cos(vy) + h''\cos(vz)}{k},$$

$$\frac{h\cos(wx) + h'\cos(wz) + h''\cos(wz)}{k}.$$

Die Gleichungen dieser Axe in Beziehung auf die Hauptaxen u, v, w sind folglich

$$\frac{u}{h\cos(ux) + h'\cos(uy) + h''\cos(uz)} = \frac{v}{h\cos(vx) + h'\cos(vy) + h''\cos(vz)}$$

$$= \frac{w}{h\cos(wx) + h'\cos(wy) + h''\cos(wz)},$$

oder, wenn man die vorhergehenden Werthe von h, h', h'' substituirt,

$$(5) \qquad \frac{u}{Ap} = \frac{v}{Bq} = \frac{w}{Cr}.$$

Eliminirt man aus diesen Gleichungen in Verbindung mit denen der (2) und (3) die Grössen p, q, r, so erhält man die Kegelfläche, welche die Axe des zusammengesetzten Paares der Bewegungsmomente im Körper beschreibt. Diese Gleichung wird

$$(6) \qquad \frac{(k^2 - 2A\varrho)}{A} u^2 + \frac{(k^2 - 2B\varrho)}{B} v^2 + \frac{(k^2 - 2C\varrho)}{C} w^2 = 0.$$

§. 115.

Denkt man sich auf den drei Hauptaxen des Körpers ein Ellipsoid construirt, dessen Halbaxen den Quadratwurzeln der Trägheitsmomente reciprok gleich, also gleich $\frac{1}{\sqrt{A}}, \frac{1}{\sqrt{B}}, \frac{1}{\sqrt{C}}$ sind, so werden die Gleichungen dieses Ellipsoids

$$Au^2 + Bv^2 + Cw^2 = 1.$$

Es wird das Centralellipsoid des Körpers genannt. Es hat die Eigenschaft, dass das Trägheitsmoment in Bezug auf jede andere durch den Mittelpunkt gehende Axe durch den entsprechenden Radius vector bestimmt wird. Denn es sei dieser R, und die Winkel, welche er mit den drei Hauptaxen bildet, α, β, γ, so ist

$$R = \sqrt{u^2 + v^2 + w^2} = \frac{1}{\sqrt{A \cos^2 \alpha + B \cos^2 \beta + C \cos^2 \gamma}}.$$

Es ist aber nach §. 103 das Trägheitsmoment in Bezug auf diese Axe

$$D = A \cos^2 \alpha + B \cos^2 \beta + C \cos^2 \gamma,$$

folglich wird $R = \frac{1}{\sqrt{D}}$, $D = \frac{1}{R^2}$.

Wir haben im vorigen Paragraphen die Gleichungen der augenblicklichen Drehungsaxe des Körpers gefunden,

$$(1) \qquad \frac{u}{p} = \frac{v}{q} = \frac{w}{r}, \text{ folglich auch ferner gleich}$$

$$\frac{\sqrt{u^2 + v^2 + w^2}}{\sqrt{p^2 + q^2 + r^2}} = \frac{\sqrt{Au^2 + Bv^2 + Cw^2}}{\sqrt{Ap^2 + Bq^2 + Cr^2}} = \frac{\sqrt{A^2 u^2 + B^2 v^2 + C^2 w^2}}{\sqrt{A^2 p^2 + B^2 q^2 + C^2 r^2}}.$$

Es ist aber wegen der Gleichungen (2) und (3) des vorigen Paragraphen

$$Ap^2 + Bq^2 + Cr^2 = 2\mathfrak{L},$$
$$A^2 p^2 + B^2 q^2 + C^2 r^2 = k^2,$$

und ferner

$$p^2 + q^2 + r^2 = \Omega^2,$$
$$u^2 + v^2 + w^2 = R^2,$$
$$A^2 u^2 + B^2 v^2 + C^2 w^2 = \frac{1}{P^2},$$

wenn man, wie vorher, durch Ω die augenblickliche Umdrehungsgeschwindigkeit, ferner durch R den Radius vector des Ellipsoids längs der augenblicklichen Umdrehungsaxe, durch P den senkrechten Abstand des Mittelpunkts von der dem Ellipsoid im Endpunkte der Umdrehungsaxe, oder wie es genannt wird, im Pole der Umdrehung, tangirenden Ebene bezeichnet. Die Gleichungen (1) geben alsdann

$$(2) \qquad \frac{R}{\Omega} = \frac{1}{\sqrt{2\mathfrak{L}}} = \frac{1}{Pk}.$$

Aus diesen Gleichungen geht erstens hervor, dass

$$(3) \qquad \Omega = R\sqrt{2\mathfrak{L}},$$

d. h. *die augenblickliche Umdrehungsgeschwindigkeit ist der Länge desjenigen Radius vectors des Centralellipsoids proportional, um welche die Umdrehung eben stattfindet.*

Bezeichnet man durch λ, μ, ν die Winkel, welche die Normale des Poles der Umdrehung mit den drei Hauptaxen bildet, so ist

$$\cos\lambda = \frac{Au}{\sqrt{A^2u^2+B^2v^2+C^2w^2}},\quad \cos\mu = \frac{Bv}{\sqrt{A^2u^2+B^2v^2+C^2w^2}},$$
$$\cos\nu = \frac{Cw}{\sqrt{A^2u^2+B^2v^2+C^2w^2}},$$

wo u, v, w den Gleichungen (1) genügen. Hieraus findet man

$$\cos\lambda = \frac{Ap}{\sqrt{A^2p^2+B^2q^2+C^2r^2}},\quad \cos\mu = \frac{Bq}{\sqrt{A^2p^2+B^2q^2+C^2r^2}},$$
$$\cos\nu = \frac{Cr}{\sqrt{A^2p^2+B^2q^2+C^2r^2}}.$$

Diese Normale fällt mit der Axe des zusammengesetzten Paares der Bewegungsmomente zusammen, denn die Gleichung dieser letztern war nach der Gleichung (5) des vorigen Paragraphen

$$\frac{u}{Ap} = \frac{v}{Bq} = \frac{w}{Cr}.$$

Die dem Centralellipsoid im Pole der Umdrehung tangirende Ebene ist der Ebene des zusammengesetzten Paares der Bewegungsmomente parallel und die augenblickliche Umdrehungsaxe ist dieser Ebene conjugirt.

Der Abstand jener tangirenden Ebene von dem Mittelpunkte des Ellipsoids ist $P = \frac{\sqrt{2\mathfrak{L}}}{k}$, folglich constant, und die tangirende Ebene ist im Raume fest. Construirt man um den Mittelpunkt des Ellipsoids eine Kugel, deren Halbmesser $\frac{\sqrt{2\mathfrak{L}}}{k}$ ist, und denkt sich eine Ebene, welche sich so bewegt, dass sie auf einmal diese Kugel und das Centralellipsoid berührt, so wird der Berührungspunkt mit dem Ellipsoid nach und nach die von dem Pole der Umdrehung beschriebene Linie durchlaufen. Diese auf der Oberfläche des Centralellipsoids gezeichnete Curve wird die relative Poloide der

Umdrehungsbewegung genannt. Während der Pol der Umdrehung auf der Oberfläche des Ellipsoids diese Linie beschreibt, wird er auf der im Raume festen tangirenden Ebene eine zweite Curve beschreiben, welche die absolute Poloide der Umdrehungsbewegung genannt wird. Construirt man durch den festen Mittelpunkt des Ellipsoids und durch die beiden Poloiden zwei Kegelflächen, wovon die erste im Körper [Gleichung (4) §. 114], die zweite im Raume fest ist, so wird die augenblickliche Umdrehungsaxe immer beiden Kegeln gemeinschaftlich sein, und weil die Umdrehungsaxe nur mit einer endlichen Geschwindigkeit ihre Lage ändert, werden die beiden Kegel einander in der Umdrehungsaxe berühren. *Die Bewegung des Körpers kann folglich durch die Bewegung der im Körper festen Kegel dargestellt werden, welche auf den im Raume festen Kegeln rollen, ohne zu gleiten.*

Die Gleichung der Ebene des zusammengesetzten Paares der Bewegungsmomente ist $Apu + Bqv + Crw = o$. Sucht man jetzt den Flächeninhalt der Ellipse, welche durch den Durchschnitt dieser Ebene mit dem Centralellipsoid, dessen Gleichung $Au^2 + Bv^2 + Cw^2 = 1$ ist, gebildet wird, so findet man diesen, wie aus der analitischen Geometrie bekannt ist, gleich

$$\frac{\pi\sqrt{A^2p^2 + B^2q^2 + C^2r^2}}{\sqrt{ABC}\sqrt{Ap^2 + Bq^2 + Cr^2}},$$

oder gleich

$$\frac{\pi k}{\sqrt{2ABC\mathfrak{L}}}.$$

Die Fläche dieser Ellipse, deren Form während der Bewegung immer geändert wird, ist constant.

Construirt man auf den drei Hauptaxen ein zweites Ellipsoid, dessen Halbaxen den Quadratwurzeln der Trägheitsmomente gleich sind, so wird die Gleichung dieses zweiten Ellipsoids

$$\frac{u^2}{A} + \frac{v^2}{B} + \frac{w^2}{C} = 1.$$

Sucht man den Durchschnittspunkt dieses Ellipsoids mit der Axe des zusammengesetzten Paares der Bewegungsmomente, deren Gleichung nach dem vorigen Paragraphen $\frac{u}{Ap} = \frac{v}{Bq} = \frac{w}{Cr}$ war, so findet man aus diesen Gleichungen

$$u^2 = \frac{A^2p^2}{2\mathfrak{L}}, \quad v^2 = \frac{B^2q^2}{2\mathfrak{L}}, \quad w^2 = \frac{C^2r^2}{2\mathfrak{L}},$$

folglich

$$\sqrt{u^2 + v^2 + w^2} = \frac{k}{2\mathfrak{L}}.$$

Dieser Durchschnittspunkt wird während der Bewegung des Körpers im Raume fest sein. Die Axe des zusammengesetzten Paares der Bewegungsmomente wird im Körper eine Kegelfläche beschreiben, welche durch die Durchschnittslinie jenes Ellipsoids und einer concentrischen Kugelfläche, deren Halbmesser $\frac{k}{\sqrt{2\mathfrak{L}}}$ ist, bestimmt wird. Die Gleichung dieser Kegelfläche ist schon im vorigen Paragraphen gefunden (6).

Aus den Gleichungen (1) folgt, wenn man sie der Reihe nach mit BCp, CAq, ABr multiplicirt und die Producte addirt,

$$ABC(pd_tp + qd_tq + rd_tr) + (A - B)(A - C)(B - C)pqr = o.$$

Es ist aber (§. 110) $\Omega^2 = p^2 + q^2 + r^2$, wenn durch Ω die augenblickliche Winkelgeschwindigkeit bezeichnet wird. Die obige Gleichung wird alsdann

$$(4) \qquad ABC\Omega d_t\Omega = (A - B) = (A - B)(B - C)(C - A)pqr.$$

Wenn die Hauptaxen in Bezug auf zwei der Hauptaxen gleich sind, $A = B$ oder $B = C$, so wird $d_t\Omega = o$ oder Ω constant. Dasselbe ist der Fall, wenn die augenblickliche Drehungsaxe mit einer der Hauptaxen zusammenfällt, weil alsdann zwei der Grössen p, q, r gleich Null sind.

§. 116.

Wir haben im vorigen Paragraphen angenommen, die Momente der gegebenen Kräfte seien alle gleich Null. Wir werden jetzt die allgemeinen Gleichungen des §. 113 auf die Bewegung eines schweren Körpers um einen festen Punkt anwenden. Es ist alsdann, wenn man die z Axe vertical und positiv nach unten annimmt,

$$X = o, \quad Y = o, \quad Z = gdm, \quad L = -g\int ydm, \quad M = g\int xdm, \quad N = o,$$

oder, wenn man die Werthe von x, y, z aus den Gleichungen (2) des §. 110 substituirt,

$$L = -g\int[u\cos(uy) + v\cos(vy) + w\cos(wy)]\,dm,$$
$$M = g\int[u\cos(ux) + v\cos(vx) + w\cos(wx)]\,dm.$$

Bezeichnet man jetzt durch u', v', w' die constanten Coordinaten des Schwerpunkts nach den Hauptaxen u, v, w gerechnet, so wird

$$L = -gm[u'\cos(uy) + v'\cos(vy) + w'\cos(wy)],$$
$$M = gm[u'\cos(ux) + v'\cos(vx) + w'\cos(wx)].$$

Berücksichtigt man jetzt die Gleichungen

$$\cos(uz) = \cos(wy)\cos(vx) - \cos(vy)\cos(wx),$$
$$\cos(vz) = \cos(uy)\cos(wx) - \cos(wy)\cos(ux),$$
$$\cos(wz) = \cos(vy)\cos(ux) - \cos(uy)\cos(vx),$$

so erhält man

$$L\cos(ux) + M\cos(uy) + N\cos(uz) = gm[w'\cos(vz) - v'\cos(wz)],$$
$$L\cos(vx) + M\cos(vy) + N\cos(vz) = gm[u'\cos(wz) - w'\cos(uz)],$$
$$L\cos(wx) + M\cos(wy) + N\cos(wz) = gm[v'\cos(uz) - u'\cos(vz)].$$

Die Gleichungen (2) des §. 113 geben

$$Ad_t p + (B - C)qr = gm[w'\cos(vz) - v'\cos(wz),$$
$$Bd_t q + (C - A)rp = gm[u'\cos(wz) - w'\cos(uz),$$
$$Cd_t r + (A - B)pq = gm[v'\cos(uz) - u'\cos(vz).$$

Multiplicirt man diese Gleichungen der Reihe nach mit p, q, r und addirt, so erhält man

$$Apd_t p + Bqd_t q + Crd_t r = gm\{u'[q\cos(wz) - r\cos(vz)]$$
$$+ v'[r\cos(wz) - p\cos(wz)] + w'[p\cos(vz) - q\cos(uz)]\},$$

oder, wenn man die im §. 111 entwickelten Werthe von $d_t\cos(uz)$, $d_t\cos(vz)$, $d_t\cos(wz)$ substituirt,

$$Apd_t p + Bqd_t q + Crd_t r = gm[u'd_t\cos(uz) + v'd_t\cos(vz) + w'd_t\cos(wz)],$$

und folglich durch Integration

$$\tfrac{1}{2}[Ap^2 + Bq^2 + Cr^2] = gm[u'\cos(uz) + v'\cos(vz) + w'\cos(wz)] + \text{Const.}$$
$$= gm(z' - z_0),$$

wenn z' und z_0 die verticalen Coordinaten des Schwerpunkts am Ende und Anfang des gegebenen Zeitpunkts bezeichnen. Diese Gleichung lehrt, dass die lebendige Kraft des Körpers gleich dem Product der Masse des Körpers in der vom Schwerpunkte durchfallenen verticalen Höhe ist.

§. 117.

Hat der Körper eine feste Axe, so ist die Bedingungsgleichung des Gleichgewichts nur eine, und mithin wird auch die Bewegung des Körpers vollständig durch eine Gleichung, derjenigen der lebendigen Kraft, dargestellt. Nimmt man die z Axe als Umdrehungsaxe an und bezeichnet durch ω die Winkelgeschwindigkeit des Körpers, durch $k^2 m$ das Trägheitsmoment in Bezug auf die Umdrehungsaxe, so ist (§. 101) $\frac{\omega^2}{2} \cdot k^2 m$ die lebendige Kraft des Körpers. Bezeichnet man ferner durch ω_0 die anfängliche Umdrehungsgeschwindigkeit, d. h. wenn $t = o$, und bemerkt, dass $d_t z = o$, so wird die Gleichung der lebendigen Kraft

$$\frac{\omega^2 - \omega_0^2}{2} \cdot k^2 m = \int_0^t (X d_t x + Y d_t y) dt.$$

Es ist aber $d_t x = -y . \omega$, $d_t y = x . \omega$, und das Differential der obigen Gleichung wird daher

$$k^2 m d_t \omega = \Sigma (Yx - Xy).$$

§. 118.

Nach §. 87 wird bei jedem beweglichen Körper der Druck oder die Spannung in jedem Punkte auf dieselbe Weise berechnet, wie bei einem im Gleichgewicht ruhenden Körper, wenn man statt der gegebenen Kräfte des Systems die verlorenen Kräfte substituirt, welche letzteren nach dem d'Alembertschen Princip während der Bewegung im Gleichgewicht sind. Im §. 25 ist der Druck auf zwei befestigte Punkte eines festen Körpers entwickelt, wenn derselbe sich im Gleichgewicht befindet. Bezeichnet man jetzt durch z_1 und z_2 die Ordinaten der beiden befestigten Punkte der z Axe, welche, wenn die ganze Axe fest ist, beliebig irgendwo in ihr angenommen werden können, und bezeichnet man den nach den x und y Axen zerlegten Druck in jedem dieser Punkte durch $\mathfrak{X}_1$, $\mathfrak{Y}_1$, $\mathfrak{X}_2$, $\mathfrak{Y}_2$, so findet man nach §. 25, wenn man statt der gegebenen Kräfte X, Y, Z, die verlorenen Kräfte $X - d_t^2 x . dm$, $Y - d_t^2 y . dm$, Z setzt und bemerkt, dass hier $d_t z = o$ und $d_t^2 z = o$,

$$\mathfrak{X}_1 = \frac{\Sigma(Zx - Xz) + \int z d_t^2 x\, dm + z_2 \Sigma X - z_2 \int d_t^2 x\, dm}{z_2 - z_1},$$

$$\mathfrak{X}_2 = \frac{\Sigma(Zx - Xz) + \int z d_t^2 x\, dm + z_1 \Sigma X - z_1 \int d_t^2 x\, dm}{z_1 - z_2},$$

$$\mathfrak{Y}_1 = \frac{\Sigma(Yz - Zy) - \int z d_t^2 y\, dm - z_2 \Sigma Y + z_2 \int d_t^2 y\, dm}{z_1 - z_2},$$

$$\mathfrak{Y}_2 = \frac{\Sigma(Yz - Zy) - \int z d_t^2 y\, dm - z_1 \Sigma Y + z_1 \int d_t^2 y\, dm}{z_2 - z_1}.$$

Der Druck längs der Axe wird

$$\mathfrak{Z} = \Sigma Z.$$

Wenn man durch r den senkrechten Abstand eines Punktes (x, y, z) von der z Axe bezeichnet, also $r^2 = x^2 + y^2$, und durch φ den Winkel, welchen diese Linie mit der xz Ebene bildet, so wird

$$x = r \cos \varphi, \quad y = r \sin \varphi,$$

$$d_t^2 x = - r \cos \varphi (d_t \varphi)^2 - r \sin \varphi d_t^2 \varphi,$$

$$d_t^2 y = - r \sin \varphi (d_t \varphi)^2 + r \cos \varphi d_t^2 \varphi,$$

oder

$$d_t^2 x = - x (d_t \varphi)^2 - y d_t^2 \varphi, \quad d_t^2 y = - y (d_t \varphi)^2 + x d_t^2 \varphi,$$

Es ist aber nun $\omega = d_t \varphi$, $d_t \omega = d_t^2 \varphi$, und die obigen Gleichungen werden daher

$$\mathfrak{X}_1 = \frac{\Sigma(Zx - Xz) + z_2 \Sigma X - \omega^2 [\int xz\, dm - z_2 \int x\, dm] - d_t \omega [\int yz\, dm - z_2 \int y\, dm]}{z_2 - z_1},$$

$$\mathfrak{X}_2 = \frac{\Sigma(Zx - Xz) + z_1 \Sigma X - \omega^2 [\int xz\, dm - z_1 \int x\, dm] - d_t \omega [\int yz\, dm - z_1 \int y\, dm]}{z_1 - z_2},$$

$$\mathfrak{Y}_1 = \frac{\Sigma(Yz - Zy) - z_2 \Sigma Y + \omega^2 [\int yz\, dm - z_2 \int y\, dm] - d_t \omega [\int xz\, dm - z_2 \int x\, dm]}{z_1 - z_2},$$

$$\mathfrak{Y}_2 = \frac{\Sigma(Yz - Zy) - z_1 \Sigma Y + \omega^2 [\int yz\, dm - z_1 \int y\, dm] - d_t \omega [\int xz\, dm - z_1 \int x\, dm]}{z_2 - z_1},$$

$$\mathfrak{Z} = \Sigma Z.$$

Wirken auf den Punkt keine beschleunigenden Kräfte, so dass für jeden Punkt $X = o$, $Y = o$, $Z = o$, so wird nach dem vorigen Paragraphen $\omega = \omega_0$ constant; alsdann erhält man

$$\mathfrak{X}_1 = -\frac{\omega^2\left[\int xzdm - z_2\int xdm\right]}{z_2 - z_1},$$

$$\mathfrak{X}_2 = -\frac{\omega^2\left[\int xzdm - z_1\int xdm\right]}{z_1 - z_2},$$

$$\mathfrak{Y}_1 = \frac{\omega^2\left[\int yzdm - z_2\int ydm\right]}{z_1 - z_2},$$

$$\mathfrak{Y}_2 = \frac{\omega^2\left[\int yzdm - z_1\int ydm\right]}{z_2 - z_1},$$

$$\mathfrak{Z} = o.$$

Nimmt man einen der festen Punkte der Umdrehungsaxe, z. B. den Punkt z_1, als Anfangspunkt der Coordinaten an, so wird $z_1 = o$. Wenn nun die z Axe, welche als Umdrehungsaxe angenommen ist, eine durch diesen Punkt gehende Hauptaxe ist, so ist nach §. 104 $\int yzdm = o$, $\int xzdm = o$, folglich

$$\mathfrak{X}_1 = \omega^2\int xdm,\quad \mathfrak{Y}_1 = \omega^2\int ydm,\quad \mathfrak{X}_2 = o,\quad \mathfrak{Y}_2 = o,$$

d. h. es leidet der zweite beliebig in der Hauptaxe gewählte Punkt keinen Druck. Wenn daher die Umdrehungsaxe eine durch einen gegebenen Punkt gehende Hauptaxe ist und auf den Körper keine beschleunigenden Kräfte wirken, so können, mit Ausnahme dieses Punktes, alle übrigen Punkte der Hauptaxe frei beweglich gemacht werden, weil sie nur in jenem Punkt einen Druck erleiden. Dies stimmt auch mit dem §. 114 überein. Ist dieser Punkt der Schwerpunkt des Körpers, so ist ferner $\int xdm = o$, $\int ydm = o$, folglich auch $\mathfrak{X}_1 = o$, $\mathfrak{Y}_1 = o$, und die Axe braucht alsdann gar nicht befestigt zu sein.

§. 119.

Wenn die verschiedenen Theile einer Maschine immer dasselbe Verhältniss der Geschwindigkeit während der Bewegung beibehalten, so dass, wenn die Geschwindigkeit eines Punktes v ist, die jedes anderen durch av dargestellt wird, wo a ein von der Zeit unabhängiger Coëfficient ist, so wird die lebendige Kraft $\frac{v^2}{2g}\Sigma pa^2$ werden, und die Gleichung der lebendigen Kraft

$$\Sigma\int_0^t Tds - \Sigma\int_0^t T'ds' = \frac{v^2 - v_0^2}{2g}\Sigma pa^2.$$

Die Grössen $\Sigma\int_0^t Tds$ und $\Sigma\int_0^t T'ds'$ bezeichnen die dynamische Arbeit der bewegenden und widerstehenden Kräfte. Wenn diese gleich zunehmen oder abnehmen, so würde die Geschwindigkeit v eines Punktes und daher auch die Geschwindigkeit av jedes Punktes der Maschine während der Bewegung unverändert bleiben. Verändern sich aber jene dynamischen Arbeiten nicht gleich, so wird v nicht constant werden; wir können aber alsdann dadurch, dass wir Σpa^2 einen passenden Werth beilegen, erreichen, dass die Variationen von v immer zwischen zwei gegebenen Grenzen, $v_0 + \frac{v_0}{n}$ und $v_0 - \frac{v_0}{n}$, fallen. Bezeichnet man nämlich durch $\pm$ D die grösste Differenz, welche zwischen der dynamischen Arbeit der bewegenden Kräfte, $\int_0^t Tds$, und derjenigen der widerstehenden Kräfte, $\int_0^t T'ds'$, stattfinden kann, so muss Σpa^2 so bestimmt werden, dass

$$\pm D = \frac{1}{2g}\left[\left(v_0 \pm \frac{v_0}{n}\right)^2 - v_0^2\right]\Sigma pa^2,$$

oder

$$\pm D = \frac{v_0^2}{2g}\left(\pm\frac{2}{n} + \frac{1}{n^2}\right)\Sigma pa^2,$$

folglich

$$\Sigma pa^2 = \pm\frac{2gD}{v_0^2\left(\pm\frac{2}{n} + \frac{1}{n^2}\right)},$$

oder, wenn n sehr klein ist,

$$\Sigma pa^2 = \frac{gnD}{v_0^2}.$$

Um diesen Werth von Σpa^2 zu erreichen, fügt man zu einem Theil der Maschine ein Schwungrad, d. h. einen Körper, welcher um eine feste Axe sich bewegt, und mittelst welches der Werth von Σpa^2 gehörig vergrössert wird. Um diesen Werth gross genug durch ein möglichst kleines Schwungrad zu erhalten, befestigt man es wo möglich auf den Theil der Maschine, welcher die grösste Umdrehungsgeschwindigkeit hat.

Ist die Maschine so eingerichtet, dass die Geschwindigkeit etlicher Theile nicht ein constantes Verhältniss zu der Geschwindigkeit der übrigen Theile behält, so kann man bei diesen letzten Theilen durch Hinzufügen eines Schwungrades eine Geschwindigkeit erreichen, welche nur zwischen gewissen engen Grenzen variiren kann. Wenn man von der grössten Differenz zwischen den dynamischen Arbeiten der bewegenden und widerstehenden Kräfte den kleinsten Werth der lebendigen Kraft des ersten Theiles des Systems subtrahirt, wird diese Differenz dann in die obige Formel statt D zu setzen sein.

§. 120.

Wir werden jetzt, als Beispiel der hier entwickelten allgemeinen Formeln, den Fall betrachten, wenn die gegebenen Kräfte diejenigen der Schwere sind und der Körper nur um eine horizontal befestigte Axe drehbar ist. Dies ist der Fall des gewöhnlichen physischen Pendels im leeren Raume. Es ist alsdann, wenn fortwährend die z Axe als Umdrehungsaxe, folglich horizontal, die x Axe vertical und die y Axe horizontal und auf beiden senkrecht angenommen werden,

$$X = gdm, \quad Y = o, \quad Z = o.$$

Die Gleichung der Bewegung wird nun nach §. 117

$$g\int_0^t \int d_t x dm dt = \frac{\omega^2 - \omega^2}{2} k^2 m,$$

wo ω_0 die anfängliche Winkelgeschwindigkeit bezeichnet. Es ist aber, wenn durch ξ die Ordinate des Schwerpunkts, durch ξ_0 dessen Anfangswerth bezeichnet wird,

$$\int d_t x dm = d_t \int x dm = m d_t \xi, \quad \int_0^t \int d_t x dm = m(\xi - \xi_0).$$

Bezeichnet man durch a den Abstand des Schwerpunkts von der Umdrehungsaxe, durch φ den Winkel, welchen diese Linie a mit der verticalen x Axe bildet, durch α dessen Anfangswerth, so ist

$$\xi = a\cos\varphi, \quad \xi_0 = a\cos\alpha, \quad \omega = -d_t\varphi,$$

und man erhält alsdann die folgende Gleichung der Bewegung eines physischen Pendels im leeren Raume

$$gma(\cos\varphi - \cos\alpha) = \frac{k^2 m}{2}[(d_t\varphi)^2 - \omega_0^2],$$

und hieraus

$$\omega^2 = (d_t\varphi)^2 = \omega_0^2 + \frac{2ag}{k^2}(\cos\varphi - \cos\alpha),$$

$$t = -\int_\alpha^\varphi \frac{d\varphi}{\sqrt{\omega_0^2 + \frac{2ag}{k^2}(\cos\varphi - \cos\alpha)}}.$$

Aus dieser Gleichung geht hervor, dass wenn $\varphi = \alpha$, auch $\omega = \omega_0$, d. h. die Bewegung im aufsteigenden Theil der Bahn ist der im absteigenden vollkommen gleich.

Setzt man hier

$$\varphi = 2\vartheta, \quad \frac{4ag}{\omega_0^2 k^2 + 2ag(1 - \cos\alpha)} = c^2,$$

so erhält man

$$t = -\frac{ck}{\sqrt{ag}}\int_{\frac{1}{2}\alpha}^{\frac{1}{2}\varphi} \frac{d\psi}{\sqrt{1 - c^2 \sin^2\vartheta}}.$$

Weil φ immer gleich oder kleiner als α, folglich $\frac{1}{2}\varphi =$ oder $< \vartheta$ ist, so wird immer $c \sin\vartheta =$ oder < 1. Sollte jetzt $c > 1$ sein, so setze man

$$1 - c^2 \sin^2\vartheta = \cos^2\psi, \quad c \sin\vartheta = \sin\psi, \quad d\vartheta = \frac{\frac{1}{c}\cos\psi d\psi}{\sqrt{1 - \left(\frac{1}{c}\right)^2 \sin^2\psi}},$$

und man erhält dann

$$t = -\frac{k}{\sqrt{ag}}\int_\gamma^\beta \frac{d\psi}{\sqrt{1 - \left(\frac{1}{c}\right)^2 \sin^2\psi}},$$

wo

$$\sin\beta = c \sin\tfrac{1}{2}\varphi, \quad \sin\gamma = c \sin\tfrac{1}{2}\alpha.$$

Benutzt man hier die üblichen Bezeichnungen der elliptischen Integrale, nämlich

$$\int_0^\varphi \frac{d\varphi}{\sqrt{1 - c^2 \sin^2\varphi}} = \text{dig.}(c, \varphi),$$

so wird, wenn $c < 1$,

(1) $$t = \frac{ck}{\sqrt{ag}}[\text{dig.}(c, \tfrac{1}{2}\alpha) - \text{dig.}(c, \tfrac{1}{2}\varphi)],$$

wenn $c > 1$,

$$(1)\qquad t = \frac{k}{\sqrt{ag}}\Big[\mathrm{dig.}\Big(\frac{1}{c},\ \mathrm{arc.}(\sin = c \sin \tfrac{1}{2}\alpha)\Big) - \mathrm{dig.}\Big(\frac{1}{c},\ \mathrm{arc.}(\sin = c \sin \tfrac{1}{2}\varphi)\Big)\Big].$$

Aus diesen Gleichungen findet man auch umgekehrt, wenn $c < 1$,

$$(2)\qquad \varphi = 2\,\mathrm{ampl.}\Big(\mathrm{dig.}(c, \tfrac{1}{2}\alpha) - \frac{\sqrt{ag}}{ck}t\Big),$$

und wenn $c > 1$

$$(2)\quad c \sin \tfrac{1}{2}\varphi = \sin.\,\mathrm{ampl.}\Big[\mathrm{dig.}\Big(\frac{1}{c},\ \mathrm{arc.}(\sin = c \sin \tfrac{1}{2}\alpha)\Big) - \frac{\sqrt{ag}}{k}t\Big].$$

§. 121.

Wenn die anfängliche Winkelgeschwindigkeit $\omega_0 = o$ ist, so wird

$$c^2 = \frac{2}{1 - \cos\alpha} = \frac{1}{\sin^2 \frac{1}{2}\alpha},\quad c = \frac{1}{\sin \frac{1}{2}\alpha}.$$

Es wird alsdann immer $c > 1$, und die Formeln des vorigen Paragraphen werden

$$t = \frac{k}{\sqrt{ag}}\Big\{\mathrm{dig.}\Big[\sin \tfrac{1}{2}\alpha,\ \frac{\pi}{2}\Big] - \mathrm{dig.}\Big[\sin \tfrac{1}{2}\alpha,\ \mathrm{arc.}\Big(\sin = \frac{\sin \frac{1}{2}\varphi}{\sin \frac{1}{2}\alpha}\Big)\Big]\Big\},$$

$$\frac{\sin \frac{1}{2}\varphi}{\sin \frac{1}{2}\alpha} = \sin\,\mathrm{ampl.}\Big[\mathrm{dig.}\Big(\sin \tfrac{1}{2}\alpha,\ \frac{\pi}{2}\Big) - \frac{\sqrt{ag}}{k}t\Big],$$

oder, wenn man das vollständige Digamma $\mathrm{dig.}\Big(\sin \frac{1}{2}\alpha, \frac{\pi}{2}\Big)$ durch $D(\sin \frac{1}{2}\alpha)$ bezeichnet,

$$(1)\quad t = \frac{k}{\sqrt{ag}}\Big\{D(\sin \tfrac{1}{2}\alpha) - \mathrm{dig.}\Big[\sin \tfrac{1}{2}\alpha,\ \mathrm{arc.}\Big(\sin = \frac{\sin \frac{1}{2}\varphi}{\sin \frac{1}{2}\alpha}\Big)\Big]\Big\},$$

$$(2)\quad \sin \tfrac{1}{2}\varphi = \sin \tfrac{1}{2}\alpha \,.\, \sin.\,\mathrm{ampl.}\Big(D(\sin \tfrac{1}{2}\alpha) - \frac{\sqrt{ag}}{k}t\Big) = \sin \tfrac{1}{2}\alpha \,.\, \sin.\,\mathrm{coampl.}\Big(\frac{\sqrt{ag}}{k}t\Big).$$

Die elliptischen Integrale $D(\sin \frac{1}{2}\alpha)$ und $\mathrm{dig.}\Big[\sin \frac{1}{2}\alpha,\ \mathrm{arc.}\Big(\sin = \frac{\sin \frac{1}{2}\varphi}{\sin \frac{1}{2}\alpha}\Big)\Big]$, so wie die elliptische Transcendente $\sin.\,\mathrm{coampl.}\Big(\frac{\sqrt{ag}}{k}t\Big)$ lassen sich bekanntlich in sehr schnell convergirenden Reihen entwickeln.

Aus der Gleichung $\omega^2 = \frac{2ag}{k^2}(\cos\varphi - \cos\alpha)$ geht hervor, dass

ω nur Null wird, wenn $\varphi = \alpha$ oder $-\alpha$. Der Pendel wird den Winkel α auf jeder Seite der verticalen Stellung abwechselnd durchlaufen. Bezeichnet man durch T die ganze Zeit einer Schwingung, so erhält man diese aus der Gleichung (1), indem man $\varphi = -\alpha$ setzt. Es wird alsdann

$$(3) \qquad T = \frac{2k}{\sqrt{ag}} D(\sin \tfrac{1}{2}\alpha).$$

Es ist jetzt (Verhulst Fonctions elliptiques pag. 122)

$$D(c) = \frac{\pi}{2}\left[1 + \left(\frac{1}{2}\right)^2 c^2 + \left(\frac{1.3}{2.4}\right)^2 c^4 + \left(\frac{1.3.5}{2.4.6}\right)^2 c^6 + \cdots\right],$$

und es wird nun

$$(4) \quad T = \frac{\pi k}{\sqrt{ag}}\left[1 + \left(\frac{1}{2}\right)^2 \sin^2 \tfrac{1}{2}\alpha + \left(\frac{1.3}{2.4}\right)^2 \sin^4 \tfrac{1}{2}\alpha + \left(\frac{1.3.5}{2.4.5}\right)^2 \sin^6 \tfrac{1}{2}\alpha + \cdots\right].$$

Man kann viele noch rascher convergirende Reihen für $D(\sin \frac{1}{2}\alpha)$ aufstellen. Setzt man z. B.

$$\tang^2 \tfrac{1}{4}\alpha = \sin\beta, \quad \tang^2 \tfrac{1}{2}\beta = \sin\beta', \quad \tang^2 \tfrac{1}{2}\beta' = \sin\beta'' \text{ u. s. w.}$$

so ist (Verhulst pag. 152)

$$D(\sin \tfrac{1}{2}\alpha) = \frac{\pi}{2}(1 + \sin\beta)(1 + \sin\beta')(1 + \sin\beta'') \cdots$$

$$(5) \qquad T = \frac{\pi k}{\sqrt{ag}}(1 + \sin\beta)(1 + \sin\beta')(1 + \sin\beta'') \cdots$$

Wenn nicht α sehr nahe an π ist, nehmen die Winkel β, β', β'' ausserordentlich schnell ab. Ist α sehr nahe an π, so braucht man bequemer die folgenden Formeln. Man setze

$$\cos \tfrac{1}{2}\alpha = \sin\gamma, \quad \tang^2 \tfrac{1}{2}\gamma = \sin\gamma', \quad \tang^2 \tfrac{1}{2}\gamma' = \sin\gamma'' \text{ u. s. w.},$$

so wird (Verhulst pag. 159)

$$D(\sin \tfrac{1}{2}\alpha) = \frac{1}{\sin \frac{1}{2}\alpha}\sqrt{\cos\gamma \cos\gamma' \cos\gamma'' \cdots} \cdot \frac{\log \text{nat}\left(\frac{4}{\sin\gamma^{(n)}}\right)}{2^n}.$$

$$(6) \quad T = \frac{2k}{\sqrt{ag}\,\sin \frac{1}{2}\alpha}\sqrt{\cos\gamma \cos\gamma' \cos\gamma'' \cdots} \cdot \frac{\log \text{nat}\left(\frac{4}{\sin\gamma^{(n)}}\right)}{2^n}.$$

Wenn $\pi - \alpha$ so klein ist, dass man $\cos^2 \frac{1}{2}\alpha$ in Bezug auf 4 vernachlässigen kann, so wird

$$D(\sin \tfrac{1}{2}\alpha) = \log \text{nat}\left(\frac{4}{\cos \frac{1}{2}\alpha}\right), \text{ und}$$

$$(7) \qquad T = \frac{2k}{\sqrt{ag}} \log \text{nat}\left(\frac{4}{\cos \frac{1}{2}\alpha}\right).$$

Setzt man

$$q(\mu) = e^{-\frac{\pi D(\cos \mu)}{D(\sin \mu)}},$$

so findet man bei Verhulst eine den verschiedenen Werthen von μ entsprechende Tafel von $q(\mu)$. Durch Hülfe dieser Tafel hat man (Verhulst pag. 256)

$$D(\sin \tfrac{1}{2}\alpha) = \frac{2\pi[1 + 4q(\frac{1}{2}\alpha)^{1^2} + 4q(\frac{1}{2}\alpha)^{2^2} + \ldots]}{\left(\frac{1+\sqrt{\cos \frac{1}{2}\alpha}}{2} + \sqrt[4]{\frac{(1+\cos \frac{1}{2}\alpha)\sqrt{\cos \frac{1}{2}\alpha}}{2}}\right)^2}.$$

Die Grösse $q(\frac{1}{2}\alpha)$ ist immer sehr klein, wenn α nicht $\frac{\pi}{2}$ übersteigt. Man hat alsdann $q^{1^2} < \frac{1}{10^{22}}$. Für $\alpha = 126°$ hat man $q^{1^2} < \frac{1}{10^{15}}$, und kann daher unbedenklich setzen

$$(8) \quad T = \frac{4\pi k}{\sqrt{ag}} \cdot \frac{1}{\left(\frac{1+\sqrt{\cos \frac{1}{2}\alpha}}{2} + \sqrt[4]{\frac{(1+\cos \frac{1}{2}\alpha)\sqrt{\cos \frac{1}{2}\alpha}}{2}}\right)^2}.$$

Wenn α 126° übersteigt, kann man die folgende Formel gebrauchen (Verhulst pag. 257),

$$D(\sin \tfrac{1}{2}\alpha) = \frac{D(\cos \frac{1}{2}\alpha)}{\pi} \log \text{nat} \frac{1}{q\left(\frac{\pi-\alpha}{2}\right)}(1 + \ldots),$$

wo die vernachlässigte Reihe kleiner als $\frac{1}{10^{17}}$ ist. Es ist alsdann

$$(9) \quad T = \frac{4\pi k}{\sqrt{ag}} \log \text{nat}\left(\frac{1}{q\left(\frac{\pi-\alpha}{2}\right)}\right) \cdot \frac{1}{\left(\frac{1+\sqrt{\sin \frac{1}{2}\alpha}}{2} + \sqrt[4]{\frac{(1+\sin \frac{1}{2}\alpha)\sqrt{\sin \frac{1}{2}\alpha}}{2}}\right)^2}.$$

Wenn $\alpha = 0$, so wird $D(\sin \frac{1}{2}\alpha) = \frac{\pi}{2}$, und

$$(10) \qquad T = \frac{\pi k}{\sqrt{ag}}$$

wird die Zeit einer verschwindenden Oscillation sein.

§. 122.

Denkt man sich einen schweren Punkt an einem Faden, dessen Masse Null wäre, aufgehängt, so wird dieses ein mathematischer Pendel genannt. Bezeichnet man durch r seine Länge, so ist hier $k = a = r$, folglich die Zeit einer Schwingung $T = \frac{4D\sqrt{r}}{B\sqrt{2g}}$. Hätte man $\sqrt{r} = \frac{k}{\sqrt{a}}$, $r = \frac{k^2}{a}$, so würden die Schwingungen des mathematischen Pendels mit denjenigen des physischen vollkommen übereinstimmen. Die Länge $r = \frac{k^2}{a}$ wird daher die Länge des physischen Pendels genannt.

Denkt man sich in der durch die Umdrehungsaxe und den Schwerpunkt gehenden Ebene und in dem Abstand r von der Umdrehungsaxe eine mit dieser Axe parallele Linie, so werden alle Punkte dieser Linie dieselbe Bewegung annehmen, als wären sie nur mit der Axe, nicht mit den übrigen Punkten verbunden. Der Punkt, wo jene Gerade die vom Schwerpunkt senkrecht auf die Umdrehungsaxe gezogene Linie schneidet, wird der Schwingungspunkt des Pendels genannt. Kehrt man den Pendel um, lässt ihn um jene durch den Schwingungspunkt gehende Linie schwingen, so wird, wenn $k'^2 m$ und a' die neuen Werthe des Trägheitsmomentes und des Abstandes des Schwerpunkts bezeichnen,

$$a' = r - a, \quad k'^2 = k^2 + (r - a)^2 - a^2 = r^2 - ar,$$

folglich $\frac{k'^2}{a'} = r$, d. h. der Pendel wird in dieser umgekehrten Stellung genau ebenso schwingen wie früher. Hat man umgekehrt gefunden, dass ein Pendel um zwei parallele Axen, in deren Ebenen der Schwerpunkt liegt und welche verschiedene Abstände vom Schwerpunkte haben, gleiche Schwingungen macht, so ist der Abstand dieser Axen der Länge des Pendels gleich. Es ist alsdann $\frac{k'^2}{a'} = \frac{k^2}{a}$. Da aber immer, wenn man durch S das Trägheitsmoment in Bezug auf eine durch den Schwerpunkt mit jener Axe parallele Axe bezeichnet, $k^2 m = S + a^2 m$, $k'^2 = S + a'^2 m$, folglich $k'^2 = k^2 = a'^2 - a^2$ und $\frac{a' - a}{a} \cdot k^2 = a'^2 - a^2$ ist, weil angenommen, dass nicht $a' = a$, $\frac{k^2}{a} = a' + a = r$. Ein solcher Pendel wird ein Reversionspendel genannt.

Man nennt die Länge des Secundenpendels die Länge des mathematischen Pendels, welcher in einer Secunde Mittelzeit eine Schwingung, deren Bogen unendlich klein ist, vollendet. Bezeichnet man diesen durch l, so hat man

$$1 = \pi\sqrt{\frac{l}{g}}, \quad g = \pi^2 l.$$

§. 123.

Wenn der Pendel sich in der Luft bewegt, so muss noch der Widerstand der Luft unter die gegebenen Kräfte gezählt werden. Wir werden diesen Widerstand auf eine Flächeneinheit durch $F(v)$ bezeichnen, wo v die senkrecht gegen die Fläche stattfindende Geschwindigkeit ist. Bezeichnet man durch $d\sigma$ ein Element der Oberfläche, durch δ den Winkel, welchen die Normale des Elementes $d\sigma$ mit der Richtung der Bewegung bildet, und durch ϱ den Abstand von der Umdrehungsaxe, so ist $\varrho\omega \cos\delta$ die Componente der Geschwindigkeit längs der Normale des Flächenelementes und folglich $F(\varrho\omega\cos\delta)d\sigma$ der Widerstand der Luft gegen die Bewegung des Flächenelementes. Die Componente dieses Widerstandes längs der Richtung der Bewegung, oder die Tension des Luftwiderstandes wird $F(\varrho\omega\cos\delta)\cos\delta\, d\sigma$ und seine elementäre dynamische Arbeit folglich $-F(\varrho\omega\cos\delta)\cos\delta\, d\sigma\, \varrho\omega dt$. Die dynamische Arbeit des ganzen Luftwiderstandes wird $-\int_0^t\int F(\varrho\omega\cos\delta)\varrho\omega\cos\delta\, d\sigma dt$, wo die Integration in Bezug auf σ auf den ganzen Theil der Oberfläche, welcher dem Luftwiderstande ausgesetzt wird, auszudehnen ist. Die Gleichung der lebendigen Kraft wird

$$\frac{\omega^2-\omega_0^2}{2}k^2 m = agm(\cos\varphi-\cos\alpha)-\int_0^t\omega\left[\int F(\varrho\omega\cos\delta)\varrho\cos\delta\,d\sigma\right]dt.$$

Bei einem einfachen Pendel, dessen Länge r ist, hat man

$$\frac{\omega^2-\omega_0^2}{2}r^2 m = rgm(\cos\varphi-\cos\alpha)-\int_0^t\omega f(r\omega)r\,dt.$$

Soll jetzt bei demselben Werth von ω_0 und α die Bewegung beider Pendel immer zusammenfallen, so muss

$$r=\frac{k^2}{a},\quad f(r\omega)=\frac{1}{a}\int F(\varrho\omega\cos\delta)\varrho\cos\delta\,d\sigma$$

sein. Welches auch die Gestalt des Pendels sein mag, und welches auch das Gesetz des Luftwiderstandes ist, so giebt es doch immer nur einen mathematischen Pendel, dessen Bewegung, wenn ein angemessener Widerstand angenommen wird, mit derjenigen des physischen Pendels zusammenfällt. Die Länge dieses einfachen Pendels ist nur von der Form des physischen Pendels, nicht von dem Luftwiderstande abhängig.

§. 124.

Wir werden annehmen, der Luftwiderstand sei in einer Reihe, nach den Potenzen der Geschwindigkeit geordnet, entwickelt, so dass

$$\int F(\varrho\omega\cos\delta)\varrho\cos\delta\,d\sigma = m(P\omega+Q\omega^2+R\omega^3+\ldots.),$$

folglich wird die Gleichung der lebendigen Kraft

$$\frac{\omega^2-\omega_0^2}{2}k^2 = ag(\cos\varphi-\cos\alpha)-P\int_0^t\omega^2dt-Q\int_0^t\omega^3dt-R\int_0^t\omega^4dt-\cdots$$

Die Differentialgleichung der Bewegung wird nun

$$k^2\omega d_t\omega = -ag\sin\varphi\, d_t\varphi-P\omega^2-2Q\omega^3-3R\omega^4-\cdots$$

oder, weil $\omega=-d_t\varphi$,

$$(1)\qquad k^2d_t^2\varphi+ag\sin\varphi+Pd_t\varphi+Q(d_t\varphi)^2+R(d_t\varphi)^3+\cdots=o.$$

Aus dieser Differentialgleichung soll jetzt φ durch t, α und ω_0 ausgedrückt gefunden werden. Wir werden nur den Fall betrachten, dass $\omega_0=o$, und alsdann φ in einer Reihe nach den Potenzen von α entwickelt annehmen, folglich

$$(2)\qquad \varphi=\varphi_1\alpha+\varphi_2\alpha^2+\varphi_3\alpha^3+\cdots,$$

wo $\varphi_1, \varphi_2, \varphi_3, \ldots$ Functionen von t sind. Man hat alsdann

$$\begin{aligned} d_t\varphi &= \alpha d_t\varphi_1 + \alpha^2 d_t\varphi_2 + \alpha^3 d_t\varphi_3 + \cdots, \\ (d_t\varphi)^2 &= \alpha^2 d_t\varphi_1^2 + 2\alpha^3 d_t\varphi_1 d_t\varphi_2 + \cdots, \\ (d_t\varphi)^3 &= \alpha^3 (d_t\varphi_1)^3 + \cdots, \\ d_t^2\varphi &= \alpha d_t^2\varphi_1 + \alpha^2 d_t^2\varphi_2 + \alpha^3 d_t^2\varphi_3 + \cdots, \\ \sin\varphi &= \varphi - \tfrac{1}{6}\varphi^3 + \cdots \\ &= \alpha\varphi_1 + \alpha^2\varphi_2 + \alpha^3(\varphi_3 - \tfrac{1}{6}\varphi_1^3) + \cdots \end{aligned}$$

Substituirt man diese Werthe in die Gleichung (1), so erhält man eine nach den Potenzen von α geordnete Reihe, welche gleich Null sein soll und deren Coëfficienten daher alle gleich Null sein müssen. Setzt man der Kürze wegen

$$\frac{ag}{k^2} = b, \quad \frac{P}{k^2} = p, \quad \frac{Q}{k^2} = q, \quad \frac{R}{k^2} = r,$$

so erhält man

$$\begin{aligned} & d_t^2\varphi_1 + b\varphi_1 + p d_t\varphi_1 = 0, \\ (3) \quad & d_t^2\varphi_2 + b\varphi_2 + p d_t\varphi_2 + q(d_t\varphi_1)^2 = 0, \\ & d_t^2\varphi_3 + b(\varphi_3 - \tfrac{1}{6}\varphi_1^3) + p d_t\varphi_3 + 2q d_t\varphi_1 d_t\varphi_2 + r(d_t\varphi_1)^3 = 0. \\ & \ldots\ldots\ldots\ldots\ldots\ldots\ldots\ldots \end{aligned}$$

Aus der ersten dieser Gleichungen wird durch Integration φ_1 gefunden; aus der zweiten, wenn der Werth von φ_1 substituirt ist, wird φ_2 gefunden, u. s. w.

Die erste Differentialgleichung ist

$$(4) \qquad d_t^2\varphi_1 + b\varphi_1 + p d_t\varphi_1 = 0,$$

und die durch die Integration hervorgebrachten Constanten sind so bestimmt, dass, wenn $t = 0$, $d_t\varphi_1 = 0$ und $\varphi_1 = 1$. Jede der folgenden Differentialgleichungen wird

$$(5) \qquad d_t^2\varphi_n + b\varphi_n + p d_t\varphi_n = T_n,$$

wo T_n eine Function von t ist, und die durch die Integration dieser Gleichungen hervorgebrachten Constanten sind so zu bestimmen, dass, wenn $t = 0$, $\varphi_n = 0$ und $d_t\varphi_n = 0$. Setzt man jetzt in diese Differentialgleichungen statt des Zeichens d_t die Grösse s, und statt T Null, so erhält man die Determinante dieser Gleichungen

$s^2 + bs + p = o$. Bezeichnet man die zwei Wurzeln dieser Gleichung durch s_1 und s_2, so ist

$$s_1 = -\frac{p}{2} + \frac{\sqrt{4b - p^2}}{2}, \quad s_2 = -\frac{p}{2} - \frac{\sqrt{4b - p^2}}{2}\sqrt{-1}.$$

Die allgemeine Form des Integrals der Differentialgleichung (5) ist alsdann

$$\varphi_n = \lambda_1 e^{s_1 t}(C'_n + \int T_n e^{-s_1 t} dt) + \lambda_2 e^{s_2 t}(C''_n + \int T_n e^{-s_2 t} dt),$$

wo λ_1 und λ_2 durch die Gleichungen $\lambda_1 + \lambda_2 = o$, $\lambda_1 s_1 + \lambda_2 s_2 = o$ bestimmt sind (**Moigno**, Calcul intégral pag. 584 u. f.). Man erhält hieraus

$$\lambda_1 = \frac{1}{\sqrt{4b - p^2}\sqrt{-1}}, \quad \lambda_2 = -\frac{1}{\sqrt{4b - p^2}\sqrt{-1}},$$

und folglich

(6)

$$\varphi_n = \frac{1}{\sqrt{4b-p^2}\sqrt{-1}} \cdot e^{-\frac{pt}{2} + \frac{\sqrt{4b-p^2}}{2} t\sqrt{-1}} \left(C'_n + \int T_n e^{\frac{pt}{2} - \frac{\sqrt{4b-p^2}}{2} t\sqrt{-1}} dt\right)$$
$$- \frac{1}{\sqrt{4b-p^2}\sqrt{-1}} \cdot e^{-\frac{pt}{2} - \frac{\sqrt{4b-p^2}}{2} t\sqrt{-1}} \left(C''_n + \int T_n e^{\frac{pt}{2} + \frac{\sqrt{4b-p^2}}{2} t\sqrt{-1}} dt\right).$$

Setzt man $n = 1$ und $T_1 = o$, so findet man

$$\varphi_1 = \frac{1}{\sqrt{4b-p^2}\sqrt{-1}}\left(e^{-\frac{pt}{2} + \frac{\sqrt{4b-p^2}}{2} t\sqrt{-1}} C'_1 + e^{-\frac{pt}{2} - \frac{\sqrt{4b-p^2}}{2} t\sqrt{-1}} C''_1\right),$$

$$d_t\varphi_1 = \frac{1}{\sqrt{4b-p^2}\sqrt{-1}}\left[\left(-\frac{p}{2} + \frac{\sqrt{4b-p^2}}{2}\sqrt{-1}\right) e^{-\frac{pt}{2} + \frac{\sqrt{4b-p^2}}{2} t\sqrt{-1}} C'_1\right.$$
$$\left. + \left(-\frac{p}{2} - \frac{\sqrt{4b-p^2}}{2}\sqrt{-1}\right) e^{-\frac{pt}{2} - \frac{\sqrt{4b-p^2}}{2} t\sqrt{-1}} C''_1\right].$$

Es ist jetzt, wenn $t = o$, $\varphi_1 = 1$, $d_t\varphi_1 = o$; folglich wird

$$\sqrt{4b - p^2}\sqrt{-1} = C'_1 + C''_1,$$

$$o = \left(-\frac{p}{2} + \frac{\sqrt{4b - p^2}}{2}\sqrt{-1}\right)C'_1 + \left(-\frac{p}{2} - \frac{\sqrt{4b - p^2}}{2}\sqrt{-1}\right)C''_1,$$

und hieraus

$$C'_1 = \frac{p}{2} + \frac{\sqrt{4b - p^2}}{2}\sqrt{-1}, \quad C''_1 = -\frac{p}{2} + \frac{\sqrt{4b - p^2}}{2}\sqrt{-1}.$$

Substituirt man diese Werthe, so findet man

$$\varphi_1 = \frac{pe^{-\frac{pt}{2}}}{\sqrt{4b-p^2}} \cdot \frac{e^{\frac{\sqrt{4b-p^2}}{2}t\sqrt{-1}} - e^{-\frac{\sqrt{4b-p^2}}{2}t\sqrt{-1}}}{2\sqrt{-1}}$$

$$+ e^{-\frac{pt}{2}} \frac{e^{\frac{\sqrt{4b-p^2}}{2}t\sqrt{-1}} + e^{-\frac{\sqrt{4b-p^2}}{2}t\sqrt{-1}}}{2},$$

oder

$$(7) \qquad \varphi_1 = e^{-\frac{pt}{2}} \cos\left(\frac{\sqrt{4b-p^2}}{2}t\right) + \frac{p}{\sqrt{4b-p^2}} \sin\left(\frac{\sqrt{4b-p^2}}{2}t\right).$$

Die folgenden Werthe von T_1, T_2, T_3, ... können alle unter folgende Form gesetzt werden

$$T_n = \Sigma e^{ht}(A \cos mt + B \sin mt)$$

$$= \Sigma e^{ht}\left(\frac{A - B\sqrt{-1}}{2} e^{mt\sqrt{-1}} + \frac{A + B\sqrt{-1}}{2} e^{-mt\sqrt{-1}}\right).$$

Man erhält nun

$$\int T_n e^{\frac{pt}{2} - \frac{\sqrt{4b-p^2}}{2}t\sqrt{-1}} dt = \Sigma e^{\left(h+\frac{p}{2}\right)t}\left(\frac{A-B\sqrt{-1}}{2} e^{\left(m - \frac{\sqrt{4b-p^2}}{2}\right)t\sqrt{-1}}\right.$$

$$\left. + \frac{A+B\sqrt{-1}}{2} e^{-\left(m + \frac{\sqrt{4b-p^2}}{2}\right)t\sqrt{-1}}\right)$$

$$= \Sigma e^{\left(h+\frac{p}{2}\right)t}\left(\frac{\frac{A-B\sqrt{-1}}{2} e^{\left(m - \frac{\sqrt{4b-p^2}}{2}\right)t\sqrt{-1}}}{h + \frac{p}{2} + \left(m - \frac{\sqrt{4b-p^2}}{2}\right)\sqrt{-1}}\right.$$

$$\left. + \frac{\frac{A+B\sqrt{-1}}{2} e^{-\left(m + \frac{\sqrt{4b-p^2}}{2}\right)t\sqrt{-1}}}{h + \frac{p}{2} - \left(m + \frac{\sqrt{4b-p^2}}{2}\right)\sqrt{-1}}\right).$$

$$\int T_n e^{\frac{pt}{2} + \frac{\sqrt{4b-p^2}}{2}t\sqrt{-1}} dt = \Sigma e^{\left(h+\frac{p}{2}\right)t}\left(\frac{\frac{A-B\sqrt{-1}}{2} e^{\left(m + \frac{\sqrt{4b-p^2}}{2}\right)t\sqrt{-1}}}{\left(+m+p+\frac{\sqrt{4b-p^2}}{2}\right)\sqrt{-1}}\right.$$

$$+\frac{\frac{A+B\sqrt{-1}}{2}e^{-\left(m-\frac{\sqrt{4b-p^2}}{2}\right)t\sqrt{-1}}}{h+\frac{p}{2}-\left(m-\frac{\sqrt{4b-p^2}}{2}\right)\sqrt{-1}}\Bigg),$$

und hieraus durch leichte Reductionen

$$\frac{e^{-\frac{pt}{2}+\frac{\sqrt{4b-p^2}}{2}t\sqrt{-1}}}{\sqrt{4b-p^2}\sqrt{-1}}\int T_n e^{\frac{pt}{2}-\frac{\sqrt{4b-p^2}}{2}t\sqrt{-1}}dt$$

$$-\frac{e^{-\frac{pt}{2}-\frac{\sqrt{4b-p^2}}{2}t\sqrt{-1}}}{\sqrt{4b-p^2}\sqrt{-1}}\int T_n e^{\frac{pt}{2}+\frac{\sqrt{4b-p^2}}{2}t\sqrt{-1}}dt$$

$$=\Sigma e^{ht}\left\{\frac{\left[2Am\left(h+\frac{p}{2}\right)+B\left(h^2+ph-m^2+b\right)\right]\sin mt+\left[A\left(h^2+ph-m^2+b\right)-2Bm\left(h+\frac{p}{2}\right)\right]\cos mt}{(h^2+ph+m^2+b)^2-m^2(4b-p^2)}\right\}.$$

Dies in der Gleichung (6) substituirt giebt

$$(8)\qquad \varphi_n=\frac{2e^{-\frac{pt}{2}}}{\sqrt{4b-p^2}}\cdot\frac{C_n'e^{\frac{\sqrt{4b-p^2}}{2}t\sqrt{-1}}-C_n''e^{-\frac{\sqrt{4b-p^2}}{2}t\sqrt{-1}}}{2\sqrt{-1}}$$

$$+\Sigma e^{ht}\left\{\frac{\left[2Am\left(h+\frac{p}{2}\right)+B\left(h^2+ph-m^2+b\right)\right]\sin mt+\left[A\left(h^2+ph-m^2+b\right)-2Bm\left(h+\frac{p}{2}\right)\right]\cos mt}{(h^2+ph+m^2+b)^2-m^2(4b-p^2)}\right\}.$$

Hieraus findet man ferner

$$d_t\varphi_n=-\frac{pe^{-\frac{pt}{2}}}{\sqrt{4b-p^2}}\cdot\frac{C_n'e^{\frac{\sqrt{4b-p^2}}{2}t\sqrt{-1}}-C_n''e^{-\frac{\sqrt{4b-p^2}}{2}t\sqrt{-1}}}{2\sqrt{-1}}$$

$$+e^{-\frac{pt}{2}}\cdot\frac{C_n'e^{\frac{\sqrt{4b-p^2}}{2}t\sqrt{-1}}+C_n''e^{-\frac{\sqrt{4b-p^2}}{2}t\sqrt{-1}}}{2}$$

$$+ \Sigma e^{bt} \left\{ \frac{\begin{array}{l} \{[A(h+p) - Bm](m^2+h^2) + (Bm+Ah)b\} \cos mt \\ + \{[B(h+p) + Am](m^2+h^2) - (Am+Bh)b\} \sin mt \end{array}}{(h^2+ph+m^2+b)^2 - m^2(4b-p^2)} \right\}.$$

Die zwei Constanten C'_n und C''_n sollen jetzt in der Weise bestimmt werden, dass wenn $t = o$, $\varphi_n = o$ und $d_t\varphi_n = o$. Man erhält hierdurch

$$C'_n = -\Sigma \left\{ \frac{\begin{array}{l} \left[\left(Ah - Bm\right)\left(h^2+ph+m^2+b+\frac{p^2}{2}\right) + \frac{Ap}{2}\left(h^2+r^2+b\right)\right] \\ + \left[A\left(h^2+ph-m^2+b\right) - 2B\left(h+\frac{p}{2}\right)\right] \frac{\sqrt{4b-p^2}}{2}\sqrt{-1} \end{array}}{(h^2+ph+m^2+b)^2 - m^2(4b-p^2)} \right\},$$

$$C'_n = -\Sigma \left\{ \frac{\begin{array}{l} \left[\left(Ah - Bm\right)\left(h^2+ph+m^2+b+\frac{p^2}{2}\right) + \frac{Ap}{2}\left(h^2+r^2+b\right)\right] \\ - \left[A\left(h^2+ph-m^2+b\right) - 2B\left(h+\frac{p}{2}\right)\right] \frac{\sqrt{4b-p^2}}{2}\sqrt{-1} \end{array}}{(h^2+ph+m^2+b)^2 - m^2(4b-p^2)} \right\}.$$

Setzt man der Kürze wegen

$$2b\left(h^2+ph+m^2+b+\frac{p^2}{2}\right) + p(h^2+m^2+b) = E_n,$$

$$2p\left(h^2+ph+m^2+b+\frac{p^2}{2}\right) = F_n, \quad h^2+ph-m^2+b = G_n,$$

$$2m\left(h+\frac{p}{2}\right) = H_n, \quad (h^2+ph+m^2+b)^2 - m(4b-p^2) = K_n,$$

und substituirt die gefundenen Werthe von C'_n und C''_n in der Gleichung (8), so wird

(9)

$$\varphi_n = e^{-\frac{pt}{2}}\left(\frac{A_nE_n - B_nF_n}{K_n}\,\frac{\sin\left(\frac{\sqrt{4b-p^2}}{2}t\right)}{\sqrt{4b-p^2}} + \frac{A_nG_n - B_nH_n}{K_n}\cos\left(\sqrt{4b-p^2}\,t\right)\right)$$

$$+ \Sigma e^{bt}\left(\frac{{}^nA_nH_n + B_nG}{K_n}\sin mt + \frac{A_nG_n - B_nH_n}{K_n}\cos mt\right).$$

Durch diese Form können alsdann φ_2, φ_3, ... successive gefunden werden. Die Entwickelung hat weiter keine Schwierigkeit, als die Weitläufigkeit der Formeln. In der Anwendung kann man sich beinahe immer auf die erste Potenz der Elongation α beschränken und $\varphi = \varphi_1 \alpha$ annehmen, oder

$$\varphi = \alpha . e^{-\frac{pt}{2}} \left[\cos\left(\frac{\sqrt{4b - p^2}}{2} t\right) + \frac{p}{\sqrt{4b - p^2}} \sin\left(\frac{\sqrt{4b - p^2}}{2} t\right)\right]. \quad (10)$$

§. 124.

Aus der Formel (10) des vorigen Paragraphen erhält man

$$d_t \varphi = -\alpha \cdot \frac{2b}{\sqrt{4b - p^2}} \cdot e^{-\frac{pt}{2}} \sin\left(\frac{\sqrt{4b - p^2}}{2} t\right).$$

Am Ende jeder Schwingung ist $d_t \varphi = o$, und man erhält, wenn man durch T die Zeit einer Schwingung bezeichnet,

$$T = \frac{2\pi}{\sqrt{4b - p^2}},$$

oder, wenn man die Werthe von $b = \frac{ag}{k^2}$ und $p = \frac{A}{k^2}$ substituirt,

$$T = \frac{2\pi k}{\sqrt{4ag - A}} = \frac{\pi k}{\sqrt{ag}} \cdot \frac{1}{\sqrt{1 - \frac{A}{4ag}}}.$$

Im leeren Raum fanden wir die Zeit einer Schwingung, wenn die höheren Potenzen des Elongationswinkels α vernachlässigt wurden, $T = \frac{\pi k}{\sqrt{ag}}$. Der Luftwiderstand hat folglich diese Zeit im Verhältniss $\sqrt{1 - \frac{A}{4ag}} : 1$ vergrössert. Setzt man die Formel (10) des vorigen Paragraphen $t = nT = \frac{2n\pi}{\sqrt{4b - p^2}}$, so findet man die Elongation α_n am Ende der n^{ten} Oscillation. Es wird alsdann

$$\alpha_n = (-1)^n \alpha . e^{-\frac{np\pi}{\sqrt{4b - p^2}}} = (-1)^n \alpha . e^{-\frac{nA\pi}{k\sqrt{4ag - A}}}$$

Die Elongationen $\alpha, \alpha_1, \alpha_2, \alpha_3, \ldots$ bilden folglich abnehmende geometrische Reihen, deren Exponent $e^{\frac{-A\pi}{\sqrt{4ag - A}}}$ ist. Dies wird auch durch die Erfahrung bestätigt, so oft der ursprüngliche Elongationswinkel klein ist. Wenn dieser aber grösser wird, so nehmen die Elongationen schneller ab, als in einer geometrischen Reihe der Fall ist. Die höheren Potenzen der Elongationswinkel können alsdann nicht länger vernachlässigt werden, und man wird sich leicht überzeugen, dass es nicht allein nothwendig ist, in die Formel (1) des vorigen Paragraphen die höheren Potenzen von φ bei der Entwickelung von $\sin\varphi$, sondern auch die höheren Potenzen von α bei der Entwickelung der Werthe des Luftwiderstandes mitzunehmen.

§. 125.

Ausser dem Widerstand, welchen die Luft gegen die Bewegung eines Pendels übt, hat sie noch andere Wirkungen auf denselben. Die eine dieser Wirkungen ist, dass der Pendel in der Luft etwas weniger wiegt, als im luftleeren Raume, indem ein Theil seiner Schwere, welcher gleich dem Gewicht der Luftmasse, deren Platz er einnimmt, von der Luft getragen wird. Ist das Verhältniss zwischen der Dichtigkeit des Pendels und derjenigen der Luft durch ϱ ausgedrückt, und bezeichnet g die Grösse der Schwere im luftleeren Raume, g' die in der Luft, so wird $g' = g\left(1 - \frac{1}{\varrho}\right)$ und die Zeit einer Pendelschwingung in der Luft wird folglich, wenn dieser Winkel statt g in die Formel des vorigen Paragraphen substituirt wird,

$$T = \frac{\pi k}{\sqrt{ag}} \cdot \frac{1}{\sqrt{1 - \frac{A}{4ag} - \frac{1}{\varrho}}}.$$

Eine zweite Wirkung der Luft ist, dass ausser dem Pendel auch eine gewisse Luftmasse mitschwingt. Hierdurch wird das Trägheitsmoment des Pendels vergrössert, und, weil das Trägheitsmoment der mitschwingenden Luftmasse nur von der Form des Pendels und von der Dichtigkeit der Luft abhängt, wird man statt k^2, $k^2\left(1 + \frac{k'}{\varrho}\right)$ setzen müssen. Es wird alsdann die Schwingungszeit in der Luft

$$T = \frac{\pi k}{\sqrt{ag}} \cdot \frac{\sqrt{1 + \frac{k'}{\varrho}}}{\sqrt{1 - \frac{A}{4ag} - \frac{1}{\varrho}}}.$$

Die Schwingungszeit wird folglich durch die Anwesenheit der Luft im Verhältniss $\sqrt{1 - \frac{A}{4ag} - \frac{1}{\varrho}} : \sqrt{1 + \frac{k'}{\varrho}}$ vergrössert werden.

Weil der direkte Luftwiderstand auch der Dichtigkeit der Luft proportional sein muss, kann man auch $A = \frac{A'}{\varrho}$ setzen, und erhält dann, wenn man die höheren Potenzen von $\frac{1}{\varrho}$ vernachlässigt,

$$T = \frac{\pi k}{\sqrt{ag}}\left[1 + \frac{1}{2\varrho}\left(1 + k' + \frac{A'}{4ag}\right)\right],$$

wo k' und A' zwei nur von der Figur des Pendels abhängige Constanten bezeichnen.

§. 126.

Die in den vorhergehenden Paragraphen entwickelten Gesetze der Umdrehungsbewegung drücken nicht nur die Bewegung eines physischen Pendels, sondern im Allgemeinen die eines festen Körpers aus, wenn die gegebenen Kräfte zu zwei während der Bewegung immer in demselben Punkte haftenden Kräften reducirt werden können, und die eine dieser Kräfte entweder der Axe parallel ist, oder ihren Angriffspunkt in der Axe hat. (Siehe die §§. 65—67.) Alsdann kann diese Kraft ausser Betracht gesetzt werden, weil ihr Moment in Bezug auf die x Axe immer Null ist. Der Angriffspunkt der zweiten Kraft muss dann in den vorhergehenden Paragraphen statt des Schwerpunktes gesetzt werden, die Projection der Kraft auf eine auf der Umdrehungsaxe senkrechte Ebene statt der Schwere gm, und eine durch die Umdrehungsaxe parallel mit dieser Projection gezogene Linie statt der verticalen x Axe. Dies findet z. B. bei den magnetischen Körpern statt, wenn die Umdrehungsaxe vertical ist, oder durch den Schwerpunkt des Körpers geht.

§. 127.

Wir werden jetzt die Gesetze der Bewegung eines festen Körpers auf einer festen Ebene betrachten, wenn er der Wirkung beliebiger Kräfte unterworfen ist, die jedoch ihn von der Ebene nicht zu entfernen streben.

Wir werden, wie im §. 110, uns drei im Raume feste Axen x', y', z' denken, und diejenige der x' und y' in der festen Ebene annehmen. Es seien ξ, η, ζ die Coordinaten des Schwerpunktes O. Wir werden zuerst annehmen, der Körper berühre die Ebene nur in einem Punkte. Dieser Punkt wird im Allgemeinen auf der Oberfläche des Körpers wechseln. Durch den Schwerpunkt O lege man die drei Hauptaxen u, v, w und die drei Axen x, y, z parallel mit den drei im Raume festen Axen x', y', z'. Die Coordinaten des Berührungspunktes relativ zum Schwerpunkte längs der letzten Axen seien x, y, z, und der Widerstand der Ebene sei durch F bezeichnet. Fügt man diese Kraft zu den gegebenen Kräften, so ist der Körper als frei zu betrachten. In die Gleichungen des §. 112 braucht man nur statt Z, Z + F, statt L, L — Fy, statt M, M + Fx zu setzen. Die Gleichungen (1) und (3) des §. 112 werden nun

$$(1)\qquad md_t^2\xi = \Sigma X,\quad md_t^2\eta = \Sigma Y,\quad md_t^2\zeta = \Sigma Z + F,$$

$$(2)\quad \begin{aligned} &d_t[Ap\cos(ux) + Bq\cos(vx) + Cr\cos(wx)] = L - Fy,\\ &d_t[Ap\cos(uy) + Bq\cos(vy) + Cr\cos(wy)] = M + Fx,\\ &d_t[Ap\cos(uz) + Bq\cos(vz) + Cr\cos(wz)] = N. \end{aligned}$$

Statt der Gleichungen (3) des §. 112 kann man auch die Gleichungen (4) desselben Paragraphen benutzen, und man erhält dann

$$(3)\quad \begin{aligned} Ad_tp + (B - C)qr &= L\cos(ux) + M\cos(uy) + N\cos(uz)\\ &\quad + F[x\cos(uy) - y\cos(ux)],\\ Bd_tq + (C - A)rp &= L\cos(vx) + M\cos(vy) + N\cos(vz)\\ &\quad + F[x\cos(vy) - y\cos(vx)],\\ Cd_tr + (A - B)pq &= L\cos(wx) + M\cos(wy) + N\cos(wz)\\ &\quad + F[x\cos(wy) - y\cos(wx)]. \end{aligned}$$

Es können auch diese Gleichungen unter eine andere Form gesetzt werden, wenn man bemerkt, dass

$$x \cos(uy) - y \cos(ux) = w[\cos(wx)\cos(uy) - \cos(wy)\cos(ux)]$$
$$- v[\cos(vy)\cos(ux) - \cos(vx)\cos(uy)],$$

und weil (§. 111)

$$\cos(wx)\cos(uy) - \cos(wy)\cos(ux) = \cos(vz),$$
$$\cos(vy)\cos(ux) - \cos(vx)\cos(uy) = \cos(wz),$$

$$x \cos(uy) - y \cos(ux) = w \cos(vz) - v \cos(wz),$$

und ebenso

$$x \cos(vy) - y \cos(vx) = u \cos(wz) - w \cos(uz),$$
$$x \cos(wy) - y \cos(wx) = v \cos(wz) - u \cos(vz).$$

Diese Werthe in die Gleichungen (3) substituirt geben

$$(4) \quad \begin{aligned} A d_t p + (B - C) q r &= L \cos(ux) + M \cos(uy) + N \cos(uz) \\ &\quad + F[w \cos(vz) - v \cos(wz)], \\ B d_t q + (C - A) r p &= L \cos(vx) + M \cos(vy) + N \cos(vz) \\ &\quad + F[u \cos(wz) - w \cos(uz)], \\ C d_t r + (A - B) p q &= L \cos(wx) + M \cos(wy) + N \cos(wz) \\ &\quad + F[v \cos(uz) - u \cos(vz)]. \end{aligned}$$

Bezeichnen wir durch $U = f(u, v, w) = o$ die Gleichung der Oberfläche des Körpers, so wird, weil im Berührungspunkte die Normale dieser Oberfläche auf der Ebene senkrecht stehen und der z Axe parallel sein muss (wir haben hier den Fall ausgenommen, den wir später betrachten werden, dass der Berührungspunkt eine Spitze wäre),

$$(6) \quad \begin{aligned} \cos(uz) &= \frac{d_u U}{\sqrt{(d_u U)^2 + (d_v U)^2 + (d_w U)^2}}, \\ \cos(vz) &= \frac{d_v U}{\sqrt{(d_u U)^2 + (d_v U)^2 + (d_w U)^2}}, \\ \cos(wz) &= \frac{d_w U}{\sqrt{(d_u U)^2 + (d_v U)^2 + (d_w U)^2}}, \end{aligned}$$

Man hat ferner

$$(7) \qquad z = -\zeta.$$

Die Gleichungen (1), (2) [(3) oder (4) statt (2)], (5), (6) und (7) geben zusammen 10 von einander unabhängige Gleichungen, weil von den drei Gleichungen (5) nur zwei von einander unabhängig sind. Diese in Verbindung mit den drei Gleichungen (2) und den Werthen von p, q, r des §. 110 geben 13 Gleichungen, um die 13 unbekannten u, v, w, x, y, z, ξ, η, ζ, F und drei der Winkel (ux), (uz), (uz), (vx) u. s. w. als Functionen von t zu bestimmen.

Bildet der Berührungspunkt eine Spitze des Körpers, so werden die Coordinaten u, v, w unveränderlich, so lange sich der Körper auf diese Spitze stützt. Es ist alsdann nicht nöthig, dass der Widerstand F auf der Oberfläche des Körpers normal ist. Die Gleichungen (5) und (6) fallen nun weg, aber auch drei der unbekannten u, v, w. Wenn der Körper die Ebene nicht nur in einem Punkte, sondern in einer geraden Linie berührt, und diese nicht eine Kante ist, so muss die Oberfläche oder ein Theil derselben abwickelbar sein. In jedem Punkte der Berührungslinie findet ein gewisser Widerstand statt, und da alle diese Widerstände in demselben Sinne wirken, so können sie in eine einzige Kraft zusammengesetzt werden. Bezeichnet man diese Kraft durch F und die Coordinaten ihres Angriffspunkts durch u, v, w, so gelten ganz dieselben Gleichungen, wie vorher.

Wäre die gerade Berührungslinie eine Kante, deren Gleichung nach den Hauptaxen u, v, w

$$v = au + b, \quad w = a'u + b \tag{8}$$

wäre, wo a, b, a', b' Constanten sind, und weil die Kante in der xy Ebene liegen soll,

$$\cos(uz) + a\cos(vz) + a'\cos(wz) = o, \tag{9}$$

so würden diese Gleichungen statt der Gleichungen (5) und (6) zu setzen sein.

Diese und noch andere Fälle können auch nach einander bei der Bewegung eines festen Körpers auf einer Ebene eintreten.

§. 128.

Wir werden jetzt annehmen, die gegebenen Kräfte seien die Schwere und eine dem Drucke proportionale Reibung μF. Wir werden die x' Axe in der festen Ebene horizontal, die y' Axe positiv abwärts annehmen, und durch e die Neigung der Ebene gegen den Horizont bezeichnen. Es seien f und f' die Projection der Reibung μF parallel mit den x' und y' Axen. Es ist nun

$$(1)\quad \begin{aligned} \Sigma X &= f, \quad \Sigma Y = mg \sin e + f', \quad \Sigma Z = mg \cos e, \\ L &= f'z, \quad M = -zf, \quad N = yf - xf'. \end{aligned}$$

Um die Geschwindigkeiten des Berührungspunktes anzugeben, bemerke man, dass $x + \xi$, $y + \eta$ und o die Coordinaten dieses Punktes in Bezug auf die festen Axen x', y', z' sind, oder, wenn man die Werthe von x und y substituirt,

$$\xi + u \cos(ux) + v \cos(vx) + w \cos(wx),$$
$$\eta + u \cos(uy) + v \cos(vy) + w \cos(wy).$$

Bezeichnet man jetzt durch i, i', i'' die Geschwindigkeit des Berührungspunktes, nach den drei Axen x', y', z' zerlegt, so werden

$$(2)\quad \begin{aligned} i &= d_t \xi + u d_t \cos(ux) + v d_t \cos(vx) + w d_t \cos(wx), \\ i' &= d_t \eta + u d_t \cos(uy) + v d_t \cos(vy) + w d_t \cos(wy), \\ i'' &= o. \end{aligned}$$

Es können nun zwei Fälle eintreten. Es ist entweder die Reibung stark genug, um die Geschwindigkeit aufzuheben oder nicht. Im ersten Falle rollt der Körper, im zweiten gleitet er. Im ersten Falle werden

$$(3)\qquad i = o, \quad i' = o, \quad \sqrt{f^2 + f'^2} < \mu R,$$

d. h. die Reibung tritt nur mit der Intensität auf, die in jedem Augenblicke nöthig ist, um die Geschwindigkeit des Berührungspunktes zu vertilgen. Im zweiten Falle werden

$$(4)\qquad \sqrt{f^2 + f'^2} = \mu R, \quad \frac{f}{f'} = \frac{i}{i'},$$

d. h. die Reibung tritt mit ihrer vollen Intensität auf und ist der Richtung der Bewegung genau entgegengesetzt.

§. 129.

Wir wollen die hier entwickelte Theorie der Bewegung eines festen Körpers auf einer festen Ebene an einem einfachen Beispiele anwenden. Es sei der Körper ein homogener gerader Cylinder, die Axe des Cylinders ursprünglich horizontal, der x' Axe parallel, und die ursprüngliche Bewegung in der y'z' Ebene. Die Axe wird dann immer horizontal verbleiben. Es ist nun f = o und

$$\Sigma X = o, \quad \Sigma Y = mg \sin e + f', \quad \Sigma Z = - mg \cos e,$$
$$L = f z, \quad M = o, \quad N = - f' x.$$

Wenn r den Halbmesser des Cylinders bezeichnet, wird das Trägheitsmoment in Bezug auf diese Axe $\frac{1}{2} r^2 m$ (§. 108). Nimmt man jetzt als u Axe die Axe des Cylinders an, und bezeichnet durch Ω die Umdrehungsgeschwindigkeit des Cylinders, so wird $q = r = o$, $p = \Omega$, $A = \frac{1}{2} r^2 m$. Es ist ferner $\zeta = - z = r$, $\xi =$ constant und $y = o$, weil die Berührungslinie des Cylinders in die durch die Axe gelegte xz Ebene fallen muss. Die Gleichungen (1) und (2) des §. 127 werden alsdann

$$(1) \quad \begin{aligned} md_t^2 \eta &= mg \sin e + f', \quad md_t^2 \zeta = o = - mg \cos e + F, \\ \tfrac{1}{2} rmd_t \Omega &= - f'. \end{aligned}$$

Die Gleichungen (2) des §. 127 werden

$$(2) \qquad i = o, \quad i' = d_t \eta - r\Omega.$$

Setzt man jetzt $d_t \eta = V$, und bezeichnet durch V_o und Ω_o die Anfangswerthe von V und Ω, so wird wegen der Gleichungen (1)

$$(3) \quad \begin{aligned} md_t V &= mg \sin e - \tfrac{1}{2} rmd_t \Omega, \\ V - V_o &= g \sin e . t - \tfrac{1}{2} r(\Omega - \Omega_o). \end{aligned}$$

Es sind jetzt drei Fälle zu entscheiden, wenn anfänglich $i' = V - r\Omega$ gleich Null ist, oder positiv oder negativ, d. h. ob $V_o = r\Omega_o$, oder $V_o > r\Omega_o$ oder $V_o < r\Omega_o$.

Es sei $V_o = r\Omega_o$. Der Cylinder fängt alsdann zu rollen an. Er wird auch damit fortfahren, wenn fortwährend $V = r\Omega$ verbleibt. Die Gleichung (3) giebt nun

$$\Omega = \tfrac{2}{3} \frac{g \sin e}{r} . t + \Omega_o, \quad d_t \Omega = \tfrac{2}{3} \frac{g \sin e}{r},$$

und weil $- f' =$ oder $< \mu F$, wird

$$\tfrac{1}{2} rmd_t \Omega = < \mu mg \cos e,$$

oder

$$\tfrac{1}{3} g \sin e = < \mu \cos e, \quad \tang e = < 3\mu.$$

Wenn die Tangente des Neigungswinkels der Ebene nicht grösser, als 3μ ist, wo μ den Reibungscoëfficienten bezeichnet, so wird der Cylinder fortwährend rollen und die Umdrehungsgeschwindigkeit durch die obige Formel bestimmt werden. — Ist dagegen $\tang e > 3\mu$, so wird der Cylinder gleich zu gleiten anfangen und es wird nun

$$-f' = \mu F, \quad \tfrac{1}{2} r m d_t \Omega = \mu m g \cos e,$$

und daher

$$\tfrac{1}{2} r(\Omega - \Omega_0) = \mu g \cos e . t, \quad \Omega = \frac{2\mu g \cos e}{r} \cdot t + \Omega_0,$$

$$V = V_0 + gt(\sin e - \mu \cos e),$$

und es ist $V > r\Omega$.

Es sei jetzt $V_0 > r\Omega_0$. Der Cylinder wird im Anfang gleiten. Es wird daher im Anfange, wie oben

$$-f' = \mu F, \quad \Omega = \Omega_0 + \frac{2\mu g \cos e}{r} \cdot t,$$

$$V = V_0 + gt(\sin e - \mu \cos e),$$

$$V - r\Omega = V_0 - r\Omega_0 + gt(\sin e - 3\mu \cos e).$$

Wenn die Zeit t wächst, so wird, wenn $\sin e < 3\mu \cos e$, oder wenn $\tang e < 3\mu$, die Grösse $V - r\Omega$ Null werden, und der Körper zu rollen anfangen von einer Zeit t' an, wo t' durch die Gleichung

$$V_0 - r\Omega_0 + gt'(\sin e - 3\mu \cos e) = 0$$

bestimmt wird, folglich wird

$$t' = \frac{V_0 - r\Omega_0}{3\mu \cos e - \sin e}.$$

Von dieser Zeit an wird dann der Cylinder fortwährend rollen, und es wird, wie vorher

$$\Omega = \tfrac{2}{3} g \frac{\sin e}{r} \cdot t + \Omega_0.$$

Ist dagegen $\sin e =$ oder $> 3\mu \cos e$, so wird $V - r\Omega$ immer positiv verbleiben und der Körper fortwährend zugleich gleiten.

Es sei endlich $V_0 < r\Omega_0$. Der Cylinder wird im Anfange eine grössere Umdrehungsgeschwindigkeit als fortschreitende Geschwindigkeit besitzen. Die Reibung f' wird im Anfange abwärts dieser Umdrehungsbewegung entgegengesetzt wirken. Es wird folglich im Anfange $f' = \mu F$, und daher

$$\tfrac{1}{2} r(\Omega_0 - \Omega) = \mu g \cos e . t,$$

$$\Omega = \Omega_0 - \frac{2\mu g \cos e}{r} . t,$$
$$V = V_0 + gt(\sin e + \mu \cos e),$$
$$V - r\Omega = V_0 - r\Omega_0 + gt(\sin e + 3\mu \cos e).$$

Die Umdrehungsgeschwindigkeit Ω wird nun immer kleiner und die fortschreitende Geschwindigkeit V immer grösser, bis zuletzt $V = r\Omega$, dies wird eintreffen zu einer Zeit t', wo

$$t' = \frac{r\Omega_0 - V_0}{\sin e + 3\mu \cos e}.$$

Von dieser Zeit t' an wird der Körper zu rollen anfangen, wenn $\tang e = < 3\mu$, oder zu gleiten, wenn $\tang e > 3\mu$, ganz nach denselben Gesetzen, wie im ersten Falle, wo $V_0 = r\Omega_0$.

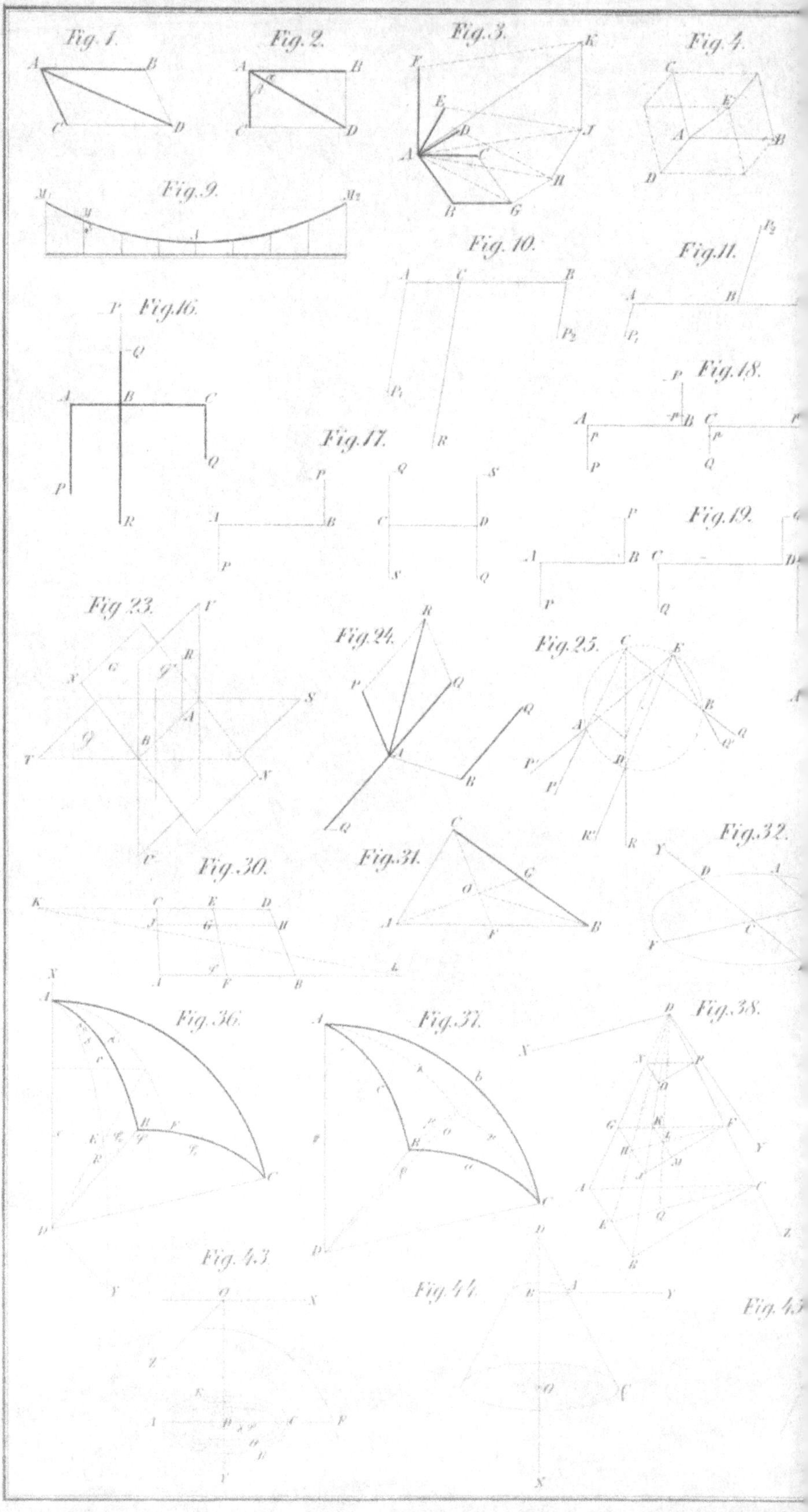
Fig. 1.
Fig. 2.
Fig. 3.
Fig. 4.
Fig. 9.
Fig. 10.
Fig. 11.
Fig. 16.
Fig. 17.
Fig. 18.
Fig. 19.
Fig. 23.
Fig. 24.
Fig. 25.
Fig. 30.
Fig. 31.
Fig. 32.
Fig. 36.
Fig. 37.
Fig. 38.
Fig. 43.
Fig. 44.

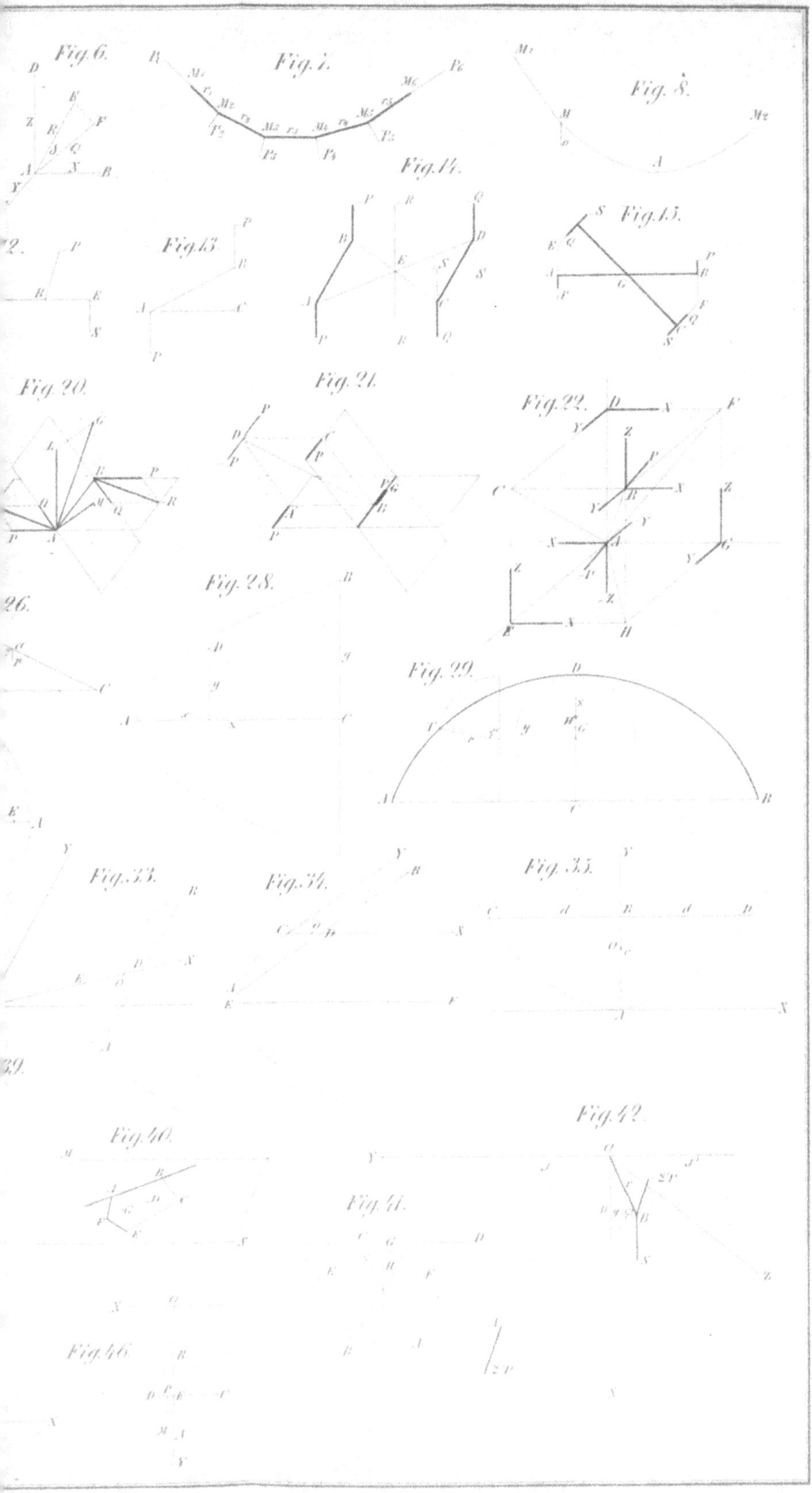
Fig. 6.
Fig. 7.
Fig. 8.
Fig. 13.
Fig. 14.
Fig. 15.
Fig. 20.
Fig. 21.
Fig. 22.
Fig. 28.
Fig. 29.
Fig. 33.
Fig. 34.
Fig. 35.
Fig. 40.
Fig. 41.
Fig. 42.
Fig. 46.

FSC
www.fsc.org
MIX
Papier | Fördert gute Waldnutzung
FSC® C083411

Kolibri 360 GmbH
Ferdinand-Jühlke-Straße 7
99095 Erfurt, Deutschland
produktsicherheit@kolibri360.de